高等学校规划教材丨畜牧兽医类

动物
生理学实验

DONGWU

SHENGLIXUE SHIYAN

主编
●
伍 莉 黄庆洲

U0240713

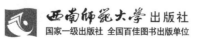
西南师范大学出版社
国家一级出版社 全国百佳图书出版单位

图书在版编目(CIP)数据

动物生理学实验 / 伍莉, 黄庆洲主编. -- 重庆：
西南师范大学出版社, 2013.6
ISBN 978-7-5621-6302-2

Ⅰ.①动… Ⅱ.①伍…②黄… Ⅲ.①动物学－生理
学－实验－高等学校－教材 Ⅳ.①Q4-33

中国版本图书馆CIP数据核字(2013)第139429号

动物生理学实验

主　编　伍　莉　黄庆洲
副主编　姚　刚　帅学宏　陈吉轩　陈鹏飞

责任编辑： 杜珍辉
封面设计： 魏显锋
出版发行： 西南师范大学出版社
　　　　　　地址：重庆市北碚区天生路1号
　　　　　　邮编：400715
　　　　　　市场营销部电话：023-68868624
　　　　　　http://www.xscbs.com
经　销： 新华书店
印　刷： 重庆川外印务有限公司
开　本： 787mm×1092mm　1/16
印　张： 16.25
字　数： 350千字
版　次： 2013年8月　第1版
印　次： 2015年8月　第2次印刷
书　号： ISBN 978-7-5621-6302-2
定　价： 29.00元

高等学校规划教材·畜牧兽医类

总编委会 / ZONG BIAN WEI HUI

总主编：王永才　刘　娟

编　委(排名不分先后)：

刘　娟　　黄庆洲　　伍　莉　　朱兆荣

罗献梅　　甘　玲　　谢和芳　　刘安芳

兰云贤　　曾　兵　　杨远新　　黄琳凯

陈　超　　王鲜忠　　帅学宏　　黎德斌

段　彪　　伍　莲　　陈红伟

《动物生理学实验》

编委会 / BIAN WEI HUI

前　言

随着计算机应用技术的快速发展,动物生理学实验仪器和实验方法也得到了迅速发展,对很多经典的动物生理学实验产生了深远的影响。动物生理学实验教学已从过去的理论验证转变为能力的培养,实验也从定性转变为定量。本教材结合当今生理学先进的实验设备的发展,对生理实验中电、机械等信号的采集和处理实行了计算机化,显著提高了实验的效率,可提高学生对实验课的学习兴趣,积极主动地进行实验操作。本书除了保留各章节的验证性实验之外,更重视培养学生客观地对事物及其现象进行观察、比较、分析和综合的能力以及团结协作的精神,特别是通过综合性实验以锻炼学生综合运用理论知识、培养主动分析和解决问题的能力。

本书由国内4所高等院校和医院的10多位教学经验丰富、在动物生理学教学第一线的教师和医务人员联合编写,中国科学院院士、西南大学向仲怀教授担任顾问。他们中间既有多年从事动物生理学研究、理论和实验教学实践与改革的专家、教授,也有充实到动物生理学教师队伍中的青年教师。他们以老带新、以新促学、互教互学,合作统一。具体分工如下:第一章,黄庆洲、王芝英、白华毅、程美玲;第二章,帅学宏、伍莉、郭庆勇、王金泉;第三章,伍莉、姚刚、刘亚东;第四章,帅学宏、伍莉、陈鹏飞、郭庆勇;第五章,陈吉轩、伍莉、白华毅、程美玲;第六章,陈吉轩、伍莉、陈鹏飞、白华毅、程美玲;第七章,帅学宏、伍茵、刘亚东、陈鹏飞;第八章,陈吉轩;第九章,帅学宏、伍莉;第十章,帅学宏、伍莉;第十一章,伍莉、刘亚东;第十二章,黄庆洲、王芝英、伍莉、陈鹏飞;第十三章,黄庆洲;附录,陈吉轩、伍莉、陈鹏飞、伍茵。全书由伍莉统稿。

本书主要面向全国高等农林、水产院校的动物生产类(含畜牧、水产养殖、名贵经济动物养殖)、动物医学、野生动物与自然保护区管理、动物科学及生物技术等专业的本科学生,也可作为综合性大学、师范院校生物学专业本科生、研究生教学用书和科技工作者进行科学研究的参考书。

本书参考了部分国内外动物生理学实验教材编写而成,在此,本书作者对这些教材的作者深表谢意,不当之处,敬请读者和同仁予以指正。

在编写过程中,各位编者认真负责,尽心尽力,为保证教材的质量付出了辛勤劳动,给予了极大的支持,在此谨向各位参编者表示深切的谢意!

由于我们的知识水平和编写能力有限,书中难免出现错误,恳切希望读者能对此书提出批评意见!

编　者

2013年5月

目　录

第二部分　动物生理学基本实验

第四部分　　附录

附录一　实验动物的生理指标

附录二　常用生理溶液、试剂、药物的配制与使用

附录三　鱼类的麻醉

附录四　鱼的取血样方法

附录五　鱼的生理盐水和组织培养液与缓冲液

第一部分　动物生理学实验总论

第一章　绪　论

《动物生理学》是一门实验性学科，《动物生理学》的发展和它的每一项新理论的建立都借助于大量的动物实验，并获得了大量实验的支持。因此，学习《动物生理学》必须结合动物生理学所开设的一些基本实验，通过亲自实践，才能更好地理解和掌握《动物生理学》的基本理论。

一、实验课的目的

动物生理学实验作为一门实验科学，其实验课的目的主要包括六个方面：①通过实验逐步掌握动物生理学实验常用仪器、设备的基本操作方法；②熟悉和掌握动物生理学实验的基本操作技术；③掌握观察、记录实验结果、收集和整理实验数据、绘制实验曲线与图形的方法；④学会撰写一般性的实验报告；⑤验证动物生理学的某些基本理论，有助于理解、巩固所学理论知识；⑥通过实验可以让学生学会科学的思维方法，提高分析问题和解决问题的能力，培养学生对科学实验的认真态度、创新精神和实事求是的工作作风，逐步培养学生对事物进行观察比较、分析综合和独立思考的能力。

二、实验方法

动物生理学实验即是利用一定的仪器和方法，人为地控制某些因素，再现动物机体的某些生命活动过程，或将一些感官难以观察到的内在的、迅速而微小变化着的生命活动展现、记录下来，便于人们观察、分析和研究。

动物生理学实验的方法一般根据动物的组织器官是在整体条件下进行实验，还是将其解剖取下，置于人工环境条件下进行实验，可分为离体实验方法和在体实验方法两种。

（一）离体实验方法

离体实验是根据实验目的和对象的需要，将所需的动物器官或组织按照一定的顺序，从动物机体分离出来，置于人工环境中，设法在短时间内保持其生理机能而进行研究的一种实验方法。此种方法的优点在于，能摒弃器官或组织在体内受到的多种生理因素的综合作用，能比较明确地确定某种因素与特定生理反应的关系。但由于离体实验的实验对象已去除了整体时中枢神经或体液因素的控制,所以离体实验得出的结论不一定能完全代表所研究的器官或组织在整体时的活动规律。

(二)在体实验方法

在体实验是在动物处于整体条件下,保持拟研究的组织器官处于正常的解剖位置或从体内除去(拟从反证的角度),来研究动物或某器官生理机能的实验方法,可分为活体解剖实验和慢性实验。

1. 活体解剖实验

在动物麻醉或去除中枢神经系统的情况下,对其进行活体解剖,以观察某组织或器官机能在不同情况下的变化规律。这种方法比慢性实验方法简单,易于控制实验条件,有利于观察器官间的相互关系和分析某一器官功能活动过程与特点,但实验结果不能完全代表所研究的器官或组织在正常机体内的活动规律。

2. 慢性实验

使动物处于清醒状态,观察动物整体活动或某一器官对于体内情况或外界条件变化时的反应。在慢性实验前,首先必须对动物进行较为严格的消毒、手术,根据实验目的的要求,对动物进行一定处理,如导出或去除某个器官,或埋入某种药物、电极等。手术之后,使动物恢复接近正常生理状态,再观察所处理器官的某些机能、摘除或破坏某器官后产生的生理机能紊乱等。

慢性实验以完整动物为实验对象,所得结果能比较客观地反映组织或器官健康时的真实情况,比离体实验有更大的真实性。但是由于动物处于体内各种因素综合控制之下,因此,对于实验结果所产生的原因比较难以确定。

由于离体实验和在体实验方法中的活体解剖实验过程不能持久,实验后动物往往不能存活,故又称为急性实验法。急性实验手术不需进行严格的消毒。

三、实验课的要求

(一)实验前

(1)仔细阅读实验教材,了解实验的目的、原理、操作步骤和注意事项等。

(2)结合实验内容复习有关理论知识,并根据理论知识预测本次实验的结果。

(3)熟悉所用仪器的性能和手术的基本操作方法。

(4)实验小组人员分工,在确保实验顺利进行的同时兼顾每个人的动手机会。

(5)估计本次实验可能发生的问题,并提出解决问题的应急办法。

(二)实验中

(1)认真聆听指导教师的讲解,观察示教操作。

(2)按照实验步骤进行实验,不进行与实验无关的活动。

(3)仔细、耐心地观察和记录实验过程中出现的各种现象,并及时加上必要的标记、文字说明;认真思考实验过程中出现了什么现象?原因何在?这种现象有何生理意义?若出现非预期结果,还应分析原因,尽可能地及时解决。

（4）实验过程中遇到困难，先自己设法解决，若解决不了再向指导教师请教。

（5）有多个实验项目时，要在前一项实验基本恢复正常后，才能进行下一项实验。

（6）注意个人安全，爱护实验动物及设备，节省实验材料和药品。

（三）实验后

（1）实验完成后要及时关闭仪器和设备的电源，按规定整理实验器具和处理实验动物。如有损坏或缺少，应及时向指导教师报告。

（2）整理实验记录，进行合理的分析处理后做出实验结论。

（3）做好实验室及实验台桌面的清洁卫生，将实验动物处死后放于指定地点，并关好水电及门窗；离开实验室前要洗手。

（4）认真撰写实验报告，按时交指导教师批阅。

四、实验结果的记录

实验结果的记录是实验中最重要的部分之一，应将实验过程中所观察到的现象真实地记录下来。凡属于测量性质的结果，如高低、长短、数量和速度等，均应以正确的单位和数值定量。例如，呼吸频率，不能只说加快或减慢，而应标出呼吸频率加快或减慢的具体数值和单位。凡有曲线记录的实验，都应在曲线上标注说明（如标注刺激记号、具体项目）等。

实验结果的记录要求是：

（1）真实性　真实地记录实验结果和现象，无论实验结果与自己预测的是否相同，都应实事求是地记录下来，要真正反映客观事实。

（2）原始性　及时记录实验最原始的现象和数据。

（3）条理性　记录要整洁而有顺序，学会用简明的词语记下完整的结果，以便于实验结束后整理和分析。

（4）完整性　完整的实验记录应包括题目、方法和步骤、结果、实验日期和实验者等要素。

实验过程中所得到的结果应以实验教学班为单位进行整理和分析，求出平均数、标准差及进行差异显著性检验。对于实验过程始终进行连续记录的曲线，可以将有代表性的曲线进行编辑，并做出相应的注释。实验所获数据、资料进行必要的统计学处理之后，为了便于比较、分析，提倡实验结果中某变量的增减以及诸变量之间的相互关系以图表的方式明确地表示出来，这种直观的印象有助于理解和记忆，而且可以节约文字。

五、实验报告的撰写

实验后每个学生必须及时、认真、独立撰写实验报告。实验报告是对实验的全面总结，是应用知识、理论联系实际的重要环节，是对学生撰写科学论文能力的初步培养，可为今后的科学研究打下良好的基础。实验报告写作应注意详略得当、文字简练、通顺、条理清晰、观点明确、字迹清楚整洁，正确使用标点符号。

实验报告的主要内容包括：

(1)姓名、指导教师、专业、班级、组别、日期等。

(2)实验名称：一般要求控制在25个字以内。

(3)实验目的及原理：要求尽可能简明扼要。

(4)方法和步骤：对照实验指导教材，如与其所提方法和步骤相同，只需简要写出主要实验步骤，不要抄实验指导教材。如果实验仪器或方法有所变更，或因操作技术影响观察的可靠性时，可作简短说明。

(5)实验结果：实验结果是实验报告的重要部分，包括实验所得的原始资料。写实验报告就是要根据实验目的将原始数据系统化、条理化，并进行统计学分析。对实验过程中所观察到的现象应真实、客观地加以描述，描述时需要有时间概念和顺序性，注意系统性和条理性。对记录曲线应进行合理的剪辑、归类、编辑，在实验报告的适当位置进行粘贴，并加以标注和进行必要的文字说明，如曲线的序号、名称，施加刺激的标记，刺激及显示、记录的参数、定标单位，反应时程的变化过程等。对实验结果的数据，可绘制成图表进行表达。

(6)分析与讨论：这部分内容是实验报告中最具有创造性的工作，是学生独立思考、独立工作能力的具体体现，是实验报告的核心内容。因此，应该严肃、认真，不能盲目抄袭书本和他人的实验报告。讨论的基本思路是以实验结果为论据，论证实验目的。进行实验结果的讨论，首先要判断实验结果是否为预期的，然后根据自己所掌握的理论或查阅资料所获得的知识，对实验结果进行有针对性的解释、分析，并指出其生理意义。如果出现和预期的结果相矛盾的地方，也应分析其产生的原因。如实验中尚有遗留的问题没有解决，学生可尽可能地对问题的关键提出自己的见解，绝对不可以修改实验结果来迎合理论，更不能用已知的理论或生活经验硬套在实验结果上，也不要简单重复教材上的理论知识。

(7)结论：结论是从实验结果中归纳出来的一般的、概括性的判断，也就是这一实验所能验证的概念或理论的简明总结。结论中一般不要罗列具体的结果，在实验结果中未能得到充分证明的理论，不要写入结论。

(8)参考文献：如果实验报告撰写过程中，引用了参考文献资料，应按要求注明出处。参考文献的书写有规范的格式要求，一般包括作者、文题、杂志名称、年份、卷(期)和起止页。例如：

[1] 鲁转,彭军,叶峰,等.肌红素氧合酶-1介导单磷酰诱导的心脏延迟保护[J].中国药理学报,2012,23(1):33-39.

[2] 殷震,刘景华.动物病毒学[M].2版.北京:科学出版社,1997:403-408.

(黄庆洲、王芝英、白华毅)

第二章 动物生理学实验的基本操作技术

一、动物生理学实验常用手术器械

(一)常用手术器械

1.手术刀

手术刀由刀柄和可装卸的刀片两部分组成(图2-1)。刀柄一般根据其长短及大小来分型。一把刀柄可以安装几种不同型号的刀片。刀片的种类较多,按其形态可分为圆刀、弯刀及三角刀等;按其大小可分为大刀片、中刀片和小刀片。手术时根据实际需要,选择合适的刀柄和刀片。刀柄通常与刀片分开存放和消毒。刀片应用持针器夹持安装,切不可徒手操作,以防割伤手指。装载刀片时,用持针器夹持刀片前端背部,使刀片的缺口对准刀柄前部的刀楞,稍用力向后拉动即可装上。取下时,用持针器夹持刀片尾端背部,稍用力提起刀片向前推即可卸下(图2-2)。手术刀主要用于切割组织,有时也用刀柄尾端钝性分离组织。

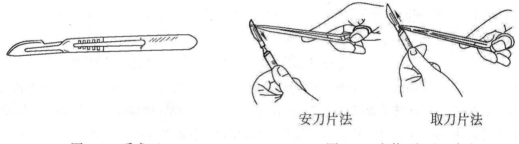

安刀片法　　　　取刀片法

图2-1　手术刀　　　　　　　图2-2　安装、取下刀片法

(1)执刀方式

持刀的方式有4种(图2-3):

①执弓式:是最常用的一种执刀方式,动作范围广而灵活,用力涉及整个上肢,主要在腕部。用于较长的皮肤切口和腹直肌前鞘的切开等。

②握持式:全手握持刀柄,拇指与食指紧捏刀柄刻痕处。此法控刀比较稳定,操作的主要活动力点是肩关节。用于切割范围广、组织坚厚、用力较大的切开(如截肢、肌腱切开),较长的皮肤切口等。

③执笔式:用力轻柔,操作灵活准确,便于控制刀的活动度,其动作和力量主要在手指。用于短小切口及精细手术,如解剖血管、神经及切开腹膜等。

④反挑式:是执笔式的一种转换形式,刀刃向上挑开,以免损伤深部组织。操作时先刺入,动点在手指。用于切开脓肿、血管、气管、胆总管或输尿管等空腔脏器,切断钳夹的组织或扩大皮肤切口等。

（2）手术刀的传递

传递手术刀时，传递者应握住刀柄与刀片衔接处的背部，将刀柄尾端送至术者的手里，不可将刀刃指着术者传递以免造成损伤（图2-4）。

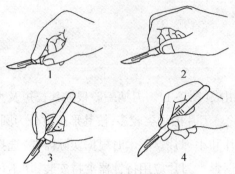

图2-3　执刀方式　　　　　　　　　　图2-4　手术刀的传递

1.执弓式；2.握持式；3.执笔式；4.反挑式

2. 手术剪

手术剪分为组织剪和线剪两大类（图2-5）。组织剪刀薄、锐利，有直弯两型，大小长短不一，主要用于分离、解剖和剪开组织。线剪多为直剪，又分剪线剪和拆线剪，前者用于剪断缝线、敷料、引流物等，后者用于拆除缝线。结构上组织剪的刃较薄，线剪的刃较钝厚，使用时不能用组织剪代替线剪，以免损坏刀刃，缩短剪刀的使用寿命。拆线剪的结构特点是一页钝凹，一页尖而直。正确的执剪姿势为拇指和无名指分别扣入剪刀柄的两环，中指放在无名指的剪刀柄上，食指压在轴节处起稳定和导向作用（图2-6）。剪割组织时，一般采用正剪法，也可采用反剪法，还可采用扶剪法或其他操作。剪刀的传递：术者食指、中指伸直，并做内收、外展的"剪开"动作，其余手指屈曲对握（图2-7）。

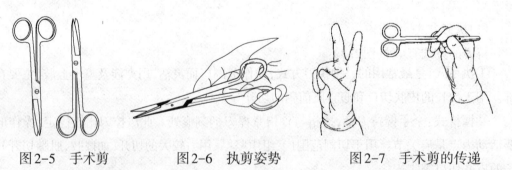

图2-5　手术剪　　　　图2-6　执剪姿势　　　　图2-7　手术剪的传递

3. 血管钳

血管钳是主要用于止血的器械，故也称止血钳。此外，血管钳还可用于分离、解剖、夹持组织；也可用于牵引缝线，拔出缝针或代替镊使用。代替镊使用时不宜夹持皮肤、脏器及较脆弱的组织，切不可扣紧钳柄上的轮齿，以免损伤组织。临床上血管钳种类很多，其结构特点是前端平滑，依齿槽床的不同可分为弯、直、直角、弧形、有齿、无齿等，钳柄处均有扣锁钳的齿槽。临床上常用者有以下几种：

（1）蚊式血管钳

蚊式血管钳有弯、直两种，为细小精巧的血管钳，可作微细解剖或钳夹小血管（图2-8），还可用于脏器、面部及整形等手术的止血，不宜用于大块组织的钳夹。

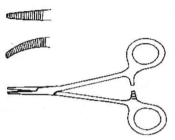

图2-8 直、弯蚊式血管钳

（2）直血管钳

用以夹持皮下及浅层组织出血，协助拔针等（图2-9）。

（3）弯血管钳

用以夹持深部组织或内脏血管出血（图2-9）。

（4）有齿血管钳

用以夹持较厚组织及易滑脱组织内的血管出血，如肠系膜、大网膜等，也可用于切除组织的夹持牵引。注意前端钩齿可防止滑脱，对组织的损伤较大，不能用作一般的止血（图2-10）。

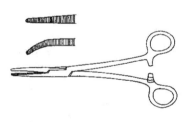

图2-9 直血管钳和弯血管钳　　　图2-10 有齿血管钳

血管钳的正确执法基本同手术剪，有时还可采用掌握法或执钳操作。关闭血管钳时，只需用力捏紧两个扣环，血管钳将自动关闭（图2-11）。开放时用拇指和食指持住血管钳一个环口，中指和无名指持住另一环口，将拇指和无名指轻轻用力对顶一下，即可开放（图2-12）。

血管钳的传递：术者掌心向上，拇指外展，其余四指并拢伸直，传递者握血管钳前端，以柄环端轻敲术者手掌，传递至术者手中。

正确持钳法　　　　　　错误持钳法

图2-11 持钳法

右手松钳法　　　　　左手松钳法

图2-12　松钳法

4. 手术镊

手术镊用以夹持或提取组织,便于分离、剪开和缝合,也可用来夹持缝针或敷料等。其种类较多,有不同的长度,镊的尖端分为有齿和无齿(平镊)(图2-13),还有为专科设计的特殊手术镊。

(1)有齿镊

前端有齿,齿分为粗齿与细齿,粗齿镊用于提起皮肤、皮下组织、筋膜等坚韧组织;细齿镊用于肌腱缝合、整形等精细手术,夹持牢固,但对组织有一定的损伤作用。

(2)无齿镊

前端平,其尖端无钩齿,分尖头和平头两种,用于夹持组织、脏器及敷料。浅部操作时用短镊,深部操作时用长镊。无齿镊对组织的损伤较轻,用于脆弱组织、脏器的夹持。尖头平镊用于神经、血管等精细组织的夹持。

正确的持镊姿势是拇指对食指与中指,把持二镊脚的中部,稳而适度地夹住组织(图2-14)。错误执镊既影响操作的灵活性,又不易控制夹持力度大小。

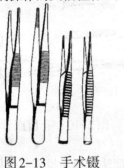

图2-13　手术镊　　　　　　　　图2-14　执镊方法

5. 持针钳

持针钳也叫持针器,主要用于夹持缝合针来缝合组织,有时也用于器械打结,其基本结构与血管钳类似。持针钳的前端齿槽床部短,柄长,钳叶内有交叉齿纹,使夹持缝针稳定,不易滑脱。使用时将持针钳的尖端夹住缝针的中、后1/3交界处,并将缝线重叠部分也放于内侧针嘴内。若夹在齿槽床的中部,则容易将针折断。

(1)持针钳的传递

传递者握住持针钳中部,将柄端递给术者。在持针器的传递和使用过程中切不可刺伤其他手术人员。

（2）持针钳的执握方法（图2-15）

①把抓式　也叫掌握法，即用手掌握持针钳，钳环紧贴大鱼际肌上，拇指、中指、无名指及小指分别压在钳柄上，食指压在持针钳中部近轴节处。利用拇指及大鱼际肌和掌指关节活动维持、张开持针钳柄环上的齿扣。

②指扣式　为传统执法，用拇指、无名指套入钳环内，以手指活动力量来控制持针钳关闭，并控制其张开与合拢时的动作范围。

③掌指式　也叫单扣式，拇指套入钳环内，食指压在钳的前半部作支撑引导，其余三指压钳环固定手掌中，拇指可上下开闭活动，控制持针钳的张开与合拢。

④掌拇式　即食指压在钳的前半部，拇指及其余三指压住一柄环固定手掌中。此法关闭、松钳较容易，进针稳妥。

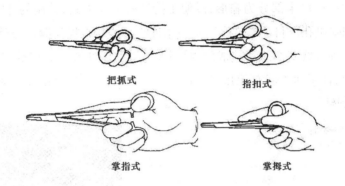

图2-15　持针钳的执握方法

6. 其他常用钳类器械

（1）布巾钳

简称巾钳，前端弯而尖，似蟹的大爪，能交叉咬合，主要用以夹持固定手术巾，并夹住皮肤，以防手术中移动或松开。注意使用时勿夹伤正常皮肤组织。

（2）组织钳

又叫鼠齿钳，其前端稍宽，有一排细齿似小耙，闭合时互相嵌合，弹性好，对组织的压伤较血管钳轻，创伤小，一般用以夹持组织，不易滑脱，如皮瓣、筋膜或即将被切除的组织，也用于钳夹纱布垫与皮下组织的固定。

（3）海绵钳

也叫持物钳，钳的前部呈环状，分有齿和无齿两种，前者主要用以夹持、传递已消毒的器械、缝线、缝合针及引流管等，也用于夹持敷料作手术区域皮肤的消毒，或用于手术深处拭血和协助显露、止血；后者主要用于夹提肠管、阑尾、网膜等脏器组织。夹持组织时，一般不必将钳扣关闭。

（4）直角钳

用于游离和绕过重要血管及管道等组织的后壁，如胃左动脉、胆道、输尿管等。

（5）肠钳

有直、弯两种,钳叶扁平有弹性,咬合面有细纹,无齿,其臂较薄,轻夹时两钳叶间有一定的空隙,钳夹的损伤作用很小,可用以暂时阻止胃肠壁的血管出血和肠内容物流动,常用于夹持肠管。

（6）胃钳

胃钳有一多关节轴,压榨力强,齿槽为直纹,且较深,夹持组织不易滑脱,常用于钳夹胃或结肠。

7. 缝合针

缝合针简称缝针,是用于各种组织缝合的器械,它由针尖、针体和针尾三部分组成。针尖形状有圆头、三角头及铲头三种;针体的形状有近圆形、三角形及铲形三种,一般针体前半部分为三角形或圆形,后半部分为扁形,以便于持针钳牢固夹紧;针尾的针眼是供引线所用的孔,分普通孔和弹机孔。目前有许多医院采用针线一体的无损伤缝针,其针尾嵌有与针体粗细相似的线,这种针线对组织所造成的损伤较小,并可防止在缝合时缝线脱针(图2-16)。临床上根据针尖与针尾两点间有无弧度,将缝针分为直针、半弯针和弯针;按针尖横断面的形状分为角针和圆针。

图2-16　带线缝合针

图2-17　三角缝合针

（1）直针

适合于宽敞或浅部操作时的缝合,如皮肤及胃肠道黏膜的缝合,有时也用于肝脏的缝合。

（2）弯针

临床应用最广,适于狭小或深部组织的缝合。根据弧弯度不同分为1/4、3/8、1/2、5/8弧度等。几乎所有组织和器官均可选用不同大小、弧度的弯针做缝合(图2-17)。

（3）无损伤缝针

主要用于小血管、神经外膜等纤细组织的吻合。

（4）三角针

针尖前面呈三角形(三菱形),能穿透较坚硬的组织,用于缝合皮肤、韧带、软骨和瘢痕等组织,但不宜用于颜面部皮肤缝合。

（5）圆针

针尖及针体的截面均为圆形,用于缝合一般软组织,如胃肠壁、血管、筋膜、腹膜和神经等。

临床上应根据需要合理选择缝针,原则上应选用针径较细、损伤较小者。

(二)手术器械的消毒方法

1. 灭菌法

(1)高压蒸汽灭菌法

应用最普遍,效果可靠。高压蒸汽灭菌器可分为下排气式和预真空式两类。后者的灭菌时间短,对需要灭菌的物品的损害轻微,但价格贵,应用未普及。目前在国内广泛应用的为下排气式灭菌器,灭菌时间较长。这种灭菌器的式样很多,有手提式(图2-18)、立式和卧式等多种,但其基本结构和作用原理相同,由一个具有两层壁的能耐高压的锅炉所构成,蒸汽进入消毒室内,积聚而产生压力。蒸汽的压力增高,温度也随之增高。温度可达121 ℃~126 ℃,维持30 min,即能杀死包括具有顽强抵抗力的细菌芽孢在内的一切细菌,达到灭菌目的。

图2-18　高压蒸汽灭菌器

高压蒸汽灭菌器的使用方法如下:将需要灭菌的物品放入消毒室内,紧闭器门。先使蒸汽进入夹套,在达到所需的控制压力后,将冷凝水泄出器前面的冷凝阀旋开少许,再将总阀开放,使蒸汽进入消毒室。冷凝阀的开放是使冷凝水和空气从消毒室内排出,以确保消毒室达到所需的温度。此时,可看到夹套的蒸汽压力下降,消毒室的蒸汽压力上升。在消毒室温度表达到预选温度时,开始计算灭菌时间。灭菌时间到了后,让消毒室内的蒸汽自然冷却或予以排气。在消毒室压力表下降到"0"位1~2 min后,将门打开。再等10~15 min后取出已灭菌的物品。由于余热的作用和蒸发,包裹即能干燥。物品灭菌后,一般可保留2周。

高压蒸汽灭菌法多用于一般能耐受高温的物品,如金属器械、玻璃、搪瓷、敷料、橡胶类、药物等。各类物品灭菌所需的时间、温度和压力见表2-1。

表2-1　灭菌所需时间、温度和压力

物品种类	灭菌所需时间(min)	蒸汽压力(kPa)	表压(lb/in2)	饱和蒸汽相对温度(℃)
橡胶类	15	104.0~107.9	15~16	121
敷料类	15~45	104.0~137.3	15~20	121~126
器械类	10	104.0~137.0	15~20	121~126
器皿类	15	104.0~137.0	15~20	121~126
瓶装溶液类	20~40	104.0~137.0	15~20	121~126

(2)煮沸灭菌法

常用的有煮沸灭菌器。一般铝锅洗去油脂后,也可作煮沸灭菌用。本法适用于金属器械、玻璃及橡胶类等物品,在水中煮沸至100 ℃后,持续15~20 min,一般细菌可被杀灭,但带芽孢的细菌至少需要煮沸1 h才能被杀灭。如在水中加碳酸氢钠,变成2 % 碱性溶液,沸点可提高到105 ℃,灭菌时间缩短至10 min,并可防止金属物品生锈。高原地区气压低、沸点低,故海拔高度每增高300 m,一般应延长灭菌时间2 min。为了节省时间和保证灭菌质量,在高原地区,可应用压力锅来煮沸灭菌。压力锅的蒸汽压力一般为127.5 kPa,锅内最高温度能达124 ℃左右,10 min即可灭菌。

注意事项:①物品必须完全浸没在水中,才能达到灭菌目的;②橡胶和丝线类应于水煮沸后放入,持续煮沸15 min即可取出,以免煮沸过久影响质量;③玻璃类物品要用纱布包好,放入冷水中煮,以免骤热而破裂;如为注射器,应拔出其内芯,用纱布分别包好针筒、内芯;④灭菌时间应从水煮沸后算起,如果中途加入其他物品,应重新计算时间;⑤煮沸器的锅盖应严密关闭,以保持沸水温度。

(3)火烧法

在紧急情况下,金属器械的灭菌可用此法。将器械放在搪瓷或金属盆中,倒入95 %乙醇少许,点火直接燃烧,但此法常使锐利器械变钝,又能使器械失去光泽,一般不宜应用。

2. 消毒法

(1)药液浸泡消毒法

锐利器械、内腔镜等不适于热力灭菌的器械,可用化学药液浸泡消毒。常用的化学消毒剂有下列几种:

①1:1000新洁尔灭溶液　浸泡时间为30 min,常用于刀片、剪刀、缝针的消毒。1000 mL中加医用亚硝酸钠5 g,配成"防锈新洁尔灭溶液",有防止金属器械生锈的作用。药液宜每周更换1次。

②70 %乙醇　浸泡30 min,用途与新洁尔灭溶液相同。乙醇应每周过滤,并核对浓度1次。

③10 %甲醛溶液　浸泡时间为30 min,适用于输尿管导管、塑料类、有机玻璃的消毒。

④2 %戊二醛水溶液　浸泡10～30 min,用途与新洁尔灭溶液相同,但灭菌效果更好。

⑤1:1000洗必泰溶液　抗菌作用较新洁尔灭溶液强,浸泡时间为30 min。

注意事项:①浸泡前,要擦净器械上的油脂;②要消毒的物品必须全部浸入溶液中;③有轴节的器械(如剪刀),轴节应张开;管瓶类物品的内外均应浸泡在消毒液中;④使用前,需用灭菌盐水将药液冲洗干净,以免组织受到药液的损害。

(2)甲醛蒸汽熏蒸法

用24 cm有蒸格的铝锅,蒸格下放一量杯,加入高锰酸钾2.5 g,再加入40 %甲醛(福尔马林)溶液5 mL,蒸格上放丝线,熏蒸1 h,即可达消毒目的,丝线不会变脆。

清洁、保管和处理:一切器械、敷料和用具在使用后,都必须经过一定的处理,才能重新进行消毒,供下次手术使用。其处理方法随物品种类、污染性质和程度而不同。凡金属器械、玻璃、搪瓷等物,在使用后都需用清水洗净,特别需注意沟、槽、轴节等处的去污,金属器械还须擦油防锈;各种橡胶管还需注意冲洗内腔,然后擦干。

二、常用实验动物

(一)常用实验动物种类和特点

1. 青蛙和蟾蜍

二者均属两栖纲、无尾目类动物,其心脏在离体情况下可保持较长时间的节律性跳动,多用于研究心脏的生理、药物对心脏的作用等。蛙的体型小,神经肌肉标本易于制备,其腓肠肌和坐骨神经是研究外周神经、运动终板等生理功能的理想材料,且价格低廉,易于获得。

2. 家兔

属于哺乳纲,啮齿目,兔科。性情温顺、安静,是生理学实验教学中较多采用的实验动物。家兔颈部有减压神经独立分支,纵隔由两层纵隔膜组成,将胸腔分为左右两部分,互不相通,适用于急性心血管实验及呼吸实验;家兔的肠管长、壁薄,对儿茶酚胺类药物反应灵敏,可进行小肠平滑肌的生理学特性的观察;也可用于卵巢、胰岛等内分泌实验。

3. 小白鼠

属于哺乳纲,啮齿目,鼠科。便于人工繁殖,价格低廉,适用于动物需要量较大的实验。

4. 大白鼠

属鼠科,其垂体、肾上腺系统发达,应激反应灵敏,适用于内分泌研究;也可用大白鼠进行胆管插管收集胆汁,或从胸导管采集淋巴液等;还可用大白鼠进行高级神经活动实验。

5. 豚鼠(荷兰猪)

属于哺乳纲,啮齿目,豚鼠科。性情温顺,胆小易惊,很少咬伤实验操作人员。豚鼠耳壳大,药物易于进入中耳和内耳,常用于内耳迷路等实验研究,或用于离体心脏、子宫及肠管的实验。

6. 鸽子

属于鸟纲,鸽形目,鸠鸽科。其小脑、三个半规管以及听觉和视觉部很发达,对姿势的平衡反应敏感,常用来观察迷路与姿势的关系,也可用于观察大脑半球的一般功能。

7. 猫

属于哺乳纲,食肉目,猫科。其循环系统发达,血压稳定,血管壁坚韧,适用于循环功能的急性实验。猫的大脑和小脑发达,其头盖骨和脑的形态固定,常用来做去大脑僵直、姿势反射等神经生理学实验。

8. 狗

哺乳纲,食肉目,犬科。狗的嗅觉、听觉特别灵敏,其嗅觉能力是人的 1200 倍,听觉比人灵敏 16 倍,同时具有发达的血液循环和神经系统,是目前教学和基础医学研究中最常用的动物之一,尤其是在血液循环、消化和神经活动的实验研究中,狗的应用具有更重要的意义。

(二)实验动物的选择

实验动物在选择时,应遵循以下原则:

(1)选用解剖、生理特点符合实验要求的实验动物;

（2）选用标准化实验动物,即指在微生物学、遗传学、环境和营养学等方面均符合控制标准的实验动物,教学示范一般选用一级(普通)动物;

（3）选用与实验要求相适应的实验动物规格(指年龄、体重和性别的选择)。

另外,选择实验动物还要符合经济节约,容易获得的原则。生理学实验中常用的动物有:蛙(蟾蜍)、家兔、小白鼠、大白鼠、豚鼠、鸽子、猫和狗等。

（三）实验动物的编号方法

1. 染色法

染色标记法使用毛笔或棉签蘸取化学药品,在实验动物体表不同部位涂上斑点,以示不同编号。常用染液:3%～5%的苦味酸溶液(黄色);0.5%的中性品红溶液(红色);2%的硝酸银溶液(咖啡色),此法适用于大鼠、小鼠、豚鼠等动物的编号。染色法的缺点在于若实验时间较长,颜色可自行消褪,在加上动物之间互相摩擦,尿液、水浸湿被毛等原因,均可使编号不清。编号的原则是"先左后右、先上后下",用单一颜色可标记1～10号;若用两种颜色的染液配合使用,其中一个颜色代表个位数,另一个代表十位数,可编到99号。

2. 断指(趾)标记法

新生仔可根据前肢4指,后肢5趾的切断位置来标记,后肢从左到右表示1～10号,前肢从左到右表示20～90号,11～19号用切断后肢最右趾加后肢其他相应的1～9号来表示。注:切断指(趾)时,应切断其1段指骨,不能只断指尖,以防伤口痊愈后辨别不清。

3. 耳缘剪孔法

耳缘剪孔标记是在耳边缘剪出不同的缺口或打出小孔进行编号的方法。此法适用于大鼠、小鼠、豚鼠等动物的编号。在剪缘或打孔后用消毒滑石粉抹于局部,以利愈合后辨认。

4. 挂牌法

挂牌法是用金属制作的号牌固定在实验动物的耳上或颈部的编号方法,小鼠、大鼠用挂耳环的方法标记需用专门的耳环钳固定。

（四）实验动物的捕拿与固定方法

在实验过程中,为了手术操作方便,顺利进行实验项目的观察记录,必须将动物麻醉和固定在特制的实验台上(图2-19)。固定动物的方法一般多采用仰卧位,它适用做颈、胸、腹、股等部位的实验;俯卧位适用于做脑和脊髓部位的实验。

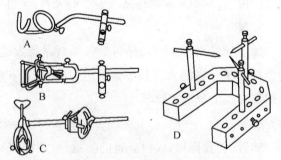

图2-19　动物头部固定夹

A. 兔用;B. 猫用;C. 狗用;D. 马蹄形头位固定器

1. 狗的捆绑与固定

至少由2～3人进行。捆绑前实验者应先对其轻柔抚摸,避免使其惊恐或激怒;用一条粗棉绳兜住上、下颌,在上颌处打一结(勿太紧),再绕回下颌打第二个结,然后将绳引向头后部,在颈项上打第三个结且在其上打一活结。切记在兜绳时,要注意观察狗的动向,以防被其咬伤。如狗不能合作，须用长柄狗头钳夹持其颈部，并按倒在地，以限制其头部活动，再按上述方法捆绑其嘴。捆嘴后使其侧卧，一人固定其肢体，另一人注射麻醉药。此时，应注意狗可能出现挣扎，甚至大小便俱下，以及由于这种捆绑动作往往致使狗呼吸急促，甚至屏气等。待动物进入麻醉状态后，立即松绑，以防窒息。将麻醉好的狗仰卧置于实验台上，用特制的狗头夹固定狗头。固定前将狗舌拽出口外，避免堵塞气道。将狗嘴伸入铁圈，再将直铁杆插入

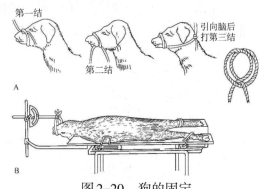

图2-20　狗的固定
A.狗嘴的固定；B.狗台上的固定

上、下颌之间，再下旋铁杆，使弯形铁条紧压犬的下颌(仰卧固定)或压在鼻梁上(俯卧固定)。再将狗头夹固定在手术台上。固定好狗头后，取绳索用其一端分别绑在前肢的腕关节上部和后肢的踝关节上部，绳索的另一端分别固定在实验台同侧的固定钩上。固定两前肢时，亦可将两根绳索交叉从犬的背后穿过并将对侧前肢压在绳索下，分别绑在实验台两侧的固定钩上。若采取俯卧位固定时，绑前肢的绳索可不交叉，直接绑在同侧的固定钩上(图2-20)。

2. 猫

捉持猫时应戴手套，防止被其抓伤(图2-21)。先将猫关入特制的玻璃容器中，投入乙醚棉团对其进行快速麻醉，然后乘其未醒立即固定在猫袋或实验台上。

3. 兔

捉持家兔时只需实验者和助手将其抓牢或按住即可。正确捉持方法为：一手抓住家兔颈背部皮肤，轻轻提起，另一手托住其臀部，使其呈坐位姿势(图2-22)。

图2-21　猫的固定

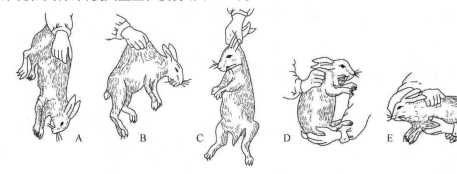

图2-22　家兔的抓取方法
A,B,C均为错误方法；D,E为正确方法

兔可固定在兔盒或兔台上(图2-23)。在手术台上用兔头夹固定头部，把嘴套入铁圈内，调整铁圈至最适位置然后将兔头夹的铁柄固定在手术台上(图2-24)。或用一根较粗棉线绳

一端打个活结套住兔的两只上门齿,另一端拴在实验台前端的铁柱上。做颈部手术时,可将一粗注射器筒垫于动物的项下,以抬高颈部,便于操作。兔的四肢固定和狗相同。

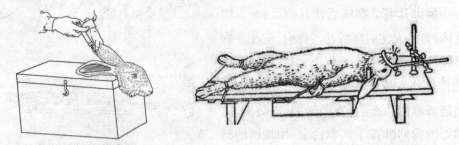

图2-23　兔的固定及耳缘静脉注射法　　　　图2-24　兔的手术固定

4. 小鼠、大鼠

实验者右手捉住小鼠尾,鼠会本能地向前爬行。左手攥紧鼠颈背部皮肤,使其腹部向上,拉直躯干,并以左手小指和掌部夹住其尾固定在左手上(图2-25 A),可做腹腔麻醉,亦可用金属筒、有机玻璃筒或铁丝笼式固定器固定,露出尾部,做尾静脉注射。

捉持大鼠的方法基本同小鼠(图2-25 B)。大鼠在惊恐或激怒时会咬人,捉拿时可戴防护手套,或用厚布盖住鼠身作防护,握住整个身体,并固定头骨,防止被咬伤。动作应轻柔,切忌粗暴,也可用钳子夹持。最后再根据需要,将大鼠置于固定笼内或捆绑四肢。

图2-25　鼠的固定
A.小白鼠捉拿方法；B.大白鼠捉拿法

5. 豚鼠

右手横握豚鼠腹前部,左手轻托其后肢(图2-26)。

6. 蛙

实验者一手拇指、食指和中指控制蛙两前肢,无名指和小指压住其两后肢(图2-27)。

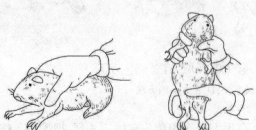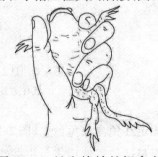

图2-26　豚鼠的捉拿方法　　　　图2-27　蛙和蟾蜍的捉拿方法

7. 鱼类的保存、运输和固定

实验鱼的保存最基本的要求是要有适宜的水源,包括合适的化学成分和水温。保存鱼的水温最好接近鱼所处的自然环境,避免温度剧烈变动。从别处运输来的鱼,在入池之前,应使其有一段水温适应过程,逐渐使其达到池中的水温。活动性强的鱼类宜放在圆形容器或池中为宜,以让它们能持续游动而不被碰伤。实验水槽或水族箱应有循环流水和过滤净化装置,小水族箱可用活性炭或玻璃纤维过滤,每周至少将全部水更换一次。更换的水最好通过紫外光以减少微生物感染的可能性。输送的水管最好是玻璃管或塑料管,不应用铜管或铁管。实验鱼在养育期间,应投以适量的饵料,最好选用商品颗粒饵料。为了防病,可用稀释的高锰酸钾溶液或3%的食盐水浸泡实验鱼,也可在饵料中加入少量的抗生素。实验鱼类通常用木桶、塑料桶或塑料袋进行运输。运输时用低温水(加冰),充氧。必要时可加入少量麻醉剂,可大大减少鱼的死亡率。运输鱼操作时戴上手套可以减轻鱼的损伤。

一般鱼类的固定首先给鱼以肌松剂,然后固定在特制的手术台上,固定用的手术台可以有不同的形状,根据实验要求自制。安好流水呼吸装置(图2-28)。

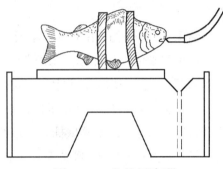

图2-28 鱼的固定器

(五)实验动物的给药方法

1. 经口投药法

(1)口服法

口服法是将能溶于水并且在水溶液中较稳定的药物放入动物饮水中,不溶于水的药物混于动物饲料内,由动物自行摄入。该方法技术简单,给药时动物接近自然状态,不会引起动物应激反应,适用于多数动物慢性药物干预实验,如抗高血压药物的药效、药物毒性测试等。其缺点是动物饮水和进食过程中,总有部分药物损失,药物摄入量计算不准确,而且由于动物本身状态、饮水量和摄食量不同,药物摄入量不易保证,影响药物作用分析的准确性。

(2)灌服法

灌服法是将动物适当固定,强迫动物摄入药物。这种方法能准确把握给药时间和剂量,及时观察动物的反应,适合于急性和慢性动物实验,但经常强制性操作易引起动物不良生理反应,甚至操作不当引起动物死亡,故应熟练掌握该项技术。

强制性给药方法主要有两种:

①固体药物口服:一人操作时用左手从背部抓住动物头部,同时以拇、食指压迫动物口角部位使其张口,右手用镊子夹住药片放于动物舌根部位,然后让动物闭口吞咽下药物。

②液体药物灌服:小白鼠与大白鼠一般由一人操作,左手捏持小白鼠头、颈、背部皮肤,或握住大白鼠以固定动物,使动物腹部朝向术者,右手将连接注射器的硬质胃管由口角处插入口腔,用胃管将动物头部稍向背侧压迫,使口腔与食管成一直线,将胃管沿上颚壁轻轻插入食道,小白鼠一般用3 cm的胃管,大白鼠一般用5 cm的胃管(图2-29)。插管时应注意动

物反应,如插入顺利,动物安静,呼吸正常,可注入药物;如动物剧烈挣扎或插入有阻力,应拔出胃管重插;如将药物灌入气管,可致动物立即死亡。

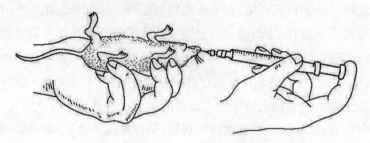

图2-29　小白鼠灌胃法

　　给家兔灌服时宜用兔固定箱或由两人操作。助手取坐位,用两腿夹住动物腰腹部,左手抓兔双耳,右手握持前肢,以固定动物;术者将木制开口器横插入兔口内并压住舌头,将胃管经开口器中央小孔沿上腭壁插入食道约15 cm,将胃管外口置一杯水中,看是否有气泡冒出,检测是否插入气管,确定胃管不在气管后,即可注入药物(图2-30)。

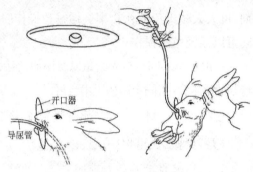

图2-30　兔灌胃法

2. 注射给药

(1)淋巴囊注射

　　青蛙与蟾蜍皮下有多个淋巴囊,注射药物易于吸收,适合于该类动物全身给药。常用注射部位为胸、腹和股淋巴囊。为防止注入药物自针眼处漏出,胸淋巴囊注射时应将针头刺入口腔,由口腔组织穿刺到胸部皮下,注入药物。股淋巴囊注射时应由小腿刺入,经膝关节穿刺到股部皮下,注射药液量一般为0.25~0.5 mL(图2-31)。

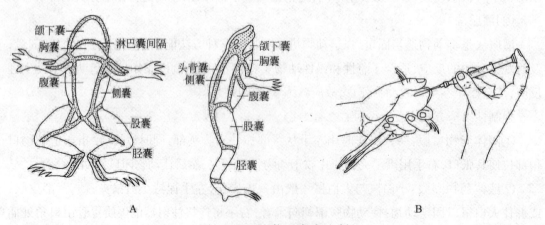

图2-31　蛙淋巴囊内注射

(A.蛙皮下淋巴囊;B.蛙胸淋巴注射)

（2）皮下注射

皮下注射是将药物注射于皮肤与肌肉之间,适合于所有哺乳动物。实验动物皮下注射一般应由两人操作,熟练者也可一人完成。由助手将动物固定,术者用左手捏起皮肤,形成皮肤皱褶,右手持注射器刺入皱褶皮下,将针头轻轻左右

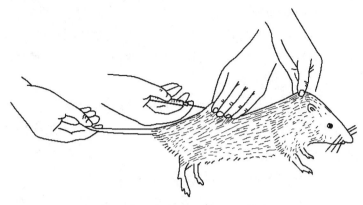

图2-32　小白鼠的皮下注射法

摆动,如摆动容易,表示确已刺入皮下,再轻轻回抽针栓,确定没有刺入血管后,将药物注入(图2-32)。拔出针头后应轻轻按压针刺部位,以防药液漏出,并可促进药物吸收。鸽、禽类常选用翼下注射。

（3）肌肉注射

肌肉血管丰富,药物吸收速度快,故肌内注射适合于几乎所有水溶性和脂溶性药物,特别适合于狗、猫、兔等肌肉发达的动物。而小白鼠、大白鼠、豚鼠因肌肉较少,肌肉注射稍有困难,必要时可选用股部肌肉。鸟类选用胸肌或腓肠肌。肌内注射一般由两人操作,小动物也可由一人完成。助手固定动物,术者用左手指轻压注射部位,右手持注射器刺入肌肉,回抽针栓,如无回血,表明未刺入血管,将药物注入,然后拔出针头,轻轻按摩注射部位,以助药物吸收。

（4）腹腔注射

腹腔吸收面积大,药物吸收速度快,故腹腔注射适合于多种刺激性小的水溶性药物的用药,并且是啮齿类动物常用给药途径之一。腹腔注射穿刺部位一般选在下腹部正中线两侧,该部位无重要器官。腹腔注射可由两人完成,熟练者也可一人完成。助手固定动物,并使其腹部向上,术者将注射器针头在选定部位刺入皮下,然后使针头与皮肤成45°角缓慢刺入腹腔,如针头与腹内小肠接触,一般小肠会自动移开,故腹腔注射较为安全(图2-33)。刺入腹腔时,术者可有阻力突然减小的感觉,再回抽针栓,确定针头未刺入小肠、膀胱或血管后,缓慢注入药液。

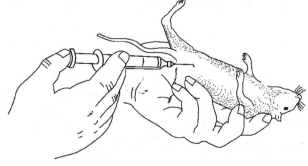

图2-33　小白鼠的腹腔注射法

（5）静脉注射

静脉注射是指将药物直接注入血液，药物作用最快，是急、慢性动物实验最常用的给药方法。静脉注射给药时，不同种类的动物由于其解剖结构的不同，应选择不同的静脉血管。

①兔耳缘静脉注射

将家兔置于兔固定箱内，没有兔固定箱时可由助手将家兔固定在实验台上，并特别注意兔头不能随意活动。剪除兔耳外侧缘被毛，用酒精轻轻擦拭或轻揉耳缘局部，使耳缘静脉充分扩张。用左手拇指和中指捏住兔耳尖端，食指垫在兔耳注射处的下方（或以食指、中指夹住耳根，拇指和无名指捏住耳的尖端），右手持注射器由近耳尖处将针（6号或7号针头）刺入血管（图2-33）。再顺血管腔向心脏端刺进约1 cm，回抽针栓，如有血表示确已刺入静脉，然后由左手拇指、食指和中指将针头和兔耳固定好。右手缓慢推注药物入血液。如感觉推注阻力很大，并且局部肿胀，表示针头已滑出血管，应重新穿刺。注意兔耳缘静脉穿刺时应尽可能从远心端开始，以便重复注射。

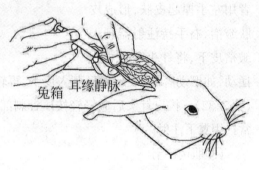
图2-33　兔耳缘静脉注射法

②小白鼠与大白鼠尾静脉注射

小白鼠尾部有三根静脉，两侧和背部各一根，两侧的尾静脉更适合于静脉注射。注射时先将小白鼠置于鼠固定筒内或扣在烧杯中，让尾部露出，用乙醇或二甲苯反复擦拭尾部或浸于40 ℃～50 ℃的温水中加热1 min，使尾静脉充分扩张。术者用左手拉尾尖部，右手持注射器（以4号针头为宜）将针头刺入尾静脉，然后左手捏住鼠尾和针头，右手注入药物（图2-34）。如推注阻力很大，局部皮肤变白，表示针头未刺入血管或滑脱，应重新穿刺，注射药液量以0.15 mL/只为宜。幼年大白鼠也可做尾静脉注射，方法与小白鼠相同，但成年大白鼠尾静脉穿刺困难，不宜采用尾静脉注射。

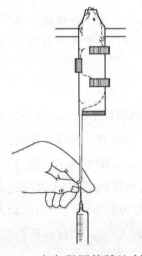
图2-34　小白鼠尾静脉注射法

③狗前肢头静脉注射

狗前肢小腿前内侧有较粗的头静脉和后肢外侧有小隐静脉，是狗静脉注射较方便的部位。注射时先剪去该部位被毛，以乙醇消毒。用压脉带绑扎肢体根部，或由助手握紧该部位，使头静脉充分扩张。术者左手抓住肢体末端，右手持注射器刺入静脉，此时可见明显回血，然后放开压脉带，左手固定针头，右手缓慢注入药物（图2-35）。

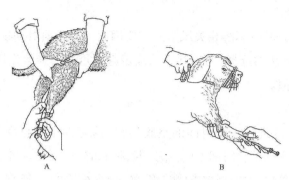

图2-35 狗的静脉注射

A.后肢外侧小隐静脉注射;B.前肢背侧皮下头静脉注射

④家禽静脉注射

家禽可选择翼下肱静脉或蹼间静脉进行注射给药。方法同于其他动物。

⑤鱼类注射

可采取血管插管法给药,或于胸鳍下无鳞区将药注入体腔,或于背鳍基下方柔软处进行肌肉注射。

三、实验动物的麻醉

(一)麻醉前的准备工作

1. 麻醉方案的确定

麻醉前,必须根据实验目的、实验方法、动物种类、手术部位、手术特点、麻醉对动物机体的影响等因素,确定科学合理的麻醉方案。麻醉方案一般包括麻醉方法、麻醉药物的选择和麻醉深度的确定。麻醉方案一般由有经验的兽医师提出,没有兽医师的可由经过专门培训并有实践经验的实验人员、研究人员提出。麻醉方案一经确定,原则上不得随意更改,但是,有的动物个体差异较大,药物的生产厂家不同,药物的质量和药效也存在差异。因此,在实际操作时,应根据实际情况增减药物的剂量。

2. 实验动物的准备

(1)提前到位

实验动物宜在实验前4~7 d到位,使动物适应新环境,恢复运输过程中应激反应引起的代谢和激素改变。这段时间,要记录动物的体重、生长速度、摄食量和饮水量。这些数据对于那些需要麻醉苏醒的动物是非常重要的。

(2)驯化

大部分实验动物,特别是灵长类动物、狗、猫等,经过驯化,在抓取和保定时都能与人很好地配合,不仅使麻醉工作顺利进行,而且能避免或减少应激反应。长时间地使动物处于应激状态会影响其循环和代谢功能,对挣扎的动物实施麻醉时,除了增加出现异常反应的可能性之外,还可使动物的机体受到损伤。

(3)身体健康检查

使用健康的动物是减少麻醉相关风险的重要因素。麻醉前对动物的健康状况进行必要的检查,不但对麻醉方法的选择、药物剂量的确定起到重要的参考作用,而且在术后的分析中也有重要的参考价值。

(4)术前禁食

动物在麻醉前应该进行一段时间的空腹禁食,这有助于防止反胃和胃内容物吸入气管。不同种类的动物术前禁食时间不同。犬、猴、猪麻醉前禁食8~12 h,豚鼠禁食12 h,兔和其他啮齿类动物不需禁食,大中型禽类(鸭、鸡、鹅)禁食6~12 h。所有动物麻醉前1 h禁水。

3. 麻醉药物的准备

根据麻醉方案准备好麻醉药品和稀释药品,同时需要准备好抢救、镇痛等应急药品。准备时应核对药品的有效期,检查药物的包装及外观等,如液体药物有无混浊物,粉状药物颜色、质地有无异常等。

4. 麻醉设备、器材的准备

麻醉前,应根据需要,准备好一切必需的仪器、设备和器材,并需认真检查所需仪器、设备是否处于良好的工作状态,器材规格、型号是否正确,外观质量是否合格。需要预热的仪器、设备要提前开机预热。如果动物需要术后麻醉复苏,还宜准备适宜的麻醉复苏场所。此外,麻醉意外的抢救设备也应提前准备好。

5. 麻醉前用药

麻醉前合理的用药可以减少动物和操作者受损伤的危险。麻醉前用药的目的:(1)减少恐惧和忧虑,起到镇静的作用,利于固定;(2)减少全麻药用量,从而减少副作用;(3)减少唾液和支气管分泌物,保障气道畅通;(4)使诱导麻醉和麻醉苏醒更平稳;(5)阻断迷走神经反射(可由气管插管和手术操作引起心跳减慢);(6)减少术前疼痛和术后早期疼痛。

(二)麻醉方式

1. 全身麻醉

(1)吸入法

用一块圆玻璃板和一个钟罩或一个密闭的玻璃箱作为挥发性麻醉剂的容器,多选用乙醚作麻药。麻醉时用几个棉球,将乙醚倒入其中,迅速转入钟罩或箱内,让其挥发,然后把待麻醉的动物投入,隔4~6 min即可麻醉。麻醉后应立即取出,并准备一个蘸有乙醚的棉球小烧杯,在动物麻醉变浅时给套在鼻上使其补吸麻药。本法最适于大、小鼠的短期操作性实验的麻醉,当然也可用于较大的动物,只是要求有麻醉口罩或较大的玻璃箱。由于乙醚燃点很低,遇火极易燃烧,所以在使用时,一定要远离火源。

(2)腹腔和静脉给药麻醉法

非挥发性和中药麻醉剂均可用做腹腔和静脉注射麻醉,操作简便,是实验室最常采用的方法之一。腹腔给药麻醉多用于大、小鼠和豚鼠,较大的动物如兔、狗等则多用静脉给药进行麻醉。由于各麻醉剂的作用时间以及毒性的差别,在腹腔和静脉麻醉时,一定要控制药物的浓度和注射量(见表2-2)。

表2-2　常用麻醉剂的用法及剂量

麻醉剂	动物	给药方法	剂量(mg/kg)	常用浓度(%)	维持时间
戊巴比妥纳	狗、兔	静脉	30	3	2~4 h中途加上1/5量,可维持1 h以上,麻醉力强,易抑制呼吸
		腹腔	40~50	3	
	大、小鼠,豚鼠	腹腔	40~50	2	
硫喷妥钠	狗、兔	静脉	15~20	2	15~30 min,麻醉力强,宜缓慢注射。
	大白鼠	腹腔	40	1	
	小白鼠	腹腔	15~20	1	
氯醛糖	兔	静脉	80~100	2	3~4 h,诱导期不明显
	大白鼠	腹腔	50	2	
乌拉坦	兔	静脉	750~1000	30	2~4 h,毒性小,主要适用小动物的麻醉
	大、小白鼠	皮下或肌肉	800~1000	20	
	蛙	淋巴囊	0.1 mL/100 g	20~25	
	蟾蜍	淋巴囊	1 mL/100 g	10	

2. 局部麻醉

(1)猫的局部麻醉一般应用0.5%~1.0%盐酸普鲁卡因注射,黏膜表面麻醉宜用2%盐酸可卡因。

(2)兔在眼球手术时,可于结膜囊滴入0.02%盐酸可卡因溶液,数秒钟即可出现麻醉。

(3)狗的局部麻醉用0.5%~1.0%盐酸普鲁卡因注射,眼、鼻、咽喉表面麻醉可用2%盐酸可卡因。

(三)麻醉效果的观察

动物的麻醉效果直接影响实验的进行和实验结果。如果麻醉过浅,动物会因疼痛而挣扎,甚至出现兴奋状态,呼吸心跳不规则,影响观察;麻醉过深,可使机体的反应性降低,甚至消失,更为严重的是抑制延髓的心血管活动中枢和呼吸中枢,导致动物死亡。因此,在麻醉过程中必须善于判断麻醉程度,观察麻醉效果。判断麻醉程度的指标有以下4种:

(1)呼吸

动物呼吸加快或不规则,说明麻醉过浅;若呼吸由不规则转变为规则且平稳,说明已达到麻醉深度;若动物呼吸变慢,且以腹式呼吸为主,说明麻醉过深,动物有生命危险。

(2)反射活动

主要观察角膜反射或睫毛反射,若动物的角膜反射灵敏,说明麻醉过浅;若角膜反射迟钝,说明麻醉程度适宜;若角膜反射消失,伴瞳孔散大,则麻醉过深。

(3)肌张力

动物肌张力亢进,一般说明麻醉过浅;若全身肌肉松弛,则麻醉合适。

(4)皮肤夹捏反应

麻醉过程中可随时用止血钳或有齿镊夹捏动物皮肤,若反应灵敏,则麻醉过浅;若反应消失,则麻醉程度合适。

总之,观察麻醉效果要仔细,上述4项指标要综合考虑,最佳麻醉深度的标志是:动物卧倒、四肢及腹部肌肉松弛、呼吸深慢而平稳、皮肤夹掐反射消失、角膜反射明显迟钝或消失并且瞳孔缩小。在静脉注射麻醉时还要边注入药物边观察,才能获得理想的麻醉效果。

(四)麻醉注意事项

(1)静脉注射必须缓慢,同时观察肌肉紧张性、角膜反射和对皮肤夹捏的反应,当这些活动明显减弱或消失时,立即停止注射。配制的药液浓度要适中,不可过高,以免麻醉过急;但也不能过低,以减少注入溶液的体积。

(2)麻醉时需注意保温。麻醉期间,动物的体温调节机能往往受到抑制,出现体温下降,可影响实验的准确性。此时常需采取保温措施。保温的方法有实验桌内装灯,电褥,台灯照射等。无论用哪种方法加温都应根据动物的肛门体温而定。常用实验动物正常体温:猫为38.6 ℃ ± 1.0 ℃,兔为38.4 ℃ ± 1.0 ℃,大鼠为39.3 ℃ ± 0.5 ℃。

(3)做慢性实验时,在寒冷冬季,麻醉剂在注射前应加热至动物体温水平。

(4)麻醉剂的配制可用蒸馏水或生理盐水。

(5)麻醉深度不足需补充麻醉剂时,可补加剂量,一次不宜超过20 % ~ 25 %。

(6)乙醚是挥发性很强的液体,易燃易爆,使用时应远离火源。平时应装在棕色玻璃瓶中,储存于阴凉干燥处,不宜放在冰箱,以免遇到电火花时引起爆炸。

(7)犬、猫或灵长类动物,手术前8 ~ 12 h应禁食,避免麻醉或手术过程中发生呕吐。家兔或啮齿类动物无呕吐反射,术前无需禁食。

(8)静脉麻醉时,应注意给药速度,密切观察动物生命体征的变化,出现呼吸节律不整和心动过缓时,应立即停止给药。

四、实验动物的采血与处死方法

(一)实验动物的采血方法

针对不同动物的血样采集方法很多,现将几种常用的方法作简单的介绍。

1. 分离血管采血法

通过分离动物体内各种较大的血管如颈总动脉、颈外动脉、股动脉等动脉和颈外静脉、股静脉等静脉并采用安置插管的方法,取该血管中的血液。经过特殊处理后,如将静脉导管固定于动物的背部,在长时间内可以多次采集血样本。此法仅适用于各类较大动物的取血,对小鼠、蛙类动物不适用。

2. 心脏取血法

即采用注射器穿刺的方法从动物心脏部位取血,适用于各类动物。操作时先触摸到心脏搏动最显著的部位,依据经验初步判断心脏大小和部位,再进针(取动脉血时向心室腔部位穿刺,取静脉血时向心房腔部位穿刺)。取血应快速,以防在注射器内凝血。如认为针头已刺入心脏但还未抽出血时,略将针头慢慢退回一点即可,失败时应拔出重新操作。切忌针头在胸腔内左右摆动,以防动物因心脏和肺受损而致死。此法取血量较大,可反复采血,但需技术熟练。心脏采血经6～7 d后,可以重复进行。采血量:兔一次可采20～25 mL,豚鼠可采6～7 mL。

3. 耳血管取血法

主要适用于家兔等体型较大的动物。用酒精棉球擦拭兔耳背部,使其充血,可清楚地见到耳中央动脉和耳缘静脉。耳动脉采血时用左手固定兔耳,右手持注射器,在中央动脉的末端,沿动脉平行地向心方向刺入动脉,轻轻抽动针筒,即可见血液进入注射器。一次可采血约15 mL。耳静脉采血时应先夹住耳根部后采取措施使血管扩张,再以粗针头刺破血管,此法可采到2～3 mL血液。耳血管取血时也可用手术刀切割方法进行取血,这种取血方法不适宜进行多次采集血样本。若首次采血失败,可将采血点稍前移再次采血,采血后应注意止血。

4. 皮下静脉取血法

用注射器从动物皮下静脉(前肢头静脉、后肢隐静脉)取血的方法,主要适用于犬、家兔等大型动物的急性实验研究中的取血。需注意的是抽血时速度要慢,以防针口吸着血管壁。

5. 眼眶后静脉丛取血

将内径为1.0～1.5 mm的玻璃毛细管,折断成1.0～1.5 cm长的毛细管段,浸入1 %肝素溶液中,取出后干燥。取血时左手抓住鼠两耳之间的颈背部皮肤,使头部固定,并轻轻向下压迫颈部两侧,引起头部静脉血液回流困难,使眼眶静脉丛充血,右手持毛细管,将其新折断端插入眼睑与眼球之间后,轻轻向眼底部方向移动,并旋转毛细管以切开静脉丛,保持毛细管水平位,血液即流出,以事先准备的容器接收。取血后,立即拔出毛细管,放松左手即可止血。小鼠、大鼠、豚鼠及家兔均可采取此法取血。其特点是可根据实验需要,数分钟内在同一部位反复取血。一次可采取小鼠血液0.2 mL,大白鼠血液0.5 mL,一般不发生术后穿刺孔出血或其他并发症。

6. 尾尖取血法

用手揉擦鼠尾或用45 ℃～50 ℃温水加温,使尾静脉充血,然后将尾尖部位剪断,即可流出血液。如血流不畅,可用手轻轻从尾根部向尾尖部挤压数次,可取到数滴血液。如实验需要间隔一段时间而多次采血时,每次采血可将鼠尾巴剪去很小一段,采血后用棉球压迫止血,并立即用液体火棉胶涂于尾部伤口处,使之结一层薄膜,以保护伤口。这种方法适用于小动物和大面积的药物筛选性实验研究中的取血,具有取血方法简单、量少、一次性等特点。

7. 翅静脉采血法

适用于鸡、鸭和鸽等禽类的静脉采血法。采血前将翼部展开,露出腋窝部,将羽毛拔去,即可见到明显的翼根静脉,然后用碘酒、乙醇消毒皮肤。用左手拇指、食指压迫此静脉的近心端,使血管怒张。右手持连有5～6号针头的注射器由翼根部向翅方向沿静脉平行刺入血管,即可抽取血液。禽类还可采用腿部的跗静脉采取大量的血液。

总之,在进行血液采集时,应根据实验目的的需要,选择适宜的采血方法。

(二)实验动物的处死方法

在实验结束后,需要及时对动物进行必要的处理。一种方法是尽快结束动物的生命;另一种方法是维持动物的生命体征,继续对实验动物进行观察。在教学实验中,常采取前一种方法处置实验动物;在科学研究实验中,则常用后一种方法。

1. 脊椎脱位法

小鼠常用。其方法是,左手拇指与食指用力向下按住鼠头部的同时右手抓住鼠尾用力向后拉,对颅骨基部的后侧和脊椎两处施加压力,使头颅和脑一起与脊髓分离。当脊髓与脑分离时,伴有大量的肌肉活动。由于颈动脉与颈静脉完整无损,故仍在继续向脑供血,提供营养。经研究证明,这种方法能使实验动物对痛觉不再敏感。

2. 断头法

用剪刀于动物颈部将头剪掉,由于剪断了脑脊髓,同时大量失血,很快死亡。这种方法可以使动物立即丧失眨眼反射,并且脑电图平直。

3. 击打法

右手抓起动物尾巴或两后肢,提起,用力敲击其头部,动物痉挛后立即死去。用小木槌用力击打动物头部也可致死。由于重击颅骨中心,脑大范围出血而使其中枢神经系统功能得以阻抑。

4. 急性大失血法

采用使动物在短时间内大量失血的方法处死动物。如用鼠眼眶动脉和静脉急性大量失血方法使鼠立即死亡;对于较大的动物(犬、兔、猫等)可采用切断股动、静脉和颈动脉放血的方法处死,一般在 3~5 min 内即可致死。使用这种方法的好处是,动物安静,不损伤脏器,需要时还可以采集其血液。

5. 空气栓塞法

在实验动物的静脉内注入一定量的空气,使之发生栓塞死亡。因为空气进入静脉后,在右心随着心脏的跳动使空气与血液相混致血液成泡沫状,随血液循环到全身。进入主动脉可阻塞其分支,进入心脏冠状动脉,造成冠状动脉阻塞,发生严重的血液循环障碍,动物很快就会致死。通过耳缘静脉注入 20~40 mL 空气很快就能使动物致死。常用于豚鼠、兔、猫的处死。

6. 静脉注射麻醉药

这是较常用的一种方法,操作时由静脉快速注入 3~5 倍麻醉剂量的药物,可快速使动物致死。

处死实验动物的方法有很多种,采用何种方法处死动物要根据具体情况进行选择,如在进行血压、呼吸类实验后常采用动脉放血的方法处死动物,而在进行离体肠实验时采用击打法来处死动物。另外,在处死动物过程中还应发扬人道主义精神,尽可能使动物少受痛苦。

五、组织分离和插管术

(一)除去被毛

1. 剪毛法

用哺乳类动物做实验时,在做皮肤切口前应先将动物麻醉并固定。然后用剪毛剪将预定切口部位及其周围的长毛剪除,范围要大于切口长度。剪时一手将皮肤绷平,另一手持剪毛剪平贴皮肤,逆着毛的朝向逐渐剪毛。不要把毛提起来剪,这样会剪伤皮肤。剪下的毛应放入盛水的杯中浸湿,以免到处飞扬。

2. 拔毛法

用拇指和食指拔去被毛的方法。在兔耳缘静脉注射或鼠尾静脉注射时常用此法。

3. 剃毛法

用剃毛刀剃去动物被毛的方法。如动物被毛较长,先要用剪刀将其剪短,再用刷子蘸上温热的肥皂水将剃毛部位浸透,然后再用剃毛刀除毛。本法适用于暴露外科手术区。

4. 脱毛法

是用化学药品脱去动物被毛的方法。首先将被毛剪短,然后用棉球蘸取脱毛剂,在所需部位涂一薄层,$2 \sim 3$ mim 后用温水洗去脱落的被毛,用纱布擦干,再涂一层油脂即可。常用的适用于狗等大动物的脱毛剂的配方:硫化钠 10 g,生石灰 15 g,溶于 100 mL 水中。适用于兔、鼠等小动物的脱毛剂的配方:①硫化钠 3 g,肥皂粉 1 g,淀粉 7 g,加适量水调成糊状;②硫化钠 8 g、淀粉 7 g、糖 4 g、甘油 5 g、硼砂 1 g,加水 75 mL;③硫化钠 8 g,溶于 100 mL 水中。

(二)切口和止血

做皮肤切口时应根据实验需要确定切口的位置和大小,必要时要做出标志。切口大小应便于深部手术操作,但不宜过大。手术者一手拇指和食指绷紧皮肤,另一手持手术刀,以适当的力量一次切开皮肤及皮下组织,直到肌层。也可用组织剪先剪一小口,然后再向上、向下剪到需要的大小。做切口时必须注意解剖结构特点,以少切断血管、神经为原则,因而要尽可能使切口与各层组织纤维走向一致。

在手术过程中必须及时止血,保持手术视野清晰。出血的处理应视血管的大小而定,微血管不断渗血可用温盐水纱布轻轻按压止血;较大血管出血,先用止血钳夹住出血点及周围少许组织,再用线结扎止血;骨组织出血,先擦干创面,再用骨蜡填充堵塞止血;肌肉血管丰富,出血时要与肌组织一起结扎。干纱布只用于吸血和压迫止血,切不可用来揩擦组织,以免组织损伤和刚形成的血凝块脱落。在实验暂歇期间,应将切口暂时闭合,用温盐水纱布盖好,以防组织干燥和体热散失。

(三)肌肉、神经、血管的分离

分离肌肉时,若肌束走向与切口一致,应尽量用血管钳从肌间隔进行钝性分离。相反则应两端先用血管钳夹住,再从中间剪断。

分离神经、血管时,应特别注意保持局部的自然解剖位置和比邻关系,看清楚后再遵循先神经后血管、先细后粗的原则进行分离。例如,分离家兔颈部神经、血管时,应首先用左手拇指、食指捏住颈部皮肤切口缘和部分肌肉向外侧牵拉,用中指和无名指从外面将背侧皮肤向腹侧轻轻顶起,以显露颈总动脉及伴行的迷走神经、交感神经和减压神经。其中,迷走神经最粗,交感神经次之,减压神经最细(细如兔毛)且常与交感神经或迷走神经紧贴。各结构分辨清楚后,按照减压神经、交感神经、迷走神经、颈总动脉的顺序分离各神经和血管,并在各神经、血管下方穿以浸透生理盐水的不同颜色的丝线做标记,以备刺激时提起或结扎之用。然后用生理盐水纱布覆盖切口,防止组织干燥,或在创口内滴加适量温热石蜡油(37 ℃左右),使神经浸泡其中。

神经和血管都是易损伤的组织,在分离过程中要细心,动作要轻柔,绝不能用镊子或止血钳直接夹持神经、血管。分离较小的神经、血管时,可用玻璃分针沿神经、血管走向进行分离;分离较大神经、血管时,可先用蚊式止血钳将周围的结缔组织稍加分离,并沿分离处插入,顺血管方向逐渐扩大。

(四)插管术

1. 气管插管

在哺乳动物急性实验中,要检测呼吸机能、收集呼出气体样品,或为了保证动物呼吸通畅等,需要进行气管插管。动物取仰卧位固定,剪去颈前区的被毛,于喉头下方至肋骨上缘之间做正中切口。切口长短因动物不同而异,兔4~5 cm,狗可稍长。切口位置不能太低,否则把胸腔打开可造成气胸,引起动物死亡。用止血钳分开颈前正中肌肉,暴露出气管,分离气管两侧及其与食管间的结缔组织。游离气管并在下方穿一粗丝线备用,用组织剪在喉头下方2~3 cm的两软骨环间,横向剪开气管前壁(约1/3气管壁),然后再向头端剪一约0.5 cm的纵切口,使整个切口呈"⊥"型。将口径适当的气管插管由切口向肺端插入气管腔内,用事先穿过的线将气管及气管插管一起打死结结扎,结扎线再绕在气管插管叉上结扎固定,以防气管插管滑脱。喉头处容易出血,如气管内有出血或分泌物,应用棉球擦净后再行插管。

2. 血管插管

在急性动物实验中,为进行动脉血压观察,或向静脉注射各种药物或抽取血样,需进行血管插管术。动脉插管常取颈总动脉、股动脉,静脉插管常取颈总静脉、股静脉等。机能学动物实验较多用兔为实验对象,下面以兔为例,介绍几种血管插管术。

(1)颈总动脉插管

按照上述气管插管术做颈正中切口后,从兔耳缘静脉注射肝素1000 U/(mL/kg)。用左手拇指、食指捏住颈部皮肤切口缘和部分肌肉向外侧牵拉,用中指和无名指从外面将背侧皮肤向腹侧轻轻顶起,即可清晰显露颈总动脉。右手持玻璃分针顺颈总动脉走向轻轻划开其周围的结缔组织,游离颈总动脉2~3 cm(尽量向头端分离),在颈总动脉下方穿两根丝线备用。远心端用一根丝线结扎牢固,近心端用动脉夹夹闭,另一根丝线位于中间备用。在尽可能靠远心端结扎处用眼科小剪刀成45°角向心脏端将颈总动脉剪一"V"形小口,剪口为血管管径的1/3~1/2,向心脏方向插入已灌满肝素的动脉插管(注意插管不能有气泡),用备用的那一根丝线将插管与动脉打双结牢固结扎,再将线向两侧绕在插管胶布圈上并结扎紧,以防插管滑出。松开动脉夹可见插管内液体随心跳而搏动。如有渗血说明结扎不牢固,应再次用动脉夹夹闭血管近心端,重新结扎或加固。

颈总动脉插管术是机能学实验中一项常用的、细致的实验技术,能否顺利完成是整个实验的关键。操作时,动作要轻柔、仔细;每个结扎线都要打牢固,以免漏血;动脉小切口大小要适宜,位置要尽可能靠远心端结扎;注意动脉插管三通管的开关顺序。

(2)颈总静脉插管

颈总静脉分布很浅,位于颈部左、右两侧皮下,胸骨乳突肌(狗为胸头肌)的外缘。颈总静脉插管术所需材料与颈总动脉插管术相似,但一般不用肝素。操作时,用左手拇指、食指提起颈部切口皮缘,向外侧牵拉(但不要捏住肌肉),中指和无名指从外面将颈外侧皮肤向腹侧轻顶,使其稍微外翻,右手用玻璃分针将颈部肌肉推向内侧,即可清晰显露附着于皮肤的颈总静脉(紫蓝色,较粗)。用玻璃分针或蚊式止血钳钝性分离颈总静脉周围结缔组织,游离颈总静脉2~3 cm,在其下方穿两根丝线备用。用动脉夹夹闭颈总静脉游离段的心脏端,待血管充盈后用一根丝线结扎其远心端。手术者左手提起结扎线,右手用眼科剪成45°角于近结扎处向心脏端将颈总静脉剪一"V"形小口,然后将充满生理盐水的静脉导管向心脏方向插入颈总静脉约2 cm,用另一丝线将静脉与导管结扎并固定,以防导管滑脱,然后放开动脉夹。

(3)股动脉和股静脉插管

由于颈总动脉插管过程中会不可避免地影响压力和化学感受性反射,而股动脉插管则无此缺陷,故有人主张用股动脉插管检测动脉血压、放血、采取动脉血样。股动脉和股静脉插管与颈总动脉、静脉插管术所需的器材相似,但导管直径应适合于股动脉和股静脉。将动物麻醉,仰卧固定,剪去腹股沟部位的被毛。手术者先用手指感触股动脉搏动,以明确股部血管的位置,然后沿血管走向切开皮肤3~4 cm。用蚊式止血钳顺血管走向钝性分离筋膜和肌肉(熟练者用眼科剪更为方便),显露股血管和股神经。一般股动脉在背外侧,可被股静脉掩盖,粉红色,壁较厚,有搏动;股静脉在股动脉腹内侧,紫蓝色,壁较薄,较粗;股神经位于股动脉背外侧。用玻璃分针顺血管方向轻轻划开神经、血管鞘和血管之间的结缔组织,游离股动脉或股静脉2~2.5 cm,并在其下方穿过两根丝线备用。插管方法同颈部血管插管。

3. 泌尿道插管

膀胱插管、输尿管插管、尿道插管都用于收集尿液以观察神经、体液、药物、缺氧等对肾泌尿功能的影响。它们各有特点,可根据实验及其所用的动物等选择其中一种方法。

(1)膀胱插管

将动物麻醉后仰卧位固定,剪去耻骨联合以上的下腹部被毛。在耻骨联合上方沿正中线做3~5 cm长的皮肤切口,即可看见腹白线。手术者与助手配合分别用止血钳夹持提起腹白线两侧腔壁,用组织剪经腹白线剪开腹壁0.5 cm,进入腹腔。在看清腹腔内脏的条件下,用组织剪沿腹白线向上和向下剪开腹壁4~5 cm,直至耻骨联合上沿,即可看到膀胱。用手将膀胱翻至体外(勿使肠管外露),在膀胱底部左右侧仔细辨认输尿管(注意:围绕输尿管横向走行的白色管,为输精管,与膀胱无联系;输尿管略呈粉红色,自膀胱底部向腹腔深部延伸)。在输尿管下方穿线,将膀胱上翻,结扎尿道(结扎前请老师确认)。然后在膀胱顶部血管较少处剪一小口,将充满水的膨胀插管(有凹陷的一端)插入,用线将膀胱壁结扎在膀胱插管凹陷处并固定。插管的另一端固定在铁支架受滴棒上方,让插管中流出的尿液能正好滴在受滴棒上。注意:受滴棒的两电极不要相碰,在引流管下置一培养皿收集尿液。

（2）输尿管插管

按膀胱插管的方法在膀胱底部膀胱三角的两侧找到输尿管后,用玻璃分针仔细分离出一段输尿管并在下方穿两根丝线备用。用一根丝线将输尿管膀胱端结扎,手术者左手拇指、中指提起结扎线,用食指托起输尿管(或左手用刀柄或镊子柄托起输尿管),右手用眼科剪与输尿管成45°角在近结扎处将输尿管向肾脏方向剪一“V”形小口,剪口为输尿管直径的1/3～1/2,然后将充满生理盐水的输尿管插管向肾脏方向插入输尿管2～3 cm。用另一根丝线将输尿管与插管结扎并固定,以防输尿管插管滑脱。

（3）尿道插管

尿道插管是收集尿液最简单的方法,可用于反映较长一段时间尿量变化的实验。雄兔比雌兔更易操作。先选择合适的导尿管,在其头端长度1～2 cm处涂上液体石蜡,以减小摩擦。在兔尿道口滴几滴丁卡因(地卡因)进行表面麻醉,然后将导尿管从尿道口插入。见尿后再进一点,用线和胶布固定导尿管。中途若发现无尿流出,可将导尿管改变方向,或向外、向内进退一点以保证尿流通畅。

（五）腹壁切开法

直线切开皮肤,切开皮肌及其疏松结缔组织、腹黄筋膜,切开腹外斜肌。钝性分离腹内斜肌,必要时也可切断。钝性分离腹横肌及其筋膜,筋膜可锐性分离。显露腹膜外脂,腹膜外脂多时可摘除一部分。最后剪开腹膜,用灭菌大纱布保护切口,令专人保护。

六、动物实验意外事故的处理

（一）麻醉过量和窒息

生理实验常在实验动物的呼吸、血压、体温等生理指标相对稳定的情况下进行。如果在麻醉、手术操作或实验过程中出现严重异常情况,应立即采用急救措施,以保证实验顺利进行。

1. 麻醉剂过量的处理

一旦发现麻醉过深,程度不同采取不同的处理方法。呼吸慢而不规则,血压或脉搏仍正常,一般施以人工呼吸或小剂量可拉明肌注。呼吸停止但仍有心跳时,给苏醒剂并进行人工呼吸。人工呼吸机的吸入气最好用混合气体(95 % O_2:5 % CO_2)。呼吸、心跳均停止,心内注射1:10000肾上腺素1 mL,用人工呼吸机人工通气心脏按摩,肌注苏醒剂,静脉注射50 %葡萄糖液。

常用苏醒剂:尼可刹米2～5 mg/kg;洛贝林0.3～1.0 mg/kg;咖啡因1 mg/kg;印防己毒素6.5 mg/kg(皮下)。

2. 窒息的处理

窒息的原因很多,窒息的急救应根据原因进行救护。解除了气道阻塞和引起缺氧的原因,部分动物可以迅速恢复呼吸。具体措施如下:呼吸道阻塞引起窒息后,将动物下颌上抬或抬后颈部,使头部伸直后仰,解除舌根后坠,使气道畅通。然后用手指或用吸引器将口咽部呕吐物、血块、分泌物及其他异物挖出或抽出。当异物滑入气道时,可使动物俯卧,用拍背或压腹的方法,拍挤出异物。颈部受扼引起窒息后,应立即松解或剪开颈部的扼制物或绳索。呼吸停止就立即进行人工呼吸,如动物有微弱呼吸可给予高浓度吸氧。

(二)大出血

若手术过程中不慎损伤血管,出血致使血压下降,此时应沉着,首先压迫出血部位,找准出血点,结扎止血,再静脉注入温热生理盐水,使血压恢复或接近正常水平。条件允许时可以向动物输血。

七、动物生理学实验室的生物安全

生物安全通常是指在现代生物技术的开发和应用过程中,避免对人体健康和生态环境造成潜在威胁而采取的一系列的有效预防和控制措施。广义的生物安全可分为三个方面:人类的健康与安全;人类赖以生存的农业生物安全;与人类生存息息相关的生物多样性,即环境生物安全。实验动物科技工作者必须考虑生物安全问题,因为在实验动物或动物实验的工作中,存在着各种危险的生物因素。

动物实验过程中,生物危害因素主要来自动物所感染的各种微生物,或来自不合格实验动物所携带的各种人畜共患病的病原体。在应用这些动物进行实验期间,这些病原菌可能会传染给接触人员。实验人员可能会因为缺乏经验或不了解实验设备或功能,甚至违章操作,从而造成对实验人员的感染或环境的污染。

(一)病原微生物分类

国家根据病原微生物的传染性、感染后对个体或者群体的危害程度,将病原微生物分为四类:

第一类病原微生物,是指能够引起人类或者动物非常严重疾病的微生物,以及我国尚未发现或者已经宣布消灭的微生物。

第二类病原微生物,是指能够引起人类或者动物严重疾病,比较容易直接或者间接在人与人、动物与人、动物与动物间传播的微生物。

第三类病原微生物,是指能够引起人类或者动物疾病,但一般情况下对人、动物或者环境不构成严重危害,传播风险有限,实验室感染后很少引起严重疾病,并且具备有效治疗和预防措施的微生物。

第四类病原微生物,是指在通常情况下不会引起人类或者动物疾病的微生物。

其中,第一类、第二类病原微生物统称为高致病性病原微生物。

(二)病原微生物分级

将病原微生物分级是对其危害进行正确评估的依据,主要根据其对人类的危险程度常将病原体的安全度分为四级。值得注意的是:有些病原微生物,诸如小鼠易感的仙台病毒,小鼠肝炎病毒,大鼠易感的肺炎支原体以及兔出血病病毒等,虽对人类无致病性,在分类上被列入Ⅰ级,但易导致实验动物间的交叉感染,严重影响实验动物的健康水平,进而影响实验结果的准确性。

危害等级Ⅰ(低个体危害,低群体危害)　不会导致健康工作者和动物致病的细菌、真菌、病毒和寄生虫等生物因子。

危害等级Ⅱ(中等个体危害,有限群体危害)　能引起人或动物发病,但一般情况下对健康工作者、群体、家畜或环境不会引起严重危害的病原体。实验室感染不会导致严重疾病,具备有效治疗和预防措施,并且传播风险有限。

危害等级Ⅲ(高个体危害,低群体危害)　能引起人或动物严重疾病,或造成严重经济损失,但通常不能因偶然接触而在个体间传播,或能用抗生素、抗寄生虫药治疗的病原体。

危害等级Ⅳ(高个体危害,高群体危害)　能引起人或动物非常严重的疾病,一般不能治愈,容易直接、间接或因偶然接触在人与人,或动物与人,或人与动物,或动物与动物之间传播的病原体。

(三)生物安全等级

目前世界通用生物安全水平标准是由美国疾病控制中心(CDC)和美国国家卫生研究院(NIH)建立的。根据操作不同危险度等级病原微生物所需要的实验室设计特点、建筑构造、防护设施、仪器、操作以及操作程序等,实验室的生物安全水平分为基础实验室——一级生物安全水平、基础实验室——二级生物安全水平、防护实验室——三级生物安全水平和最高防护实验室——四级生物安全水平。

1.基础实验室——一级生物安全水平

该安全级别适用于已经确定不会对成年人立即造成任何疾病或是对实验人员及实验室的人员造成最小的危险(美国疾病管制局,1997)。这类实验室可以处理较多种类的普通病原体,例如犬传染性肝炎病毒、非感染性的埃西里氏大肠杆菌,以及对非传染性的病菌与组织进行培养。在这个水平中需要防范的生物危害性的措施是微乎其微的,仅需要手套和一些面部防护。不像其他种类的特殊实验室,这类实验室并不一定需要和大众交通分隔出来,而在这类实验室中仅需要在开放实验台上依循微生物学操作技术规范(GMT)即可。在一般情况下,被污染的材料都留在开放的(分别注明)废弃物容器里。此外,这类型的实验结束后洗净程序与我们在许多方面对现代日常生活中对微生物的预防措施相同或类似,例如:用抗菌肥皂洗涤手,以消毒剂清洗实验室的所有暴露表面等。实验室环境中使用的所有细胞和(或)细菌以及所有材料都必须经过高压灭菌消毒处理。

实验室人员在实验室中进行的程序必须经由普通微生物学或相关科学训练的科学家监督且必须事先训练。

2. 基础实验室——二级生物安全水平

这类实验室与一级生物安全水平类似,但其病原体为中度,对于人员和环境具有潜在危险。这类实验室能处理较多种类的病菌(包括各种细菌和病毒),且该病菌给人类仅造成轻微的疾病,或者是难以在实验室环境中的气溶胶中生存,如艰难梭菌、大部分的衣原体门、肝炎病毒(A、B、C型)、A型流感病毒、病原伯氏疏螺旋体、沙门氏菌、腮腺炎病毒、麻疹病毒、艾滋病毒、朊病毒、抗药性金黄色葡萄球菌等。

实验人员与处理病原体人员须为特定培训和高级培训的科学家,实验时限制特定人士的出入,采取极端的防治污染物品预防措施。

3. 防护实验室——三级生物安全水平

该级别适用于临床、诊断、教学、科研或生产药物设施,这类实验室专门处理本地或外来的病原体,且这些病原体可能会借由吸入而导致严重的或潜在的致命性疾病。这些病原体包括各种细菌、寄生虫和病毒,它们可能导致人类严重的致命性疾病,但目前已经有治疗方法,包含炭疽杆菌、结核杆菌、利什曼原虫、鹦鹉热衣原体、西尼罗河病毒、委内瑞拉马脑炎病毒、东部马脑炎病毒、SARS冠状病毒、伤寒杆菌、贝纳氏立克次体、裂谷热病毒、立克次氏体与黄热病毒等。

实验室工作人员必须进行关于致病性和潜在的致命或致病性病原体的具体培训,且必须在对此方面有经验的科学家的监督之下才能进入该级别的实验室。

4. 最高防护实验室——四级生物安全水平

此级别需要处理危险且未知的病原体,且该病原体可能造成经由气溶胶传播的病原体或造成高度个人风险,且至今仍无任何已知的疫苗或治疗方法,如阿根廷出血热与刚果出血热病毒、埃博拉病毒、马尔堡病毒、拉萨热病毒、克里米亚-刚果出血热病毒、天花病毒以及其他各种出血性疾病病毒。当处理这类生物危害病原体时必须强制性地使用独立供氧的正压防护衣。生物实验室的四个出入口将配置多个淋浴设备、真空室与紫外线光室,及其他旨在摧毁所有的生物危害痕迹的安全防范措施。多个气密锁将被广泛应用并被电子保护以防止在同一时间打开两个门。所有的空气和水的服务,将进行生物安全四级(或P4)实验室类似的消毒程序,以消除病原体意外释放的可能性。当一个病原体被怀疑或可能有抗药性时都必须在该实验室进行处理,直到有足够的数据得到确认,且必须在此规格实验室持续工作,或移交至一个较低水平的实验室。

实验室工作人员将会受到受过训练与实地处理过这些病原体的合格科学家的监督且实验室的出入受到实验室主管的严格控制。该实验室是在一个单独的建筑物或在控制区域内的建筑物,且与该区域内其他建筑物完全隔离。该实验室必须建立防止污染的协议,经常使用负压设备并准备一个特定设备操作手册,如此一来,即使实验室受到损害,也能严重抑制透过气溶胶传播的病原体的暴发。

(帅学宏、伍莉、郭庆勇、王金泉)

第三章　　动物生理学实验常用仪器、设备

随着科学技术的发展,先进的科学仪器、设备在动物生理学研究中广泛地得到应用,才使我们对生命活动有了更为本质的认识。动物生理学实验主要是用各种实验手段对正常动物生理机能进行实验与观察,以探讨生理机能内在的规律性。因此,学习和掌握动物生理学常用仪器、设备的使用方法,对完成动物生理学实验十分重要。动物生理学实验所需仪器可分为四大系统(图3-1)。

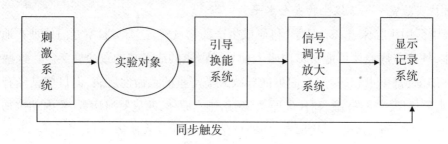

图3-1　基本生理学实验仪器配置关系

一、刺激系统

刺激系统是对欲研究的对象施加刺激,引起其生理功能变化(即产生兴奋或抑制)的一套仪器设备。多种刺激因素(如声、光、电、温度、机械及化学因素)均能使可兴奋组织产生反应,但在动物生理学实验中最常用的是刺激参数易于控制且不易对实验对象产生影响的电刺激。刺激系统包括电子刺激器、刺激隔离器和各种电极。

(一)电子刺激器

电子刺激器是能产生一定波形的电脉冲仪(器),输出的波形有矩形方波、正弦波和锯齿波。根据刺激引起组织兴奋的3要素:强度-时间变化率、刺激强度和刺激持续时间均要求达到最小值的特点,以及矩形方波的波形简单、强度变化率大、参数易控而被常用(图3-2)。

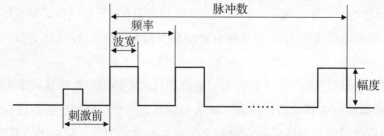

图3-2　刺激脉冲参数示意图

1.刺激方式

(1)单刺激:可为默认选择或手控刺激,即按1次手动开关,就输出一次刺激脉冲。

（2）双刺激、连续刺激：当选择双刺激或连续刺激时，刺激器会按照实验者设定的刺激参数连续输出刺激脉冲，何时开始，何时终止可以人工控制。

（3）串刺激：在每一个刺激周期内（主周期）包含两个或两个以上的一串刺激脉冲（图3-3）。

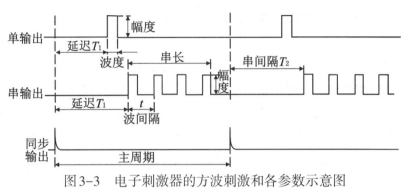

图3-3　电子刺激器的方波刺激和各参数示意图

2. 刺激器参数

（1）刺激强度

以矩形方波的波幅（方波高度）表示（图3-3），可用电压或电流强度表示，电流强度一般从几微安到几十毫安，电压可在200 V以内。实验过程中，过强或过弱的刺激都应避免，因为过弱的刺激不能引起组织功能变化，而过强的刺激可引起组织内电解和热效应而损伤或破坏组织。在双刺激中，两个刺激脉冲的强度可以相等，也可以不等。

（2）刺激（持续）时间

以矩形方波的波宽表示（图3-3）。一般刺激持续时间从几十微秒到数秒，并采用正负双向刺激方波。采用单向方波刺激时，时间不宜过长，否则也会引起组织内电解和热效应而损伤组织，故实验中应采取最佳的刺激强度和刺激时间的配比，如选用波宽为1 ms的双向波，方波的振幅以10 mV为佳；如波宽减少到0.5 ms，则振幅可增加到40～50 mV。

（3）刺激频率

相对于连续刺激而言，表示单位时间内所含主周期的个数，单位为Hz，如5 Hz、20 Hz；也可用主周期的时间来表示，如0.2 s、0.05 s等。在使用连续刺激时，刺激频率一般少于100次/s。刺激频率过高，有一部分刺激会落于组织的不应期内，而成为无效刺激。刺激频率随组织的不同而异，一般组织器官功能实验的刺激频率在60～100次/s为宜。

（4）串长

表示以重复的频率不断地输出数个（一连串）刺激脉冲的（持续）时间。在串长内可调节刺激脉冲的个数和间隔（波间隔t）（图3-3）。

（5）同步输出

有时为了保证实验的精确性，要求整个实验系统保持同步工作，如要求在刺激器发出刺激脉冲稍前时间内，能发出一个尖脉冲（同步脉冲）去触发示波器或其他仪器，使它们能同步工作。

（6）延迟

表示从同步脉冲到刺激脉冲出现的时间差（T_1）（图3-3）。调节延迟，可使刺激脉冲或由刺激脉冲引起的生理反应能在荧光屏上的适当位置展现，以便观察和记录。

（7）串间隔

在连续的串刺激中，一串刺激脉冲连续出现时的时间间隔（T_2），它可以等于延迟（T_1），也可以不等。

在计算机生物信号采集处理系统中，上述参数可出现在（1）模式，包括正电压刺激、负电压刺激、正电流刺激及负电流刺激；（2）方式；（3）延时；（4）波宽；（5）波间隔；（6）频率；（7）强度1及强度2（对双刺激时）；（8）主周期；（9）程控增量，表示程控刺激参数的增量或减量。

3. 生理实验多用仪

在实际中常根据生理学实验需要，把刺激器、记时器、记滴器组装在一起成为综合性的生理实验多用仪，如图3-4。

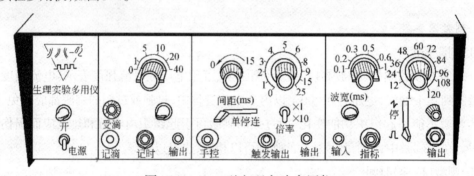

图3-4　JC-2型生理实验多用仪

（1）受滴和记滴装置

主要记录各种体液（如尿液、胆汁、消化液等）的分泌量。使用时将受滴器电极的插头插入"受滴"插孔，"记滴"输出导线连至二导记录仪等记录仪或计算机生物信号采集处理系统。当液滴将受滴电极短路时，电路导通，记录仪便记录液滴的脉冲一次。

（2）记时部分

主要用于实验过程中的时间标记，在没有时间标记的记录系统中十分有用。使用时，拨动"时间"开关，选择1 s、5 s、10 s、20 s或40 s，将"记时"输出从记录仪外接标记插孔输入，便可按选择的时间间隔进行时间标记。

（3）电子刺激器

有"单、停、连"拨动开关选取单脉冲、无输出或连续脉冲。波间距旋钮的起始位（反时针方向旋到左端尽头）为单脉冲，顺时针方向旋转为双脉冲，可在0～15 ms内调节双脉冲的时间间隔。

当需要重复脉冲时，通过频率旋钮选择不同的频率，若将"倍率"开关置于×1，频率为面板读数的1倍，由0.5～10 Hz分1挡调节；"倍率"开关置于×10时，频率为面板读数的10倍，即由5～100 Hz分11挡调节；当需用人工控制单脉冲时，拨动开关选取"单"，并将手控开关插入手控插孔，每拨动手动开关一次，即输出一个脉冲。

通过波形选取拨动开关。分别选取矩形波或正负对称的微分波,由波宽选择、刺激强度调节刺激的持续时间(0.1～1 ms分6挡)和强度(有粗调和微调,粗调在输出脉冲电压幅度1～120 V间分11挡;微调在粗调选取的电压范围内分压连续选取合适的幅度)。

4. 刺激器使用方法与注意事项

①连接好电源线、刺激输出线、同步触发线(当需要触发信号时);接通电源(指示灯亮);根据实验需要选择刺激参数。

②在选择刺激参数时,刺激强度和波宽应由小到大,逐渐增加,以免刺激过强损伤组织。

③刺激器刺激输出的两个端子不可短路,否则会损坏仪器。

④要注意频率(或主周期)与延迟、波宽、串(脉冲的)个数和波间隔等的关系。应保证:主周期>延迟+波宽,或主周期>延迟+波间隔×串个数。

例如,当选择连续刺激,主周期为10 ms,波宽为80 ms,延迟为50 ms时,则刺激器不能按上述要求输出刺激。因为此时,主周期<延迟+波宽。另外,有些数字拨盘式刺激器因电路原理上的原因,规定任何一组拨盘均不能全设置为零,否则将无输出。

(二)刺激电极

刺激电极依其使用目的的不同,可分为普通电极、保护电极、锌铜弓(叉)、乏极化电极、微电极等多种。

1. 普通电极

通常是在一绝缘管的前端安装两根电阻很小的金属丝(常用银丝或不锈钢丝、钨丝),其露出绝缘管部分的长度仅5 mm左右,金属丝各连有一条导线,可与刺激器的输出端(作刺激电极用时)或放大器的输入端(作引导、记录电极用时)相接。使用此种电极时,应注意电极不要碰到周围的组织(图3-5 A)。

2. 保护电极

其结构与普通电极相似,特点是前端的银丝嵌在电木保护套中,使用此种电极刺激在体神经干时,可保护周围组织不受刺激(图3-5 B)。

3. 锌铜弓(叉)

锌铜弓实际是一个带有简单锌铜电化学电池的双极刺激电极,常用来检查坐骨神经-腓肠肌标本的机能状况,是平行排列的一根粗锌丝(片)和一根粗铜丝(片),二者的顶端焊接在一起,固定于电木管内,当锌铜弓与湿润的活体组织接触时,由于锌较铜活泼,易失去电子形成正极,使细胞膜超极化;铜得电子成为负极,使细胞膜去极化而兴奋,电流便按Zn→活体组织→Cu的方向流动而在阴极下(Cu片处)引起一次组织兴奋;当移开的瞬间,电流方向相反,则在阳极下(Zn片处)又引起一次组织兴奋。由于神经兴奋的电刺激阈值很小(10^{-8}A),而锌铜弓接触组织时产生的电流强度较大,足以构成对神经肌肉的有效电刺激,因此,锌铜弓常被用作检验神经肌肉标本兴奋性的简便刺激装置(图3-5 C)。注意:用锌铜弓检查活体标本时,组织表面必需湿润。

4. 神经-肌肉标本盒

在进行蟾蜍坐骨神经干动作电位、兴奋不应期以及传导速度的测定实验中,为了保持神经干的良好机能状态,必需使用神经-肌肉标本盒(图3-6)。标本盒通常用有机玻璃制成,盒内有两根导轨,导轨上有5～7个装有银丝电极的有机玻璃滑块,电极滑块可以在导轨上随意移动,用以调节电极间的距离。每个电极滑块通过导线与标本盒侧壁的一个接线柱相连,其中一对作刺激电极,1～2对作记录电极,记录电极与刺激电极间的电极接地(有的标本盒盒盖上装有小尺,用以测量电极间的距离)。

有的实验室设计的标本盒中还可安装肌肉标本,并把张力换能器装在标本盒内,可同时记录肌肉动作电位和肌肉收缩曲线,使用十分方便。

使用及注意事项:

①滑块电极的银丝必需保持清洁,若有污垢可用浸有任氏液的棉球轻轻擦拭,仍不能清除时,可用细砂纸轻轻擦净。

②移动滑块电极时动作要轻,以免将电极与接线柱间的导线弄断。

③实验时标本应经常保持湿润,标本安好后应将上盖盖好,标本两端的扎线要悬空。

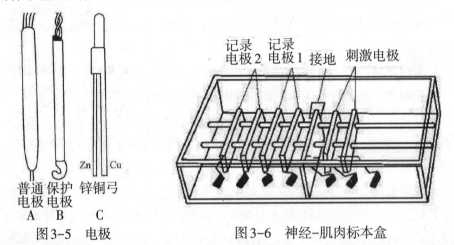

图3-5　电极

A.普通电极;B.保护电极;C.锌铜弓

图3-6　神经-肌肉标本盒

5. 乏极化电极

当用金属丝直接接触生物组织,再用直流电刺激时会产生极化作用,即组织外液中的阴离子在正极下聚集,阳离子在负极下聚集。这种极化现象对直流电有抵消作用,使刺激强度减弱或停止刺激;而在停止刺激时阴、阳离子会形成反向电流。此外电解所产生的物质附于电极上,可使电极电阻变大,电流变小,同时影响到组织的兴奋性。因此在用直流电刺激组织时,常用银-氯化银电极来避免产生这种干扰。该种电极有时也用于记录电极。现以银-氯化银电极(Ag-AgCl)为例,介绍其工作原理和制作方法。

当接通直流电时,在正极组织液中的 Cl^- 与 Ag^+ 结合生成AgCl,而Ag原子与 Cl^- 结合生成AgCl并释放出1个电子,电子经导线移向负极,不会出现 Cl^- 的聚集。在负极, Na^+ 与 Cl^- 结合生成NaCl,而Ag⁺与1个电子结合生成Ag原子,也不会出现Na⁺的聚集。

6.微电极

有金属微电极和玻璃微电极。

（1）金属微电极

常用银丝、白金丝、不锈钢、碳化钨丝在酸性溶液中电解腐蚀而成,尖端以外部分用漆或玻璃绝缘。有双极或单极引导电极,多用于细胞外记录和皮层诱发电位等。

（2）玻璃微电极

有单、双、多管,用硬质的毛细玻璃管拉制而成(图3-7)。用于细胞内记录时,其尖端需小于0.5 μm;用于细胞外记录时,其尖端可为1～5 μm。微电极内常充灌3 mol/L KCl溶液,从电极的粗端插入银-氯化银电极丝。可用于细胞外记录,也可用于细胞内记录,广泛应用于神经细胞、骨骼肌细胞、心肌细胞、平滑肌细胞、各种感受器和分泌腺细胞等研究。

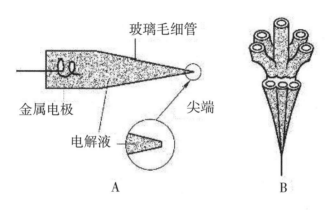

图3-7　玻璃微电极结构

A.单管玻璃微电极;B.多管玻璃微电极

二、引导、换能系统

生理功能变化的信号只有用一定的仪器设备显示、记录下来才有研究的价值,因此需要有一定的装置能将其引导到显示、记录仪器上。若生理信号是电信号,引导系统可能是引导电极,包括记录单细胞活动的玻璃微电极和记录一群细胞电活动的金属电极;若生理现象为其他能量形式,如机械收缩、压力、振动、温度和某种化学成分变化等,则需要将原始生理信号转换为电信号,加以引导,这就是各种形式的换能器。

（一）换能器

动物机体的很多生理活动都以非电能形式(如机械、光、温度、化学等的变化)表现出来,要对这些非电能信号进行记录,就必须将它们转换成电信号,并经过放大,才能在记录系统上进行显示和记录。这种将生理活动的非电信号转换成电信号的装置称为换能器(传感器)。换能器的种类繁多,如压力换能器、肌肉张力换能器、呼吸换能器、呼吸流量换能器、液滴换能器、温度换能器、心音换能器、胃肠运动换能器等。其中压力换能器和肌肉张力换能器在动物生理学上使用较多,它们可以测试机体的各种压力变化和组织、器官的舒缩活动情况。

1. 张力(机械-电)换能器

(1)原理及结构

张力换能器是利用某些导体或半导体材料在外力作用下发生变形时,其电阻会发生改变的"应变效应"原理,将这些材料做成薄的应变片,配对(R1R3及R2R4)分别贴于金属弹性悬梁臂的两侧,两组应变片中间连一可调电位器R5,并与一5 V直流电源相接,构成惠斯登桥式电路。当外力(肌肉收缩)作用于悬梁臂的游离端并使其发生轻度弯曲时,则一组应变片受拉变长,电阻增加;另一组受压缩短,电阻减小。由于电桥臂电阻值的改变,使电桥失去了平衡产生电位差,即有微弱的电流输出。将此电流输入示波器、记录仪或计算机生物信号采集处理系统,经放大,就能驱动描笔绘出张力变化(肌肉收缩)的全过程。

张力换能器的灵敏度和量程决定于应变元件的厚度,悬梁臂越薄越灵敏,但量程的范围也越小。因此,这种换能器的规格应根据所做实验来决定,蛙腓肠肌实验的量程应在100 g以上,肠平滑肌实验应在25 g,小动物心肌乳头肌实验应在1 g以下。

(2)使用方法

张力换能器的外观如图3-8所示。使用时根据测量方向,将换能器固定在合适的支架上,既要保证受力方向与力敏感悬梁(弹簧片)的平面垂直,又要保证换能器的受力方向正确。

换能器初次与生物信号采集处理系统配合使用时,需要定标。将换能器水平固定在合适的支架上。换能器和主机接通电源,预热10 min,按等重量(满量程的1/5)加砝码到满量程,此时在记录仪上得到相应的等距离的标定线。

(3)使用注意事项

①正式记录前,换能器应预热10~30 min,以确保精度。

②换能器调零时,不得用力太大。

③实验时不能用猛力牵拉或用力扳弄换能器的悬梁臂,以免损坏换能器。测力时的负荷量不得超过满量的20%。

④防止生理盐水等溶液渗入换能器。

⑤在正式标定前,先用满量程砝码预压两次。换能器的辅助调零电位器在传感器外壳侧面沉孔中。

2. 压力换能器

(1)原理及结构

压力换能器能将压力变化的信号转换为电信号,经压力放大器将此信号放大,可在记录系统上直接进行记录(图3-9)。从结构上看,压力换能器主要由压力室和应变片组成。压力室的透明罩上有两个连通口,用于灌注液体排气和连接插管。另一端为内装应变片惠斯登电桥和与记录系统相连接的标准接口。从原理上看,压力换能器内装敏感应变片惠斯登电桥,而敏感元件具有压阻效应,受拉伸长时阻值增大,受压缩短时阻值变小的特性。在正常情况下,惠斯登电桥维持电桥平衡。当被测压力的改变通过插管进入压力室,压力作用于膜片上内装的应变片随之弯曲或伸直而使电阻值发生变化,电桥失去平衡而引起随压力大小成比例变化的电压输出。

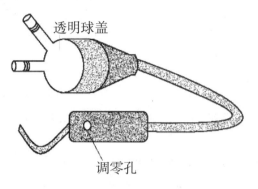

图3-8 张力换能器外观   图3-9 压力换能器外观

(2)使用方法

①压力换能器在使用时应固定在支架上,尽可能保证液压导管的开口处与换能器的感压面在同一水平面上,或有一个固定的距离,不得随意改变其位置,以免引起静水柱误差。

②将换能器与主机连接好,启动并预热15～30 min,将系统调到零位即可进行测量。换能器结构中有调零电位器,可以单独调节零点位置,也可与记录仪或计算机配合调整。测量中如需要进行零位校准,可采用两个医用三通阀分别接于换能器的两个接嘴上。

③为了使测量结果准确,使用前需要标定。

(3)使用注意事项

①注意换能器的工作电压与供电电压是否和压力测量范围一致,对超出检测范围的待测压力不能进行测量。

②进行液体耦合压力测量时,先将换能器透明球盖内充满用生理盐水稀释的抗凝剂稀释液,注意将透明球盖及测压导管内的气泡排净,以免引起压力波变形失真。注液时应首先检查导管是否通畅,避免阻塞形成死腔,引起高压而损坏换能器。

③严禁用注射器从侧管向闭合测压管道内推注液体;避免碰撞,要轻拿轻放,以免断丝;用后洗净并放在干燥、无菌、无毒、无腐蚀的容器内保存。

(二)机械引导(传动)装置

1. 肌动器(肌槽)

肌动器是固定并刺激蛙类神经-肌肉标本的装置(图3-10),有平板式和槽式。肌动器由绝缘的电木底板(或槽)、电极等部分组成,是生理学实验中的常用仪器。将制备好的蛙类坐骨神经-腓肠肌标本的股骨用股骨固定螺丝固定在肌板上,将神经放在肌板电极上。肌板电极的接线柱与电刺激器的输出电极相连,标本跟腱上的线与张力换能器相连。

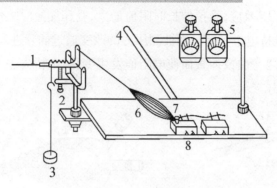

图 3-10　肌动器

1.等张杠杆;2.负荷螺丝;3.负荷;4.支架;5.电极架;6.腓肠肌;7.股骨固定螺丝;8.电极螺丝

2. 其他机械引导(传动)装置

描记气鼓(玛利气鼓)是随气体压力变化而起伏运动的传动装置(图3-11),通常用来描记呼吸运动及器官容积的变化。它是一个带有中空侧管的金属圆皿,其上覆盖一层薄橡皮膜,在膜中央粘上一描笔支架。当侧管中的气体压力改变时,可使橡皮膜起落,从而带动膜上的描笔描记出相应曲线。

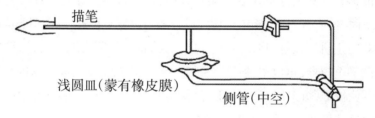

描笔

浅圆皿(蒙有橡皮膜)　　侧管(中空)

图 3-11　描记气鼓

3. 检压计

检压计是检测压力变化的装置,为一"U"形玻璃管,内装水银或水(图3-12)。在检压计"U"形管一端的液面上加上装有描笔的浮标,当另一端所连接的液体系统内的压力发生改变时,浮标随水银柱升降而上下移动,即可在记纹鼓上描记出相应曲线。水检压计所用的"U"形管一般内径较粗,且内盛有颜色的水,一般用于测量低压变化,如静脉压或胸内负压。

图 3-12　检压计示意图
A.血压检压计;B.水银检压计

三、信号调节放大系统——生物电放大器

从生物体各器官引导出的生物电信号特性差异很大,一般在几十微伏到几十毫伏,且记录环境中常常掺杂有同级或更大量级的干扰信号,要得到满意的结果必须借助生物电放大器从中提取微弱的生物信号,再输入示波器或记录仪

大器必须是:①差分式平衡放大,有较高的抗市电干扰能力,信号/噪声比值大;②最大放大倍数不小于1000倍;③频率响应从0～100 Hz;④低噪声,整机噪音不大于15μV;⑤仪器本身不受静电及磁场的干扰。

(一)生物放大器的基市要素

尽管现代生物电放大器有不同的型号、用途,或与显示、记录仪或与计算机生物信号采集处理系统结合组装在一起,但基本工作原理和要素仍基本相同。

放大器要能正常工作必须能对一定频率范围内的信号进行放大,超过此范围的信号,放大器对其放大的能力就下降。这个频率范围的下限称为下限截止频率,由放大器的时间常数决定,上限称为上限截止频率,由放大器高频滤波器决定。前者常被安排在输入选择中,后者被安排在一个高频滤波器中。

(1)时间常数

共有3挡,为0.001 s、0.01 s、0.1 s,分别对应放大器下限频率160 Hz、16 Hz、0.16 Hz。时间常数愈小,下限截止的频率愈高,对低频滤波程度就愈大。

(2)直流

直流输入时,信号输入不经过电容,没有滤波效应,直接经输入端送入放大器。可观察缓慢的信号变化。

暗调节"辨差"调节,可将辨差率提高1万倍以上,从而增加放大器的抗干扰能力。一般出厂时已经调好,不要轻易调节。

(3)高频滤波

用于除去高频部分以减少噪声。有4挡,为100 kHz、10 kHz、1 kHz和100 Hz,分别表示此时的上限截止频率。

在实验中时间常数、高频滤波选择得当,有利于图像的传真、清晰。

(4)增益

能改变放大器的放大倍数,有4挡,分别为×20、×100、×200、×1000。增益愈高,放大倍数愈高。

(5)输入、输出

放大器的输入、输出的插座有三线,其中一线为地线,其他两线为输入线。

(6)平衡调节

用于调节放大器的平衡,使放大器的双边输出都接近于地电位。

(二)微电极放大器

在生理学实验中,广泛地应用了玻璃微电极在细胞内记录细胞的静息跨膜电位和快速变化的动作电位、终板电位,在细胞外记录神经元的单位放电。这些都要求微电极的尖端直径小于1μm甚至小于0.5μm。尖端如此细的微电极,其电阻是很高的,通常在十兆欧姆到几十兆欧姆甚至达一百兆欧姆,它构成了组织电源内阻的主要部分。如此高的电极电阻用生物电前置放大器(一种能放大变化缓慢、非周期性微弱信号的生物放大器)来记录,因其输入

阻抗一般只有 $1 \sim 2\,M\Omega$，则细胞电位的绝大部分会因微电极的分压作用而降落，输入放大器的只有很少的一部分电位。如微电极电阻（R_1）为 $20\,M\Omega$，放大器的输入阻抗（R_2）为 $2\,M\Omega$，则根据分压原理：

$$E = E_0 \frac{R_2}{R_1 + R_2} = E_0 \frac{2}{20 + 2} = E_0 \frac{2}{22} = 0.1E_0 (\text{即} 10\% E_0)$$

即输入放大器的电位只有细胞电位的 10%，而 90% 的电位却在微电极上降落了。但若把放大器的输入阻抗提高到电极电阻的 10 倍，即 $200\,M\Omega$，则

$$E = E_0 \frac{R_2}{R_1 + R_2} = E_0 \frac{200}{20 + 200} = E_0 \frac{200}{220} = 0.99E_0 (\text{即} 99\% E_0)$$

即被微电极降落的电位只有细胞电位的 1%，而 99% 的电位则被输入到放大器被放大。如果放大器的输入阻抗提高到 $10^{11}\,M\Omega$，则几乎 100% 的细胞电位被输入放大器被放大。

因此微电极放大器除了与一般的生物电前置放大器相同外，要有更高的输入阻抗（$10^{12}\,M\Omega$）。另外还需要有更小的输入电容和更小的栅流（$< 10^{-11}\,A$）才能有较好的放大效果。微电极放大器使用时要注意以下事项：

（1）良好接地。

（2）按要求接通所需要的电压电源。

（3）在输入为短路状态时调零。调节调零旋钮时，数字指示应出现正或负方向的连续变化，并能调到零，否则放大器不能用。

（4）高频补偿及电阻测试。放大器输入端连接充灌好的玻璃微电极，微电极尖端浸入接地的电解质溶液中，加入校正信号，调节电容补偿旋钮，尽量使输出信号达到方波。

四、显示与记录系统

在动物生理学实验中，各种现象均需要进行记录，以便观察和测量，传统的显示记录设备为记纹鼓、二道生理记录仪和示波器等仪器。目前，计算机生物信号采集系统由于其完备的功能和强大的后处理能力，已经使其在动物生理学实验中取代传统记录设备而得到了广泛的应用。

生物信号采集处理系统是借助于计算机和专用的软硬件来对生物信息进行采集处理的一种生理科学类实验设备。它具有刺激器、放大器、示波器、记录仪和分析处理等多种仪器的组合功能，可取代传统的记录仪、示波器和刺激器等实验仪器，广泛应用于生理学、药理学和病理学等方面的教学与科研实验。国产的生物信号采集处理系统按操作系统可分为 DOS 和 Windows 两大类；按硬件安置方式可简分为内置式（插于 ISA 或 PCI 槽）和外置式（串口、并口和 USB）两大类；按通道可区分为三通道、四通道和八通道三类。目前，生物信号采集处理系统以 Windows 为操作系统并采用 USB 技术的四通道生物信号采集处理系统为主。

五、计算机生物信号采集处理系统

计算机生物信号采集处理系统是应用大规模集成电路、计算机硬件和软件技术开发的

一种集生物信号的放大、采集、显示、处理、存储和分析的电机一体化仪器。该系统可替代传统的刺激器、放大器、示波器、记录仪，一机多用，功能强大，被广泛地应用于生理学、病理学和药理学实验。

（一）计算机生物信号采集处理系统概述

1. 系统基本组成与工作原理

计算机生物信号采集处理系统由硬件与软件两大部分组成。硬件一般包括程控刺激器、程控放大器和数据采集卡以及各类接口，主要完成对各种生物电信号（如心电、肌电、脑电）与非生物电信号（如血压、张力、呼吸）的调理和放大，进而对信号进行模数（A/D）转换，使之进入计算机。软件主要完成对系统各部分进行控制和对已经数字化了的生物信号进行显示、记录、存储、处理及打印输出，同时对系统各部分进行控制，与操作者进行人机对话（图3-13）。

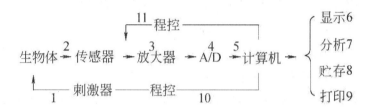

图3-13 计算机生物信号采集处理系统基本结构及工作原理示意图

1.设置刺激参数；2.确定是否需要换能器；3.是直流输入还是交流输入，设置放大倍数（增益）；4.对模拟信号参数离散采样，确定采样速度；5.是否对数据进行滤波；6.设置显示方式，是记录方式还是示波器方式，若是示波器方式，还要设置是连续示波、信号触发，还是同步触发等；7.反演实验结果，对图形或数据进行进一步处理；8.采样数据是否存盘；9.对实验数据、图形、实验标记进行编辑、打印等；10.程控刺激器；11.程控放大器。

（1）传感器和放大器

生物所产生的信息，其形式多种多样，除生物电信号可直接检取外，其他形式的生物信号必须先转换成电信号，对微弱的电信号还需经过放大，才能作进一步的处理。计算机生物信号采集处理系统中的刺激器和放大器都是由计算机程控的，其工作原理和一般的刺激器、放大器完全一样。主要的区别在于一般仪器是机械触点式切换，而计算机生物信号采集处理系统是电子模拟开关，由电压高低的变化控制，是程序化管理，提高了仪器的可靠性，延长了仪器的寿命。

（2）生物信号的采集

计算机在采集生物信号时，通常按照一定的时间间隔对生物信号取样，并将其转换成数字信号后放入内存，这个过程称为采样。

①A/D转换器

生物信号通常是一种连续的时间函数，必需转换为离散函数，再将这些离散函数按照计算机的"标准尺度"数字化,以二进制表达,才能被计算机所接受。A/D转换设备能提供多路模/数转换和数/模转换。A/D转换需要一定时间,这个时间的长短决定着系统的最高采样速度。A/D转换的结果是以一定精度的数字量表示,精度愈高,曲线幅度的连续性愈好。对一般的生物信号采样精度不应低于12位数字。转换速度和转换精度是衡量A/D转换器性能的重要指标。

②采样

与采样有关的参数包括通道选择、采样间隔、触发方式和采样长度等方面。

通道选择　一个实验往往要记录多路信号,如心电、心音、血压等。计算机对多路信号进行同步采样,是通过一个"多选一"的模拟开关完成的。在一个很短暂的时间内,计算机通过模拟开关对各路信号分别选中、采样。这样,尽管对各路信号的采样有先有后,但由于这个"时间差"极短暂,因此,仍可以认为对各路信号的采样是"同步"的。

采样间隔　原始信号是连续的,而采样是间断进行的。对某一路信号而言,两个相邻采样之间的时间间隔称为采样间隔。间隔愈短,单位时间内的采样次数愈多。采样间隔的选取与信号的频率也有关,采样速率过低,就会使信号的高频成分丢失。但采样速率过高会产生大量不必要的数据,给处理、存储带来麻烦。根据采样定律,采样频率应大于信号最高频率的2倍。实际应用时,常取信号最高频率的3～5倍来作为采样速率。

采样方式　采样通常有连续采样和触发采样两种方式。在记录自发生理信号(如心电、血压)时,采用连续采样的方式,而在记录诱发生理信号(如皮层诱发电位)时,常采用触发采样的方式。后者又可根据触发信号的来源分为外触发和内触发。

采样长度　在触发采样方式中,启动采样后,采样持续的时间称为采样长度,它一般应略长于一次生理反应所持续的时间。这样既记录到了有用的波形,又不会采集太多无用的数据造成内存的浪费。

(3)生物信号的处理

计算机生物信号采集处理系统因其强大的计算功能,可起到滤波器的功能,而且性能远远超过模拟电路,恢复被噪音所淹没的重复性生理信号。人们可以测量信号的大小、数量、变化程度和变化规律,如波形的宽度、幅度、斜率和零交点数等参数,做进一步的分类统计、分析给出各频率分能量(如脑电、肌电及心率变异信号)在信号总能量中所占的比重,从而对信号源进行定位。对实验结果可以用计数或图形方式输出,对来自摄像机或扫描仪的图像信息经转换后,也可输入计算机进行分析。所以计算机生物信号采集处理系统,不仅具备了刺激器、放大器、示波器、记录仪和照相机等仪器的记录功能外,而且还兼有微分仪、积分仪、触发积分仪、频谱分析仪等信号分析仪器的信息处理功能。为节省存储空间,计算机可对其获得的数据按一定的算法进行压缩。

(4)动态模拟

通过建立一定的数学模型,计算机可以仿真模拟一些生理过程,例如激素或药物在体内的分布过程、心脏的起搏过程、动作电位的产生过程等。除过程模拟外,利用计算机动画技术还可在荧光屏上模拟心脏泵血、胃肠蠕动、尿液生成及兴奋的传导等生理过程。

2. 计算机生物信号采集处理系统的基本操作

计算机生物信号采集处理系统种类繁多,用其进行实验的操作方法各有所异,这里只能作一般的、原则性的介绍。掌握实验的一般流程、配置实验和刺激参数设置方法是我们用好生物信号采集处理系统的关键。

(1)进入系统,选择通道 确定信号输入到哪个通道,以打"√"表示。

(2)刺激方式的选择 根据实验的需要确定是否需要刺激。一般有7种刺激方式可被选择(见刺激参数设置)。

(3)选择输入方式 根据生物信号的性质,是非电信号(如骨骼肌张力、血压、呼吸道压力、心肌收缩力、肠肌张力等)还是电信号(如神经干动作电位、心电、神经放电、脑电等),确定是否需要换能器。

(4)交/直流的选择 根据生物信号是快信号(如神经干动作电位、心室肌动作电位、神经放电等)还是慢信号(如血压、呼吸、心电、平滑肌张力等)确定以何种电流输入。一般电信号选择交流输入,非电信号经换能后选择直流输入。来自另外的前置放大器的输入信号,采用直流输入的方式(如经微电极放大器后的心室肌动作电位信号),可用放大器的时间常数进行选择(或有专门的开关)。

(5)放大器放大倍数的选择 采样卡的有效采样电压一般为$+/-5$ V,所以输入信号的强度一般不能超过5 V。根据信号强弱选择适当的放大倍数,在不溢出的前提下,放大倍数选大一些为好。

(6)滤波选择 根据是否需要滤波确定高频滤波和时间常数,使采样在最好的波段中进行。

(7)选择显示模式 用计算机生物信号采集处理系统进行实验时有两种显示模式的选择,一类为快捷(或标准)方式,系统内提供了许多常规的生理、病理、药理专项实验方法,所配置及标定的参数都已提供在每一专项实验选项中。因此只要进入系统,激活实验菜单,选择具体的实验项目,即可按照标准实验内容做好各项配置、标定而进行实验。另一类是一般性(或通用)方式,适用于科研与特殊教学实验,可根据需要不断改变系统参数(进行显示设置),使采集的波形更好,更适合于观察及符合实验结果。

①"连续记录"方式 用来记录变化较慢,频率较低的生物信号。如电生理实验中的血压、呼吸、心电、张力等,扫描线的方向是由右向左,连续滚动,与传统仪器的二道记录仪相一致。它的采样间隔从最慢50 ms至最快25 μs,有11挡可选。在上述经典实验中一般选1~10 ms之间即可。

②"记忆示波"方式 用来记录变化快,频率高的生物信号。如电生理实验中的神经干动作电位、动作电位传导速度、心室肌动作电位等,扫描线的方向是由左至右,一屏一屏地记录,与传统示波器相一致。它的采样间隔选项从最快每次10 μs至1 ms,有8挡可选(注意:在10 μs挡即100 kHz采样频率只允许单窗口运行)。在经典实验中一般选25 μs或50 μs即可。

③刺激触发显示方式　是一种单帧波形显示方式,表示发出一个刺激信号,采集一帧生物信号数据,并把它显示在屏幕上。如果选择了"记忆示波"显示方式则应考虑选择"刺激器触发显示",要求刺激与采样同步工作。

还有其他显示方式,此处不再列举。

(8)采样间隔选择　注意采样间隔与所采信号相匹配。采样间隔调控的合适值应多试几次,以求最好。

(9)采样　进入实验项目(通道采样内容)从1~4通道输入生理信号并选择希望进行的实验项目,点击"开始"按钮,系统开始采样,采样窗中即有扫描线出现,并随外部信号变化,显示起伏波形。

注意:如果在触发方式中选定了刺激器触发,则应当在主界面中点击"刺激"按钮启动刺激器,即可开始同步采样。

(10)实时调整采样参数　为使采样波形达到最好,即最有利于观察的状态,可以在采样过程中,时实按以下步骤调节各部分:

①如感到信号太大或太小,可实时点击各通道放大器增益按钮,改变放大倍数,将信号幅度放大至适当程度。

②调节各通道的时间常数和高频滤波值。

③调节各通道的扫描速度。

④如感到图形显示太大或太小,可实时在Y轴上进行压缩或扩展,使图形大小适中。注意此时输入的信号并没有改变,仅是图形的变形。

⑤如果感到图形X轴压缩比不合适,可实时点击"X轴压缩或扩展"按钮,使扫描线滚动速度适合观察。

⑥在需要刺激时,可在刺激器参数调整栏中,逐个调整刺激参数,形成最佳参数。

⑦如果出现50 Hz的干扰,可启动50 Hz抑制,将50 Hz电源的干扰信号消除掉。该命令只能对当前通道起作用。

(11)结束采样　点击"采样结束"按钮结束采样,全部结果数据以图形方式显示在各自的窗口,可移动X轴方向滚动条从头到尾观察所有的图形,并可拖选图形进行观察、测量,进入表格、打印等后处理。

(12)设置存盘　如果本次实验成功,所选的设置参数合理,可将本设置以自定义文件名存盘。

3.刺激器的设置

为了方便电生理实验,系统内置了一个由软件程控的刺激器,对采样条件设置完成后,即可对刺激器进行设置。根据不同实验要求,可选择不同的刺激模式。刺激模式有:单刺激、串刺激、主周期刺激、自动间隔调节、自动幅度调节、自动波宽调节、自动频率调节等。

(1)刺激的基本方式　最基本的刺激方式有3种：

①单刺激：与普通刺激器一样，输出(数次)单个方波刺激，延时、波宽、幅度可调。可用于骨骼肌单收缩、心肌期前收缩等实验。

②串刺激：相当于普通刺激器的复刺激，但刺激持续时间由程序控制。启动串刺激后，到达串长的时间，刺激器自动停止刺激输出。串刺激的延时(即普通复刺激的串间隔)、串长、波宽、幅度、频率可调。刺激降压神经、迷走神经和强直收缩等实验可采取此种刺激方式。

③主周期刺激：与普通刺激器相比，此种刺激方式是将几个刺激脉冲组成一个刺激周期看待，于是有了主周期和周期数概念。主周期：每个周期所需要的时间。周期数：重复每一个周期的次数(即主周期数)。每个主周期下又有延时、波宽、波幅、波间隔和脉冲数(详见刺激器部分)等参数，这些参数都是可调的。有了这些可调参数，可输出多种刺激形式。如周期数为1、脉冲数也为1，表示重复1次主周期，主周期中只有1个脉冲，相当于单刺激；周期数是连续、脉冲数是1，即不断重复主周期，而且主周期内只有1个脉冲刺激，这相当于复刺激；周期数是连续、脉冲数是2，即不断重复主周期，而且主周期内有2个脉冲刺激，这相当于双脉冲刺激……

(2)专用刺激方式　为了便于实验，在上述刺激方式的基础上还可以选择下述4种刺激方式：

①自动间隔调节：在主周期刺激基础上自动增、减脉冲间隔，默认的脉冲数为2。主要用于不应期的测量。主周期、延时、波宽、波幅、首间隔、增量可调。

②自动幅度调节：在主周期刺激基础上自动增、减脉冲的幅度。主要用于阈强度的测定。主周期、延时、波宽、初幅度、增量、脉冲数、间隔可调。

③自动波宽调节：在主周期刺激基础上自动增、减脉冲的波宽。主要用于时间-强度曲线的测定。主周期、延时、波幅、频率、首波宽、增量可调。

④自动频率调节：在串刺激基础上自动增、减刺激脉冲的频率。主要用于单收缩、强直收缩，膈肌张力与刺激频率的关系等实验。串长、波宽、波幅、首频率、增量、串间隔可调。

4. 换能器定标

换能器是将生物非电信号转换为电信号的装置。由于制造时采用的部件不同及相同部件参数存在误差，所以每一个换能器在转换生物非电信号时都不可能完全一致(即同样强度的能量经不同的换能器转换的电压值不可能绝对一致)。因此，为了准确地反应实验结果，就有必要在实验前对换能器进行校验，使之尽量减少误差，保证实验结果的真实性和准确性。各种换能器标定的原理一致，仅是装置有所不同。标定包括调零和定标。

(1)调零　选定"调零"命令之后，可使系统在输入端悬空时，偏离基线(红色0校准线)的直流输入信号波形回到基线位置。

(2)定标　选定"定标"命令之后，给换能器一个固定值的标准信号，再将该固定值输入系统，以更改原数值，今后将跟随该通道实验名称一起调用。

例如以下为1通道张力信号标定：

①将信号参数选为张力信号；②张力换能器插入1通道，并使其处于悬空状态，即不负重；③调节张力换能器的零点，使其输入信号恰好处于1通道的基线上(0刻度线上)，用鼠标按下定标对话框中的"定标"按钮；④将定标参数选择为"标准信号"，在张力换能器悬梁臂上挂一个砝码(1~200 g范围内任选)，然后在"定标值输入"框内输入砝码的重量；⑤当输入信号稳定之后，按下"定标"按钮；⑥用同样的方法也可以对其他通道进行定标(图3-14)。压力信号的定标与此类同(图3-15)。

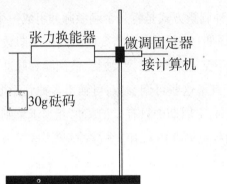 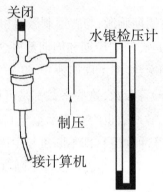

图3-14　张力换能器(30g量程)定标装置示意图　　图3-15　压力换能器定标装置示意图

5. 启动生物信号系统进行采样的方法

一般可以用双击桌面相应"生物信号采集系统"快捷方式的方法启动软件，在此基础上可采用以下四类方法或其中的某几类方法进入某一实验项目工作：

第一种方法，根据实验目的对"采样条件"进行设置的方式来启动系统进行采样。

第二种方法，从"实验项目"菜单中选择自己需要的实验项目。

第三种方法，通过"打开上一次实验"来实现。

第四种方法，通过"文件"菜单中的"打开配置"命令来实现。

(二)一般生物信号采集的实验设置

生物信号采集系统能对实验过程和实验参数进行程序化，因而简化了实验过程和预置。掌握实验的一般流程、配置实验和刺激参数设置的方法，是用好生物信号采集系统的关键。

根据采集系统工作原理，一般实验可按下列步骤设置：

①是否需要刺激；

②是否需要传感器(根据生物信号是电信号还是非电信号确定)；

③直流输入还是交流输入；

④放大多少倍数(设置放大倍数)；

⑤对模拟信号参数离散采样，采样的速度快慢(设置采样间隔)；

⑥是否对数据进行数字滤波；

⑦用什么方式作图;

⑧采样时处理哪些数据,指标有哪些;

⑨采样数据是否存盘;

⑩数据是否作进一步处理?

(三)BL-420生物机能实验系统

1. 系统概述

BL-420生物机能实验系统是以计算机为基础的4通道生物信号采集与处理系统,包括BL-420A、BL-420F(图3-16(a))、BL-420S(图3-16(b))三种型号的产品。

该系统主要用于观察生物体内或离体器官中探测到的生物电信号以及张力、压力、呼吸等生物非电信号的波形,从而对生物机体在不同的生理或药理实验条件下所发生的机能变化加以记录与分析。它是研究各种生物机能活动的主要设备和手段之一,可用于大、中专医学院校,科研单位进行动物的生理、药理和病理生理等实验,并可完成实验数据的分析及打印工作。

BL-420生物机能实验系统完全替代了传统的生理实验设备,包括生物电前置放大器、示波器、二/四道生理记录仪、刺激器、监听器等。该系统不仅包含上述所有仪器的功能,而且比这些仪器的组合具有更为强大的性能,包括记录信号的频响和进一步提高强度范围,具有数据记录和分析功能等。

（a)BL-420F 系统　　　　　　（b)BL-420S 系统(取得人体安全认证)

图3-16　BL-420生物机能实验系统

2. 工作原理

由于生物信号种类繁多,信号的强弱不一(有些生物电信号非常微弱,比如兔减压神经放电,其信号强度为微伏级,如果不进行信号的前置放大,根本无法观察),频率混叠(由于在生物信号中夹杂有众多声、光、电等干扰信号,比如电网的50 Hz信号,这些干扰信号的幅度往往比生物电信号本身的强度还要大,如果不将这些干扰信号滤除掉,那么可能会因为过大的干扰信号致使有用的生物机能信号本身无法观察),因此信号采集前往往需要放大和滤波处理。

生物机能实验系统的基本原理是:首先将原始的生物机能信号,包括生物电信号和通过传感器引入的生物非电信号进行放大、滤波等处理,然后对处理的信号通过模/数转换(A/D)进行数字化,并将数字化后的生物机能信号传输到计算机内部,计算机则通过专用的生物机能实验系统软件接收从生物信号放大、采集硬件传入的数字信号,然后对这些收到的信号进行实时处理。另外,生物机能实验系统软件也可以接受使用者的指令向实验动物发出刺激信号(图3-17,图3-18)。

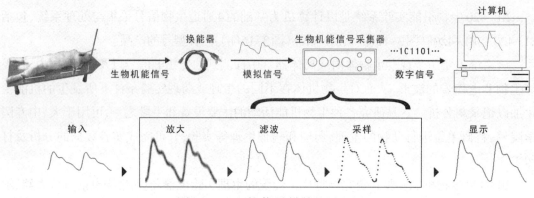

图3-17　生物信号转换原理图

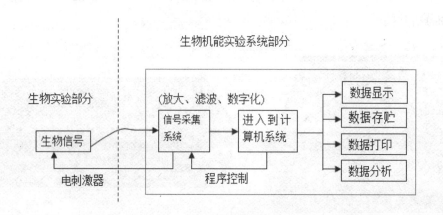

图3-18　生物机能实验系统原理框图

3. BL-420生物机能实验系统使用特点

①左右双视的设计思想,让BL-420系统具有了两套独立的显示系统,可以在进行实验的同时观察以前记录的数据。

②可独立调节4个通道波形的扫描速度,使得波形显示清晰,可根据需要任意拉开或压缩波形显示。

③自身的网络控制功能,使教师和学生可以利用自己的计算机进行文字信息的相互传递;同时教师也可以在教师计算机上对某一组学生的实验进行监视。

4. 软件使用方法

（1）界面的认识

BL-420F和BL-420S系统使用相同的信号采集和分析软件TM-WAVE,该软件是用户与生物机能实验系统交互的唯一手段。通过这个软件,用户可以从事信号采集、显示、分析等一系列工作。

主界面从上到下主要分为标题条、菜单条、工具条、波形显示窗口、数据滚动条及反演按钮区、状态条6个部分;从左到右主要分为标尺调节区、波形显示窗口和分时复用区3个部分。在标尺调节区的上方是刺激器调节区,其下方则是Mark标记区和刺激参数调节区3个分区。分时复用区包括控制参数调节区、显示参数调节区、通用信息显示区、专用信息显示区和刺激参数调节区5个分区,它们分时占用屏幕右边的同一块显示区域,操作人员可以通过分时复用区底部的5个切换按钮在这5个不同用途的区域之间进行切换。分时复用区的下方是特殊实验标记选择区(图3-19)。

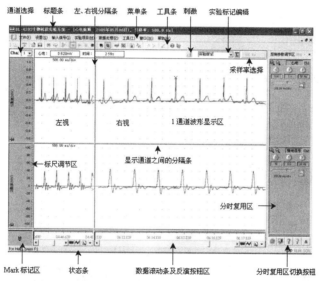

图3-19　BL-NewCentury生物信号显示与处理软件主界面(可显示2~16个通道)

由于TM-WAVE软件具有很多功能,下面我们只对其最基本的功能进行介绍。

①顶部窗口

顶部窗口位于工具条的下方,波形显示窗口的上面。顶部窗口由4个部分组成,分别是:当前选择通道的光标测量数据显示,启动刺激按钮,特殊实验标记编辑以及采样率选择按钮等(图3-20)。

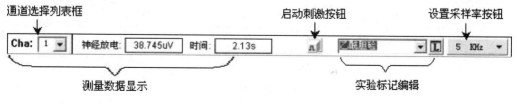

图3-20　顶部窗口

测量数据显示区显示当前测量通道的实时测量最新数据点或光标测量点处的测量结果,包括信号值和时间。启动刺激按钮及设置采样率按钮在实时实验的状态下可用,主要用于启动刺激器和设置系统的采用率。

实验标记编辑区包括实验标记编辑组合框(图3-21)和打开实验标记编辑对话框两个项目。

单击打开实验标记编辑对话框按钮,将弹出"实验标记编辑对话框"(图3-22),就可以在这个对话框中对实验标记进行预编辑。

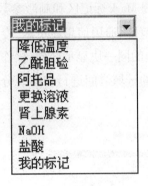

图3-21　实验标记编辑组合框　　　　图3-22　实验标记编辑对话框

在实验数据中添加特殊实验标记的方法很简单,先在实验标记编辑组合框中选择一个特殊实验标记,或者直接输入一个新的实验标记并按下"Enter"键,然后在需要添加特殊实验标记的波形位置单击鼠标左键,实验标记就添加完成了(图3-23)。

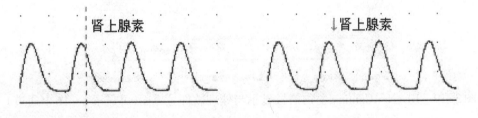

图3-23　实验标记的标记方式

②底部窗口

底部窗口位于界面的最下方,由4个部分组成,分别是:Mark标记区、状态条、数据滚动条及反演按钮区、分时复用区切换按钮(图3-24)。

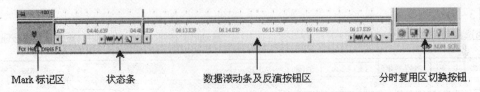

图3-24　底部窗口图示

　　Mark标记是用于加强光标测量的一个标记,它将测量Mark标记和测量光标之间的波形幅度差值和时间差值(测量的结果前加一个Δ标记,表示显示的数值是一个差值),测量的结果显示在通用信息显示区的当前值和时间栏中。使用时将鼠标移动到Mark标记区,按下左键,鼠标光标将从箭头变为箭头上方加一个M字母形状。然后,按住鼠标左键不放拖动Mark标记,将Mark标记拖放到任何一个有波形显示的通道显示窗口中的波形测量点上方,松开鼠标左键,这时,M字母将自动落到对应于这点X坐标的波形曲线上。若将M标记拖到无波形曲线的地方释放,它将自动回到Mark标记区。不用时,只需用鼠标将其拖回到Mark标记区即可,拖回方法与拖放方法相同。

　　状态条用于显示提示信息、键盘状态以及系统时间等,从左到右分为3个部分,分别是:提示信息显示区、键盘状态显示区和系统时间显示区。提示信息的内容将根据系统当前具体操作的不同而不同。键盘状态显示大、小写字母切换按钮状态和小键盘数字按钮状态。系统时间显示区显示当前系统时间。

　　数据滚动条用于实时实验和反演时数据快速查找和定位,通过对滚动条的拖动,来选择实验数据中不同时间段的波形进行观察。该功能不仅适用于反演时对数据的快速查找和定位,也适用于实时实验中,将已经推出窗口外的实验波形重新拖回到窗口中进行观察、对比(仅适用于左视的滚动条)。反演按钮位于屏幕的右下方,分别是:波形横向(时间轴)压缩和波形横向扩展两个功能按钮以及一个数据查找菜单按钮(平时处于灰色的非激活状态),当进行数据反演时,反演按钮被激活,通过调节这些按钮来调节波形以便于观察。

　　分时复用区包括控制参数调节区、显示参数调节区、通用信息显示区、专用信息显示区和刺激参数调节区5个分区,它们分时占用屏幕右边相同的一块显示区域,通过分时复用区底部的5个切换按钮可对这几个区进行切换。

　　③标尺调节区

　　显示通道的最左边为标尺调节区(图3-25)。每一个通道均有一个标尺调节区,用于实现调节标尺零点的位置以及选择标尺单位等功能。

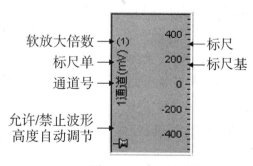

图3-25　标尺调节区

动物生理学实验

将鼠标光标移动到标尺单位显示区,然后按下鼠标右键,将会弹出一个标尺单位选择快捷菜单(图3-26)。

标尺单位选择快捷菜单分为上、中、下3个部分,最上面的16个命令用于选择标尺类型;中间的"标尺设置"命令用于设置单位刻度的标尺大小;下面的3个命令用于光标测量时选择光标在波形上的位置。

④波形显示区

生物信号波形显示区是主界面中最重要的组成部分,实验人员观察到的所有生物信号波形及处理后的结果波形均显示在波形显示窗口中。实验时可以根据自己的需要在屏幕上显示1~16个波形显示窗口,也可以通过波形显示窗口之间的分隔条调节各个波形显示窗口的高度,但由于4/8个波形显示通道的面积之和始终相等,故当把其中一个显示窗口的高度调宽时,必然会导致其他显示窗口的高度变窄。当需还原时可在任一显示窗口上双击鼠标左键即可将所有通道的显示窗口恢复到初始大小。一个通道的波形显示窗口,包含有标尺基线、波形显示和背景标尺格线3个部分(图3-27)。

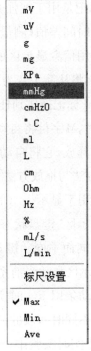

图3-26　标尺单位选择快捷菜单

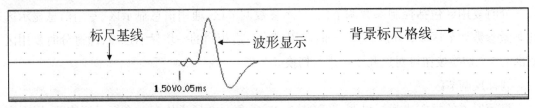

图3-27　TM-WAVE软件生物信号显示窗口

在通道显示窗口中还有一个快捷功能菜单可供选择。在信号窗口上单击鼠标右键时,TM-WAVE软件将会完成两项功能:一是结束所有正在进行的选择功能和测量功能,包括两点测量、区间测量、细胞放电数测量以及心肌细胞动作电位测量等;二是将弹出一个快捷功能菜单(图3-28)。在这个快捷功能菜单中包含的命令大部分与通道相关,若需要对某个通道进行操作,就直接在该通道的显示窗口上单击鼠标右键,选择快捷菜单上的相应操作项即可。比如对某个通道的波形进行信号反向或平滑滤波等操作。

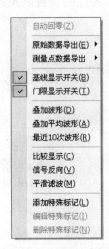

图3-28　信号显示窗口中的快捷菜单

⑤硬件参数调节区

硬件参数调节区在软件的右端,属于分时复用区的第一个界面(分时复用区包含5个可选择的界面,由其下方的按钮进行选择),可以根据需要调节的硬件参数获取最佳实验效果(图3-29)。

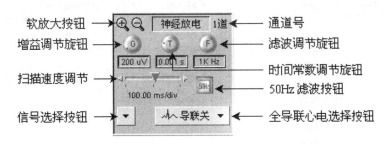

图3-29 硬件参数调节区

(a)增益调节旋钮:用于调节通道增益(放大倍数)挡位。调节方法是:在增益调节旋钮上单击鼠标左键将增大一挡该通道的增益,而单击鼠标右键则减小一挡该通道的增益。

(b)时间常数调节旋钮:用于调节时间常数的挡位。调节方法是:在时间常数调节旋钮上单击鼠标左键将减小一挡该通道的时间常数,而单击鼠标右键则增大一挡该通道的时间常数。当更改某一通道的时间常数值之后,时间常数调节旋钮下的时间常数显示区将显示时间常数的当前值。时间常数又叫高通滤波,每一个时间常数值对应于一个频率值,计算方法为:

频率=$1/(2\pi \times$时间常数$)$

假设时间常数为3 s,那么对应的频率=$1/(2\pi \times 3)$=0.053 Hz

(c)滤波调节旋钮:用于调节低通滤波的挡位。

(d)扫描速度调节器:其功能是改变通道显示波形的扫描速度,每个通道均可根据需要独立设置扫描速度。

(e)50 Hz滤波按钮:用于启动50 Hz抑制和关闭50 Hz抑制功能。50 Hz信号是交流电源中最常见的干扰信号,如果50 Hz干扰过大,会造成有效的生物机能信号被50 Hz干扰淹没,无法观察到正常的生物信号。此时,需要使用50 Hz滤波来削弱电源带来的50 Hz干扰信号。

(2)开始、暂停、结束实验

双击桌面上的BL-420系统软件图标可以进入到系统软件中。

在BL-420生物信号采集与处理系统软件中包含4种启动生物机能实验的方法(图3-30),分别是:

①选择"输入信号"→"通道号"→"信号种类"为相应通道设定相应的信号种类,然后从工具条中选择"开始"命令按钮▶;

②从"实验项目"菜单中选择自己需要的实验项目;

③选择工具条上的"打开上一次实验设置"按钮;

④通过TM-WAVE软件"文件"菜单中的"打开配置"命令启动波形采样。

动物生理学实验

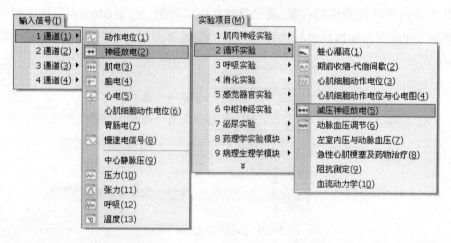

图3-30　信号输入和实验项目菜单

　　无论使用哪种方法启动BL-420生物机能实验系统工作,软件都将根据选择的信号种类或实验项目为每个实验通道设置相应的初始参数,包括实验通道的采样率、增益、时间常数、滤波、扫描速度等。该初始参数的设置是在基本的生理理论基础以及大量的生理实验基础上获得的,基本上能够满足实验者完成相应实验的要求。但实验生物机体本身存在着个体差异,因此,为了让实验者能够获得最佳的实验效果,在实验过程中仍然可以调节各个实验通道的实验参数,体会到该软件的灵活性和方便性。

　　如果想暂停一下波形观察与记录,只需从工具条上选择"暂停"命令按钮█即可。

　　当完成本次实验后,可以选择工具条上的"停止"按钮█,此时,软件将提示为本次实验得到的记录数据文件取一个名字以便于保存和以后使用,然后结束本次实验。此后,可以利用工具条上的"打开"按钮█重新打开这个文件进行分析(图3-31)。

　　从"文件"菜单中选择"退出"命令或者单击窗口左上角的"关闭"命令可以退出该软件。

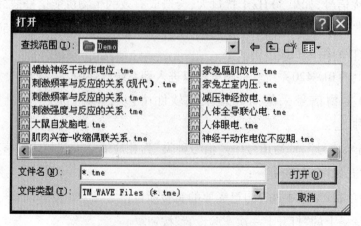

图3-31　数据打开对话框

（3）定标的原理和操作

定标是为了确定引入传感器的生物非电信号和该信号通过传感器后转换得到的电压信号之间的一个比值,通过该比值,我们就可以计算传感器引入的生物非电信号的真实大小。比如,为了测定血压,我们用标准水银血压计作为压力标准对血压传感器进行定标,假设我们从标准水银血压计读出的值为100 mmHg,通过血压传感器的转换从生物机能实验系统读出的值为10 mV,那么这个比值就是100 mmHg/10 mV=10 mmHg/mV。有了这个比值,以后我们就可以方便地根据从传感器得到的电压值计算实际血压值了。假如生物机能实验系统内部得到一个电压值为15 mV,15 mV×10 mmHg/mV=150 mmHg,这样我们就在生物机能实验系统中显示150 mmHg(图3-32)。

图3-32　定标对话框

选择"设置"菜单中的"定标"命令,可以完成定标。除了可以直接从输入信号中获取定标数值之外,还可以通过在"直接单位转换"中输入转换值的方法定标。

免定标传感器的原理是:定标值被预先贮存在计算机的配置文件中,该型号的不同传感器的一致性非常好,相同的测量值(比如mmHg)总是输出相同的电压值。

（4）刺激器的使用

首先使用软件右端底部(屏幕右下方)的分时复用区切换按钮选择刺激参数调节区,然后按照自己要求选择刺激参数并发出刺激即可(图3-33)。

← 切换到刺激参数调节区

图3-33　分时复用区切换按钮

刺激参数调节区由上至下分为3个部分,包括:基本信息、程控信息、波形编辑。选择相应参数对刺激器进行设置,然后按下"启动刺激"按钮发出刺激(图3-34)。

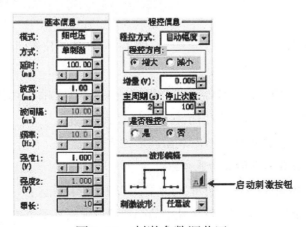
← 启动刺激按钮

图3-34　刺激参数调节区

(5)数据分析与测量

选择"数据处理"菜单,会弹出数据处理和测量的命令(图3-35)。

(6)其他功能

BL-420生物信号采集与处理软件功能强大,还有很多其他功能帮助用户更好地使用系统,比如实验报告的打印,即时帮助系统,与其他系统(Excel、Word等)进行数据交换,自定义实验模块等。

另外,BL-420F系统的专用数据分析也非常专业,比如动态心率的准确分析,心功能参数测量,血流动力学分析,血压分析,无创血压分析以及PS分析等。

(四)PcLab微机生物信号采集处理系统

1.系统特点

PcLab是国内较早与Windows兼容的生物信号采集处理系统。PcLab的硬件由NSA-Ⅳ数据采集卡、四道生物信号程控放大器、程控刺激器构成,其信号数据处理软件与Windows 9X兼容,并可共享Windows其他资源。

2.仪器面板

(1)通道输入接口　有四个物理通道,其排列如图3-36所示,从左至右分别是输入1、输入2、输入3、输入4,四个通道输入端子采用五芯航空插座。

图3-35　数据处理菜单

图3-36　PcLab仪器面板

(2)交/直流切换按钮　该型仪器为非全程控型仪器,其交/直流切换通过通道上的按钮进行,按钮压下为AC(交流)耦合,按钮抬起为DC(直流)耦合。

(3)刺激输出接口　输出刺激电压,刺激波形为方波。

3.PcLab应用软件窗口界面及功能介绍

PcLab软件窗口界面如图3-37所示,可划分为以下6个功能区:

(1)菜单条　显示顶层菜单项,选择其中的一项即可弹出其子菜单。

(2)工具条　工具条的位置处于菜单条的下方,提供仪器基本功能的快捷按钮。

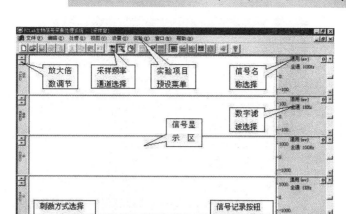

图3-37 PcLab软件窗口界面

（3）显示区 该区位于窗口中央，实验数据以波形的形式显示于该区域内。

（4）标尺及处理区 该区位于窗口右面，显示各通道对应信号量纲的标尺，鼠标点击"通用"按钮，弹出"信号实时和静态分析功能选项"菜单。"全通"为数字滤波功能选项。

（5）信号调节区 该区位于窗口左面，显示各通道号，上下三角键用于调节放大倍数。

（6）刺激器 程控刺激器的刺激参数设置和启动可在界面上直接操作。

4. 基本功能及使用

（1）仪器参数及设置

①仪器参数的快捷设置方法

通过调用仪器内置的实验项目或配置文件，就可进行实验，无需进行各项参数的设置。方法：在软件窗口界面的"实验"菜单中选择所需实验项目，或在"文件"菜单中选择"打开配置"菜单，选择实验项目配置文件，系统自动将仪器参数设置为该实验项目所要求的状态。

②仪器参数的通用设置方法

（a）通道选择 CH1的频带宽度为160 Hz～10 kHz，适合高频生物信号的输入，如神经放电。第2通道和第4通道的频带宽度为2 Hz～1 kHz，适合中频生物信号的输入，如神经动作电位。第3通道的频带宽度为0.1～100 Hz，适合低频生物信号，如心电图、脑电图。根据信号的频率范围，选择合适的通道。

（b）交/直流耦合 用输入接口上的AC/DC按钮选择，按钮抬起为DC（直流），按钮压下为AC（交流）。CH1时间常数约为0.001 s，第2、4通道时间常数约为0.08 s，第3通道时间常数约为1.6 s。生物电信号一般应采用AC耦合方式，高振幅并含有直流分量的生物信号，可采用DC耦合方式。一般应变式传感器（换能器）的信号输入应采用DC耦合方式。

（c）采样条件设置 在"设置"菜单中进入"采样条件设置"子菜单，即可打开"采样条件设置"窗口（图3-38）。

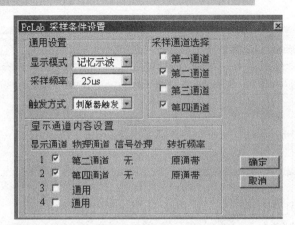

图3-38　PcLab采样条件设置窗口

采样通道选择　选择信号输入的通道（"√"），关闭不用的通道。注意：4通道用作刺激器波形显示通道（"R←S"按钮被压下）时外部信号无法输入。抬起"R←S"按钮，信号可输入。

显示模式　在下拉选项中选择"记忆示波"、"连续记录"、"慢扫描示波"。"记忆示波"显示模式，按"屏"显示和记录，每次显示一屏信号，一般用来显示记录频率高、持续时间短的信号。"连续记录"即连续不间断地显示记录信号。采用"记忆示波"显示模式，必须在"触发方式"下拉选项中选中"刺激器触发"。

采样频率　根据输入信号的最高频串选择采样频率（采样间隔），高频率生物电信号一般选择10～100 μs的采样间隔，低频率生物电信号一般选择0.5～2 ms，换能器的采样间隔可选择1～10 ms。

显示通道内容设置　该项设置主要是对信号进行数字滤波，设有"低通滤波"、"高通滤波"、"平滑滤波"。该型号仪器的数字滤波往往会使信号发生畸变，一般情况下不建议使用。

(d)信号名称选择　在采样条件设置完成后，根据输入信号的类型，在窗口界面右侧对应的通道点击"通用"标签，在弹出的菜单中选择信号类型（名称）。

(e)放大倍数设置　启动"记录"按钮后，视显示信号幅度，在软件窗口界面的左侧，用鼠标点击双三角键增减放大倍数。

(f)零点设置　若记录基线在直流耦合（换能器＞零载荷时）或交流耦合情况下偏离零位，需进行调零，使基线回到零位。采样停止后，在"设置"菜单中选择"零点设置"，在弹出的对话框中按"是"按钮，系统各通道基线全部归零。该功能为数字调零，调零幅度过大将影响信号的记录范围。

(2)信号记录

①信号记录控制按钮

信号记录控制按钮如图3-39所示，三个按钮的功能分别是：　　图3-39　记录控制按钮

(a)"开始"按钮　按压"开始"按钮，信号实时动态地显示在"信号显示记录区"内，此时系统按设定的参数记录信号，采集的数据自动储存在C:/program files/pcLab/datas/Temp file. add

文件中。Temp file. add为临时文件,只保留本次实验数据(系统重启并重新记录,Temp file. add文件被刷新,原数据被删除)。为保证数据不丢失,在关闭系统或进行新建文件操作前应将Temp file. add临时文件另存为其他文件名,否则下次采样时,Temp file. add文件中原数据将被新数据覆盖。在打开一个文件后点击"开始"按钮,数据同样向后接续。

(b)"停止"按钮 点击"停止"按钮,系统停止采集数据,并显示最后一屏数据。再次记录,数据在同一文件中储存。

(c)"观察"按钮 在系统采集数据时,如果需要保留当前显示段的数据,按下"观察"按钮,第1次按下"观察"按钮,系统自动将数据储存于Temp 000. add的临时文件,第2次按下"观察"按钮,数据储存于Temp 001. add文件,依此类推。停止记录后,应及时将这些临时文件更名,以防止被新的数据覆盖。

②同步触发记录

在"采样条件设置"中,显示模式设置为"记忆示波","触发方式"设置为"刺激器触发"时,此时记录观察信号需点击刺激器的"刺激"按钮,启动系统采集显示信号。

(3)刺激器功能及设置

PcLab的刺激器的刺激方式选择在软件窗口界面的左下角,点击"刺激方式选择"按钮,在弹出的"刺激方式选择"菜单选择刺激方式(图3-40),默认刺激方式为"主周期刺激"。刺激参数调节在窗口底部。

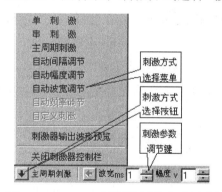

图3-40 PcLab刺激器刺激方式选择

(a)单刺激

功能 点击"刺激"按钮一次,刺激器发出一个刺激脉冲。

参数 "幅度"和"波宽"用来改变刺激强度和刺激持续数据,在"记忆示波"显示模式时,"延迟"用来调节扫描开始至刺激脉冲发出的时间间隔,即生物信号在屏幕X轴上的位置。

(b)串刺激

功能 每按"刺激"按钮一次,刺激器发出一串(数个至数百个)刺激脉冲。

参数 "幅度"和"波宽"的作用与"单刺激"相同。"时程"约为第一个脉冲至最后一个脉冲所持续的时间,"频率"为每秒钟发出脉冲的个数。串刺激的脉冲间隔(波间隔)相等。

(c)主周期刺激

功能 刺激器以一个时间段(主周期)为单位,按设定的参数输出序列脉冲。

参数 "幅度"、"波宽"、"延迟"的作用与"单刺激"相同。"主周期"即一个时间段。"脉冲数"是指一个周期内刺激器发出的脉冲个数,"间隔"是指脉冲波之间的时间间隔,"周期数"是指以主周期为单位序列脉冲的输出次数,如"主周期"=1s、"脉冲数"=3、"延迟"=5 ms、"间隔"=200 ms、"波宽"=1 ms、"幅度"=1 V、"周期数"=5,表示刺激器在1 s内发出强度为1 V、波宽为1 ms的3个脉冲,脉冲间隔为200 ms,第一个脉冲在开始刺激的第5 ms发出,如此重复5次。注:主周期 > 延时+(波宽+间隔)×脉冲数。

(d)自动间隔调节

功能　刺激脉冲的波间隔按设定增量自动增加或减小。

参数　"首间隔"是指刺激开始时,刺激脉冲波之间的时间间隔;"末间隔"是指刺激结束时,刺激脉冲波之间的时间间隔;"增量"为每个主周期内波间隔的增减量。其余参数与单刺激和主周期作用相同。注意:主周期 > 延时+(波宽+末间隔)×脉冲数。

(e)自动幅度调节

功能　刺激幅度按设定增量自动增加或减小。

参数　"初幅度"(首幅度)是指刺激开始时,刺激脉冲的幅度;"末幅度"是指刺激结束时,刺激脉冲的幅度;"增量"为每个主周期内刺激脉冲的幅度的增减量。其余参数与单刺激和主周期作用相同。注意:主周期 > 延时+(波宽+间隔)×脉冲数。

(f)自动波宽调节

功能　刺激波宽按设定增量自动增加或减小。

参数　"首波宽"是指刺激开始时,刺激脉冲波的宽度;"末波宽"是指刺激结束时,刺激脉冲波的宽度;"增量"为每个主周期内刺激脉冲波波宽的增减量。其余参数与单刺激和主周期作用相同。注意:主周期 > 延时+(波宽+间隔)×(主周期×脉冲数)。

(g)刺激器波形预览

刺激器参数设置完成后,用"输出波形预览"查看输出波形。

(4)数据分析测量

①分析测量设置

分析测量的默认设置　根据输入信号的类型,在窗口界面右侧对应的通道点击"通用"标签,在弹出的菜单(图3-41)中选择信号名称。

分析测量的选择性设置　在"设置"菜单的下拉菜单中选择"处理项目设置",在弹出的"名称选择和处理设置"对话框中选择信号名称和观察指标,关闭对话框。

②实时分析测量

按上述方法设置完数据分析测量,系统在记录信号的同时在窗口界面的右例标尺处理区实时显示对应通道信号的主要指标。

③静态分析测量工具及使用

PcLab分析测量工具如图3-42所示,功能和使用方法如下:

观察　用游动十字光标测量波形曲线上的X、Y值。按下"观察"快捷按钮,鼠标在采样窗移动,显示一个移动的十字光标线,十字光标线交点在信号曲线的待测量点稍停即出现当前的X、Y值。再次单击"观察"按钮,退出观察。

测量　提供4～12个基本参数。点击"测量"按钮,打开"测量窗"(图3-43)。"条目数"为测量参数的个数,"被测道"是指当前测量的通道。"条目数"和"被测道"选择完成后,用鼠标在对应通道的波形曲线上压下左键并拖动选中的一段波形曲线,鼠标拖动经过的一段曲线背景色变成蓝色,当鼠标左键拾起时,该段曲线的指标显示在测量窗中。测量窗参数如下:

时间　鼠标在数据拖动的起止时间。

幅度　被选波形曲线段右侧终止点的Y轴幅度。

间隔　被选波形曲线段时间长度。

峰峰　被选波形曲线段内Y轴的最大值和最小值之差。

最大　被选波形曲线段内Y轴最大幅值。

最小　被选波形曲线段内Y轴最小幅值。

增量　被选波形曲线段起止幅度值之差。

频率　以被选波形曲线段时间间隔为一个周期计算出的频率值。

平均　(起点幅度值–止点幅度值)/2。

有效值　被选波形曲线段起点幅度值与止点幅度值的均方根。

面积　被选波形曲线段下至零线的面积值。

心率　被选波形曲线段中按每分钟计算的波动数值。

处理结果入表　将"测量"的数据导出到"数据窗"中。按上述进行分析测量设置,在波形曲线上选取重要的波形,用鼠标点击"处理结果入表"工具按钮,数据导出到"数据窗",逐一选取需要的数据,每选取一次,点击一次"处理结果入表"工具按钮,数据按测量顺序导出到"数据窗"。点击"数据窗"快捷工具按钮进入"数据窗","数据窗"的表格已填入各项测量指标及依次进入的数据。点击"采样窗"按钮,可返回采样窗。

导出"数据窗"中的数据可选择点击"Excel"按钮,数据自动进入"Excel"电子表格。也可用"复制"、"粘贴"操作,将数据导出到Word等字处理文件中。

处理窗　在波形曲线上选取一段波形,点击"处理窗"按钮切换到"处理窗","处理窗"显示该段曲线及按信号名称给出主要指标。如要打印,可点击工具栏上的"打印"按钮即可。

 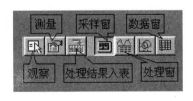 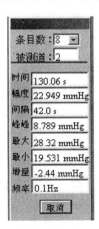

图3-41　信号名称　图3-42　PcLab分析测量工具　图3-43　测量窗

5. 标记

（1）标记字符输入

点击"窗口"菜单，选择"编辑实验标记"菜单中的实验类型，在弹出的"增减实验标记内容窗"中按实验标记顺序输入标记字符。信号记录开始，窗口界面底部的滚动条变为一个空白的输入框，可随时输入标记字符。

（2）标记

在信号记录过程中需要添加标记时，用鼠标单击"标记"按钮（PcLab的"标记"按钮在记录控制按钮"开始"的左侧），在窗口界面底部的时间标尺处按顺序打上一个标记号。

（3）标记显示与修改

信号记录停止，用鼠标左键点击"标记号"，标记显示框显示标记的时间和标记字符。若要修改标记内容，则先用鼠标左键双击标记，打开"实验标记编辑"窗，再单击"标记内容"进行修改。

6. 数据存取和输出

PcLab系统的数据以文件的形式储存于硬盘上，数据文件以扩展名.add保存，参数文件以扩展名.adc保存。文件的存取操作与Windows系统的文件操作相同。

（1）数据的存取

①新建　按当前参数建立一个新的波形数据文件，文件的扩展名为.add，同时清除采样窗中的波形数据。

②打开　在采样窗打开*.add数据文件，在数据窗打开处理结果（*.xls）数据文件。

③保存　以当前文件名保存波形数据或处理结果的波形数据。

④另存为　以自定义文件名保存波形数据或处理结果的波形数据。

（2）参数文件的存取

①保存配置　以扩展名为.adc的文件名保存当前的仪器参数（显示方式、采样间隔、刺激方式、通道、放大倍数、采样内容、定标值、刺激模式等）。该功能用于仪器参数的快捷设置。

②打开配置　仪器参数的快捷设置，打开参数配置文件（*.adc），系统进入实验所需参数设置状态。

③定制实验　设置并保持实验项目名称及相应的仪器参数，直接在实验菜单中调用。

④当前参数保存　系统自动将退出前的各种配置参数存于文件中，系统启动时自动调用前次实验的参数配置。

（3）数据的输出

①导出数据　将波形数据文件转换为二进制或ASCⅠ格式文件。

②数据打印

页设置　设置打印页面格式。

打印预览　在通道波形曲线上选取需要打印的波形（一个通道）或在时间标尺处，压下鼠标左键，从需要打印的波形曲线起点拖动至终点，选取所有当前全部通道的波形曲线。点击"打印预览"工具按钮,在弹出的"打印/预览设置窗"中设置需要打印的波形范围、打印波形和数据处理结果、拷贝数(在1张A4纸上打印相同波形的数量)、打印格式和效果。

③打印　打印波形曲线或相应的处理结果。

7. 数据编辑

PcLab系统的四个"数据编辑"工具位于工具栏(图3-44)。

图3-44　PcLab编辑工具

(1)编辑数据的选取　打开数据文件,在需要编辑的波形曲线起点压下鼠标左键并拖动至终点,选取需要编辑的数据段。按下键盘上的"Ctrl"键不放开,同时多次拖动目标可选中多段不同段的波形曲线。

(2)数据复制　选取需要编辑的数据段后,点击"复制"工具按钮,被选数据段被复制到剪贴板上。

(3)数据粘贴　在需要粘贴数据的起点用鼠标左键点击一下,点击"粘贴"工具按钮,复制的波形数据就粘贴到选定的位置。

(4)数据剪切　选取需要编辑的数据段后,点击"剪切"工具按钮,被选数据段从波形曲线上被删除。

(5)保留粘贴　按下键盘上的"Ctrl"键不放开,同时多次拖动鼠标选中不同段的波形曲线,选择完成后另存为其他文件名,被选取的波形曲线自动连接并以新数据文件显示。

(6)撤销　撤销前一次(只有一次)剪切或粘贴操作。

(伍莉、姚刚、刘亚东)

第二部分　动物生理学基本实验

第四章　神经和肌肉生理

实验一　蟾蜍坐骨神经-腓肠肌标本制备

【实验目的】

掌握蛙类单毁髓和双毁髓实验方法;掌握坐骨神经-腓肠肌标本的制备方法。

【实验原理】

室温下,两栖类动物的离体组织器官可以在一段时间内保持它们的机能,因此常被用作生理学研究的实验材料。坐骨神经-腓肠肌标本是从两栖类动物后肢取下的坐骨神经及其支配的腓肠肌所制成,用于研究神经冲动和终板信号的传导和传递特性,以及肌肉的收缩机能,是研究神经肌肉生理的最基本的实验材料之一。

【实验对象】

蛙或蟾蜍。

【实验药品】

任氏液。

【仪器与器械】

蛙类手术器械(手术剪、手术镊、手术刀、眼科剪、眼科镊),金属探针,普通剪刀,玻璃分针,解剖盘,蛙板,蛙固定钉,锌铜弓,培养皿,滴管,纱布,手术线。

【方法与步骤】

1. **破坏中枢神经系统**

左手握蟾蜍(可用纱布包住蟾蜍躯干部),背部向上。用食指按压其头部前端,拇指压住躯干的背部,使头向前俯;右手持金属探针,由两眼之间沿中线向后方划触,触及两耳后腺之间的凹陷处为枕骨大孔。将金属探针由凹陷处垂直刺入,即可进入枕骨大孔。然后将探针尖向前刺入颅腔,在颅腔内搅动,捣毁脑组织,如金属探针的确在颅腔内,可感觉到针触及颅骨,此时的动物为单毁髓动物(或使背部向下,沿两眼后部的连线将上颚剪去亦为单毁髓动物)。再将金属探针退出,针尖与脊柱平行刺入椎管,捣毁脊髓,彻底捣毁脊髓时,可看到蟾蜍后肢突然蹬直,然后瘫软,此时动物为双毁髓动物(图4-1)。若动物仍表现四肢肌肉紧张或活动自由,必须重新毁髓。操作过程中应注意使蟾蜍头部向外侧(不要挤压耳后腺),防止耳后腺分泌物射入实验者眼内(若被射入眼内,则立即用生理盐水冲洗眼睛)。

2. 制备后肢标本

将双毁髓的蟾蜍背面向上放入解剖盘中,左手持手术镊轻轻提起两前肢之间背部的皮肤,右手持手术剪横向剪开皮肤,暴露耳后腺后缘水平的脊柱。弃掉蟾蜍的内脏、腹部肌肉及皮肤,只剩下连有脊柱的两条后肢。将剥干净的标本放入盛有任氏液的培养皿中,清洗手及手术器械上的污物(图4-2)。

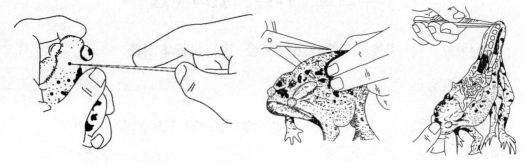

图4-1　破坏蟾蜍脑和脊髓　　　　图4-2　剪除躯干及内脏

3. 分离两后肢

将标本拿出来,置于蛙板上,用普通剪刀沿脊椎管的中央将其分为对称的两半,使两后肢完全分离。注意:操作要十分小心,切勿剪断坐骨神经,将分开的后肢,一只继续剥制标本,另一只放入盛有任氏液的培养皿中备用。

4. 分离坐骨神经

将一侧后肢的脊柱端腹面向上,趾端向外侧翻转,使其足底朝上,用蛙固定钉将标本固定在蛙板上。用玻璃分针沿股二头肌和半膜肌之间的裂缝找出坐骨神经(图4-3),再用玻璃分针轻轻挑起坐骨神经,剪去支配腓肠肌之外的分支,将坐骨神经分离至腘窝处(图4-4 A)。用普通剪刀剪去脊柱骨及肌肉,只保留坐骨神经发出部位的一小块脊柱骨。取下蛙固定钉,用手术镊轻轻提起脊柱骨的骨片,将神经搭在腓肠肌上。

5. 分离股骨头肌肉

左手捏住股骨,沿膝关节剪去股骨周围的肌肉,用手术刀自膝关节向前刮干净股骨上的肌肉,保留股骨的后2/3,剪断股骨。

6. 游离腓肠肌

用手术镊在腓肠肌跟腱下穿线,并结扎,提起结扎线,剪断肌腱与胫腓骨的联系,游离腓肠肌。剪去膝关节下部的后肢,保留腓肠肌与股骨的联系,制备完整的坐骨神经-腓肠肌标本。标本应包括以下4个部分:坐骨神经,腓肠肌,股骨头和一段脊柱(图4-4 B)。

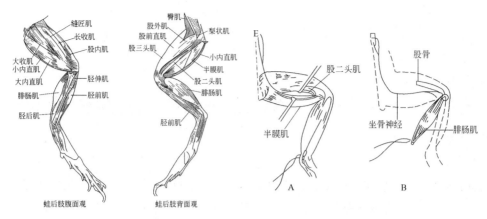

图4-3　蛙后肢肌肉　　　　图4-4　分离坐骨神经(A)和
　　　　　　　　　　　　　　　坐骨神经-腓肠肌标本(B)

7. 检验标本

用手术镊轻轻提起标本的脊柱骨片,用经任氏液湿润的锌铜弓两极接触坐骨神经,如腓肠肌发生收缩,则表示标本机能正常。轻轻将标本放入任氏液中(切勿使神经受牵拉),稳定15～20 min,即时进行实验。

【注意事项】

(1)在制备标本时,不能用金属器械触碰神经干。

(2)分离肌肉时,注意按肌肉层次进行分离;分离神经时,要把周围结缔组织剥离干净。

(3)制作标本时,要用滴管吸取任氏液润湿神经和肌肉,防止其干燥。

(4)制备标本的过程中,不能使动物的皮肤分泌物和血液等接触神经和肌肉,以免影响标本的活性。

【分析与讨论】

(1)剥去皮肤的后肢,能用自来水冲洗吗？为什么？

(2)金属器械碰压、触及或损伤神经及腓肠肌,可能引起哪些不良后果？

(3)如何保持标本的正常机能？

(帅学宏、郭庆勇)

实验二　刺激强度和刺激频率对肌肉收缩的影响

【实验目的】

分析肌肉单收缩过程；了解骨骼肌收缩的总和现象；观察不同刺激强度和频率的刺激引起肌肉收缩形式的改变。

【实验原理】

肌肉组织对于一个阈上强度的刺激发生一次迅速的收缩反应，称为单收缩，其收缩过程很短，可用生物信号采集处理系统和张力换能器进行记录。单收缩的过程可分为三个时期：潜伏期、收缩期和舒张期。两个同等强度的阈上刺激，相继作用于神经-肌肉标本神经干时，如果刺激间隔大于单收缩时程，肌肉则出现两个分离的单收缩；如果刺激间隔小于单收缩的时程，则出现两个收缩反应的重叠，称为收缩的总和。因为肌肉兴奋性的绝对不应期极短，在一定的时间范围内，两次刺激越靠近，综合收缩的力量越大，收缩曲线的波峰也越高。用同等强度的连续阈上刺激作用于标本时，出现多个收缩反应的融合，称为强直收缩；后一个收缩发生在前一个收缩的舒张期时，出现锯齿形曲线，称为不完全强直收缩；后一个收缩发生在前一个收缩的收缩期末期，收缩完全融合，肌肉处于持续的收缩状态，称为完全强直收缩。发生完全强直收缩时的最小刺激频率称为临界融合频率。

【实验对象】

蟾蜍或蛙。

【实验药品】

任氏液。

【仪器与器械】

蛙类手术器械，肌槽，计算机生物信号采集处理系统，张力换能器，培养皿，滴管，蛙板，玻璃分针等。

【方法与步骤】

1. 实验准备

制备坐骨神经-腓肠肌标本（见实验一），放置任氏液中备用。准备好计算机生物信号采集处理系统，将张力换能器固定于铁架台上，将导线连接在计算机生物信号采集处理系统上。将坐骨神经-腓肠肌标本股骨残端插入肌槽固定孔内，神经搭在肌槽的刺激电极上。将计算机生物信号采集处理系统刺激器的输出与肌槽刺激电极相连，腓肠肌肌腱上的线与张力换能器的金属片相连，线的位置应与水平面垂直，同时松紧适当（图4-5）。

2. 实验项目

（1）刺激强度与肌肉收缩的关系

在计算机生物信号采集处理系统中选择张力模板，刺激方式为单刺激；幅度范围为0~5 V；

幅度大小为0.01 V;波宽为10 ms;延时为0 ms。逐步向上调节幅度大小,观察刺激强度与收缩之间有何关系,找到使腓肠肌收缩最大时的刺激强度,此刺激为最适宜刺激(图4-6)。

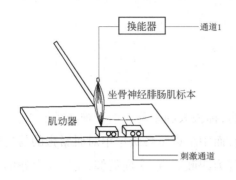

图4-5　实验安装

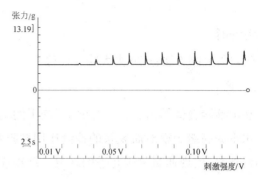

图4-6　刺激强度与肌肉收缩张力之间的关系

(2)刺激频率与肌肉收缩的关系

①收缩总和　将刺激方式改为周期刺激,主周期为500 ms,幅度大小为最适宜刺激强度,脉冲数为2,周期个数为1,间隔从200 ms开始以20 ms为单位递减,直到50 ms左右,观察收缩曲线有何变化。

②强直收缩　将刺激方式改为周期刺激(或"串刺激"),主周期为1000 ms,幅度大小为最适宜刺激强度,脉冲个数从5到20递增,每增加一个脉冲个数,刺激一次,观察收缩曲线有何变化。

【注意事项】

(1)经常向标本滴加任氏液,保持标本湿润。

(2)标本和张力换能器之间的丝线的紧张度要适当。

(3)刺激之后必须让标本休息一段时间(0.5~1 min)。

(4)实验过程中标本的兴奋性会发生改变,因此必须抓紧时间进行实验。

【分析与讨论】

(1)引起组织兴奋的刺激必须具备哪些条件?

(2)单收缩过程中的潜伏期包括哪些生理过程?

(3)何为临界融合刺激频率?

(4)何谓阈下刺激、阈刺激、阈上刺激和最适刺激?

(5)实验过程中标本的阈值是否会改变?为什么?

(帅学宏)

实验三　去大脑僵直

【实验目的】

学习去大脑方法;观察去大脑僵直现象。

【实验原理】

在中脑四叠体的前、后丘之间切断脑干的动物,称去大脑动物。由于神经系统内,中脑以上水平的高级中枢对肌紧张的抑制作用被阻断,而中脑以下各级中枢对肌紧张的易化作用相对加强,出现伸肌紧张亢进的现象。动物表现为四肢僵直,头向后仰,尾巴向上翘的角弓反张状态,称为去大脑僵直。

【实验对象】

家兔或猫。

【实验药品】

生理盐水,20%氨基甲酸乙酯。

【仪器与器械】

常用手术器械,骨钻,咬骨钳,止血钳,剪毛剪,竹片刀,兔手术台,棉球,棉线。

【方法与步骤】

1. 动物麻醉

将家兔耳缘静脉注射20%氨基甲酸乙酯(1 g/kg体重)。

2. 背位固定,分离两侧颈总动脉并结扎

颈总动脉位于气管外侧,腹面被胸骨舌骨肌和胸骨甲状肌覆盖。分离时,可用左手拇指和食指捏住已分离的气管一侧的胸骨肌,再稍向外翻,即可将颈总动脉及神经束翻于食指上。用玻璃解剖针轻轻分离动脉外侧的结缔组织,便可将颈总动脉分离出来,穿线结扎。注意:颈总动脉与颈部神经被结缔组织包绕在一起,形成血管神经束。神经束内有3条粗细不同的神经,迷走神经最粗,呈白色,位于外侧;交感神经稍细,呈灰色,位于内侧;减压神经最细,位于迷走神经与交感神经之间。

3. 将家兔改为腹位固定,开颅,暴露大脑半球

用剪毛剪将头顶部被毛剪去,再用手术刀由眉间至枕骨部纵向切开皮肤,沿中线切开骨膜。用刀柄自切口处向两侧刮开骨膜,暴露额骨及顶骨。用骨钻在一侧的顶骨上开孔(勿伤及脑组织),将咬骨钳小心伸入孔内,自孔处向四周咬骨以扩展创口。向前开至额骨前部,向后开至顶骨后部及人字缝之前,暴露双侧大脑半球。

4. 在中脑四叠体之间离断脑干

松开家兔四肢,左手托起动物下颌,右手用竹片刀轻轻拨起大脑半球后缘,看清四叠体的部位,在上、下丘之间垂直略向上斜插入竹片刀,切断神经联系(如果部位正确,动物突然挣扎,此时切勿松手,应继续使竹片刀切至颅底)。

5.将动物侧位置于手术台上,数分钟后出现去大脑僵直现象。

【注意事项】

竹片刀刺入脑干时,勿使其向后损伤延髓。

【分析与讨论】

(1)去大脑僵直发生的机理是什么?

(2)记录你所观察到的去大脑僵直现象。

（帅学宏）

实验四　神经干复合动作电位及其传导速度的测定

【实验目的】

初步熟悉电生理仪器的使用方法；了解蛙类坐骨神经干的单相、双相动作电位的记录方法，并能判别、分析神经干动作电位的基本波形、测量其潜伏期、幅值以及时程；理解兴奋传导的概念；掌握神经动作电位传导速度测定和计算的方法以及低温对神经冲动传导速度的影响。

【实验原理】

神经干动作电位是神经兴奋的客观表现。动作电位一经产生，即可向外周传播，即为神经冲动。神经干兴奋部位的膜外电位负于静息部位，二者之间出现一个电位差；当神经冲动通过后，兴奋处的膜外电位又恢复到静息水平，神经干兴奋过程所发生的这种电位变化称神经干动作电位。如果将两个引导电极置于正常完整的神经干表面，当神经干的一端兴奋之后，兴奋波会先后通过两个引导电极（r_1、r_1'，图4-7），可记录到两个相反方向的电位偏转波形，称为双相动作电位。如果两个引导电极之间的神经组织有损伤，兴奋波只能通过一个引导电极，不能传导至第二个引导电极，则只能记录到一个方向的电位偏转波形，称为单相动作电位。

坐骨神经干包括多种类型的神经纤维成分，因此记录到的动作电位是它们电位变化的总和，因此神经干动作电位是一种复合动作电位。由于各类神经纤维的兴奋阈值各不相同，所以记录到的动作电位幅值在一定范围内可随刺激强度的变化而改变，这一点不同于单根神经纤维的动作电位。动作电位在神经纤维上的传导有一定的速度，不同类型的神经纤维动作电位传导速度各不相同。蛙类坐骨神经干中以Aα类纤维为主，传导速度（V）为35～40 m/s。测定神经冲动在神经干上传导的距离（d）与通过这段距离所需的时间（t），然后根据$V=d/t$可求出神经冲动的传导速度。在实际测量中，常用两个通道同时记录由两对引导电极记录下的动作电位来计算动作电位传导速度较为精确。先分别测量从刺激伪迹到两个动作电位起始点的时间，设上线为t_1，下线为t_2，求出t_2～t_1的时间差值（或可直接测量两个动作电位起点的间隔时间）；然后再测量标本屏蔽盒中两对引导电极起始电极之间的距离d（图4-7中对应的r_1到r_2的间距），则神经冲动的传导速度$V=d/(t_2-t_1)$。

【实验对象】

蛙或蟾蜍。

【实验药品】

任氏液。

【仪器与器械】

神经标本屏蔽盒，电子刺激器，计算机生物信号采集处理系统，普通剪刀，手术剪，眼科镊(或尖头无齿镊),金属探针(解剖针),玻璃分针,蛙板(或玻璃板),蛙钉,细线,培养皿,滴管,双凹夹,滤纸片,带电极的接线若干。

【方法与步骤】

1. **坐骨神经标本制备**

制作方法基本同坐骨神经-腓肠肌标本的制备(见实验一),但无需保留股骨和腓肠肌,坐骨神经干要求尽可能长些。在脊椎附近将神经主干结扎、剪断,提起线头剪去神经干的所有分支和结缔组织,到达腘窝后,可继续分离出腓神经或胫神经,在靠近趾部剪断神经。将制备好的神经标本浸泡在任氏液中数分钟,待其兴奋性稳定后开始实验。

2. **仪器及标本的连接**

(1)用浸有任氏液的棉球擦拭神经标本屏蔽盒上的电极,标本盒内放置一块湿润的滤纸片,以防标本干燥。用滤纸片吸去标本上过多的任氏液,将其平搭在屏蔽盒的刺激电极、接地电极和引导电极上,并且使其近中端置于刺激电极上,远中端置于引导电极上。

(2)按照图4-7连接仪器。两对记录电极分别连接到CH1、CH2通道,刺激电极连接到刺激输出。打开计算机,启动生物信号采集处理系统。

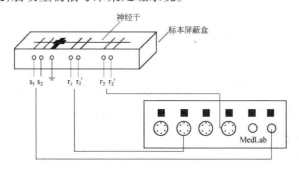

图4-7　观察神经干动作电位及测定神经冲动传导速度的装置图

3. **观察和测定双相动作电位**

(1)调节刺激强度,观察动作电位波形的变化。读出波宽为某一数值时的阈刺激和最大刺激。

(2)仔细观察双相动作电位的波形(图4-8)。读出最大刺激时双相动作电位上下相的振幅和整个动作电位持续时间数值。

(3)将神经干标本放置的方向倒换后,双相动作电位的波形有无变化?

(4)将两根引导电极r₁,r₁′的位置调换,动作电位波形有何变化?

4. **观察单相动作电位**

用镊子将两个引导电极r₁,r₁′之间的神经夹伤,

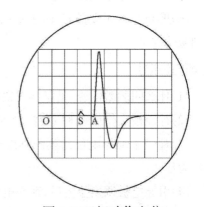

图4-8 双相动作电位

O.触发扫描开始;S.刺激伪迹;OS.从触发到刺激伪迹间的延迟;A.动作电位

或用一小块浸有3 mol/L KCl溶液的滤纸片贴在第二个引导电极(r_1')处的神经干上,再刺激时呈现的即是单相动作电位。读出最大刺激时单相动作电位的振幅值和整个动作电位持续的时间数值。

5. 动作电位传导速度的测定

换一根坐骨神经,按步骤2(1)搭放在神经标本屏蔽盒的电极上。进入"神经干动作电位传导速度"模拟实验菜单,或在显示方式菜单中选择"比较显示方式"(则可在一个通道内显示两个通道的图形)。给予神经干最大刺激强度,可在两个通道中观察到先后形成的两个双相动作电位波形。

(1)分别测量从刺激伪迹到两个动作电位起始点的时间,设上线为t_1,下线为t_2(或可直接测量两个动作电位起点的间隔时间),求出$t_2 \sim t_1$的时间差值。

(2)测量标本屏蔽盒中两对引导电极相应的电极之间的距离d(即测定$r_1 \sim r_2$的间距)。

(3)将神经干标本置于4 ℃的任氏液中浸泡5 min后,再测定神经冲动的传导速度。

6. 实验结果

(1)分别计算正常的神经干和低温浸泡后的神经干上动作电位传导速度:

$$V = d/(t_2 - t_1)$$

(2)对全部各组的实验结果加以统计,用平均值±标准差表示。

【注意事项】

(1)各仪器应妥善接地,仪器之间、标本与电极之间应接触良好。

(2)制备标本时,神经纤维应尽可能长一些,将附着于神经干上的结缔组织膜及血管清除干净,但不能损伤神经干。

(3)经常滴加任氏液,保持神经标本湿润,但要用滤纸片吸去神经干上过多的任氏液。

(4)神经干不能与标本盒壁相接触,也不要把神经干两端折叠放置在电极上,以免影响动作电位的波形。

(5)测定动作电位传导速度时,两对引导电极间的距离应尽可能大。

(6)屏蔽盒内不要放过多的任氏液,以免电解质在刺激电极与记录电极之间形成短路,使刺激伪迹过大。

【分析与讨论】

(1)什么叫刺激伪迹,是怎样发生的? 怎样鉴别刺激伪迹和神经干动作电位?

(2)神经被夹伤或经KCl溶液处理后,动作电位的第二相为何消失?

(3)神经干动作电位与刺激强度有何关系? 它与神经动作电位的"全或无"特性有矛盾吗? 为什么?

(4)引导电极调换位置后,动作电位波形有无变化? 为什么?

(5)根据结果推断蛙的坐骨神经干中的神经纤维主要属于哪种类型?

(6)将神经干标本置于4 ℃的任氏液中浸泡后,神经冲动的传导速度有何改变? 为什么?

(帅学宏)

实验五 脊髓反射的基本特征与反射弧分析

【实验目的】

通过对脊蛙或蟾蜍的屈肌反射的分析,探讨反射弧的完整性与反射活动的关系;学习掌握反射时的测定方法,了解刺激强度和反射时的关系;以蛙或蟾蜍的屈肌反射为指标,观察脊髓反射中枢活动的某些基本特征,并分析它们可能产生的神经机制。

【实验原理】

在中枢神经系统的参与下,机体对刺激所产生的适应性反应过程称为反射。较简单的反射只需通过中枢神经系统较低级的部位就能完成。将动物的高级中枢切除,仅保留脊髓的动物称为脊动物,此时动物产生的各种反射活动为单纯的脊髓反射。由于脊髓已失去了高级中枢的正常调控,所以反射活动比较简单,便于观察和分析反射过程的某些特征。

反射活动的结构基础是反射弧。典型的反射弧由感受器、传入神经、神经中枢、传出神经和效应器5个部分组成。引起反射的首要条件是反射弧必须保持完整性。反射弧任何一个环节的解剖结构或生理完整性一旦受到破坏,反射活动就无法实现。

完成一个反射所需要的时间称为反射时。反射时除与刺激强度有关外,它的长短还与反射弧在中枢交换神经元的多少及有无中枢抑制存在有关。由于中间神经元连接的方式不同,反射活动的范围和持续时间、反射形成难易程度都不一样。

【实验对象】

蟾蜍或蛙。

【实验药品】

1 %及0.5 % H_2SO_4 溶液,1 %可卡因或2 %普鲁卡因溶液。

【仪器与器械】

蛙类手术器械,铁架台,蛙嘴夹,蛙板,金属探针,小烧杯,小玻璃皿,滤纸,棉花,秒表,纱布,普通剪刀。

【方法与步骤】

1. 标本制备

取一只蛙或蟾蜍,用普通剪刀由两侧口裂剪去上方头颅,制成脊蛙或蟾蜍。将动物俯卧位固定在蛙板上,于右侧大腿背部纵行剪开皮肤,在股二头肌和半膜肌之间的沟内找到坐骨神经干,在神经干下穿一条细线备用。将脊蛙或蟾蜍悬挂在铁支柱上(图4-9)。

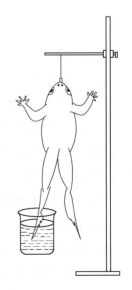

图4-9 脊髓反射实验装置

2. 实验项目

(1)脊髓反射的基本特征

①屈肌和对侧伸肌反射　将蛙或蟾蜍的一侧后趾浸入盛有0.5％H₂SO₄溶液的培养皿中,该后肢可发生屈肌反射,而未刺激的另一后肢则发生伸肌反射(待出现反应后,迅速用盛有清水的烧杯,将被H₂SO₄刺激的后肢放入清洗)。

②搔扒反射　以浸有0.5％H₂SO₄溶液的小滤纸片贴于蛙或蟾蜍的一侧腹部,可见其同侧后肢抬起,向受刺激的部位搔扒。若用手扯住该后肢,则蛙或蟾蜍会用另一侧后肢向刺激部位搔扒。

③反射时的测定　分别用0.5％H₂SO₄溶液和1％H₂SO₄溶液刺激一侧脚趾,重复三次,求其反射时的平均值。注意每次浸入脚趾的深度应相同,相邻两次实验间隔至少要2～3 s。比较刺激强度与反射时有何关系?

④反射作用的抑制　先用小镊子夹住蛙或蟾蜍大腿根部的皮肤或一侧前肢,待其不动后,再将后肢浸在0.5％H₂SO₄溶液中,重复3次,求出0.5％H₂SO₄的反射时平均值,与前一项实验相比较,观察反射时是否延长。

⑤反射过程的扩散　用镊子轻轻夹住蛙或蟾蜍左趾时,仅有左趾动;力量加强时,左右两趾均动;力量更强时,全身都动。

⑥时间总和　用单个阈下刺激作用于蛙或蟾蜍后肢,不产生屈肌反射活动;采用同样的刺激强度,连续多次刺激,观察是否产生屈肌反射活动。

⑦空间总和　以同样的强度同时刺激后肢相邻的两处皮肤(距离不超过0.5 cm),观察是否产生屈肌反射活动。

⑧后作用　当蛙或蟾蜍的后肢受到阈上电刺激后,引起屈肌反射活动,观察当刺激停止后,反射活动是否立即停止。

(2)反射弧分析

①分别将左右后肢趾尖浸入盛有1％H₂SO₄的玻璃平皿内(深入的范围一致),双后肢是否都有反应? 刺激后,将动物浸于盛有清水的烧杯内洗掉滤纸片和硫酸,用纱布擦干皮肤。

②在左后肢趾关节上做一个环形皮肤切口,将切口以下的皮肤全部剥除(趾尖皮肤一定要剥除干净),再用1％H₂SO₄溶液浸泡该趾尖,观察该侧后肢的反应。刺激后,将动物浸于盛有清水的烧杯内洗掉滤纸片和硫酸,用纱布擦干皮肤。

③将浸有1％H₂SO₄溶液的小滤纸片贴在蛙的左后肢的皮肤上,观察该后肢有何反应? 待出现反应后,将动物浸于盛有清水的烧杯内洗掉滤纸片和硫酸,用纱布擦干皮肤。

④提起穿在右侧坐骨神经下的细线,剪断坐骨神经,用连续阈上刺激,刺激右后肢脚趾,观察有无反应。

⑤分别以连续刺激,刺激右侧坐骨神经的中枢端和外周端,观察该后肢的反应。

⑥以探针捣毁蛙或蟾蜍的脊髓后再重复上述步骤,观察有何反应。

【注意事项】

(1)制备脊蛙或蟾蜍时,颅脑离断的部位要适当,太高因保留部分脑组织而可能出现自主活动,太低又可能影响反射的产生。

(2)每次实验时,要使皮肤接触硫酸溶液的面积不变,以保持相同刺激面积(强度)。

(3)每次刺激后一定要用清水清洗脚趾并擦干,以保护皮肤并防止冲淡溶液。

(4)操作要迅速、简洁,及时记录结果。

【分析与讨论】

(1)根据实验结果,分析刺激强度与反射时的关系。

(2)分析产生后放现象的可能的神经回路。

(3)根据实验结果,说明反射弧的几个组成部分及其所起的作用。

(4)右侧坐骨神经被剪断后,动物的反射活动发生了什么变化? 这是损伤了反射弧的哪一部分?

(5)剥去趾关节以下皮肤后,不再出现原有的反射活动,为什么?

(帅学宏、姚刚)

实验六　鱼类条件反射的建立

【实验目的】

学习建立鱼类条件反射的实验方法;观察鱼类条件反射活动的特点;了解条件反射在鱼类生活中的生物学意义。

【实验原理】

鱼类是低等脊椎动物,脑是建立条件反射的中枢。无关刺激的灯光与非条件刺激的食物先后作用于鱼,并重复结合多次后,脑中相应的两个兴奋灶建立起暂时性联系,无关刺激的灯光成为食物的信号——条件刺激,当此条件出现时,鱼类表现出相应的条件反射活动。

【实验对象】

金鱼、鲤鱼或金鲫鱼。

【仪器与器材】

鱼类条件反射实验箱(70 cm×40 cm×50 cm),红色和绿色灯泡各一盏(40 W 或 25 W)、滑车杠杆,秒表,丝线,食饵等。

【方法与步骤】

1. 实验准备

鱼类条件反射实验箱,在距侧壁 25 cm 处,设一横隔板(板上有直径 6～7 cm 的圆洞),把此箱分为左右两个部分。在长 25 cm 的左侧箱内设有灯泡,滑车杠杆和带有金属小夹的线,箱内盛装 14 ℃～16 ℃ 自来水(图 4-10)。

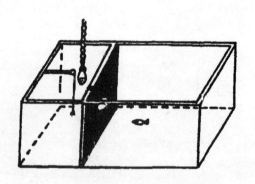

图 4-10　鱼类条件反射实验箱

2. 实验项目

(1)条件反射的建立

鱼类条件反射实验箱安置后,将鱼从鱼缸中移到实验箱内,停留 40～60 min,熟悉环境后进行实验。实验开始时,先给红光或绿光刺激,鱼对此光刺激无明显反应,证明此光刺激是无关刺激。然后打开靠近圆洞左侧的红灯,红光刺激7~10 s,通过吊在滑车上的带金属的小夹的垂直线与食饵(水丝蚓)强化,每天上午与下午各训练一次,以红光出现时鱼能主动通过隔板的圆洞游向食饵处作为条件反射的形成标志。

(2)条件反射的消退

条件反射形成后,条件刺激物——红光刺激时,不给食饵强化,每月进行4次消退实验,每次间隔2 h,记录条件反射消退实验次数。

(3)条件反射的分化

鱼对红光形成食物性条件反射后,再进行条件反射分化实验。红光出现时,给予食饵强化,绿光出现时不给食物强化,二者交替对比进行实验,每月进行4次分化实验,每次间隔2 h,绿光出现鱼不游过隔板圆洞摄食作为分化抑制形成的指标,记录条件反射分化抑制形成的次数。

3. 实验结果

金鲫鱼在红光与食饵结合14~22次时,便能形成食物运动条件反射。群体金鲫鱼食物运动条件反射形成的次数为7~12次。野生鲫鱼的食物运动条件反射建立较慢,食物强化23~31次时才出现条件反射。群体金鲫鱼形成条件反射的速度较快,没有经过饲养的鲫鱼的条件反射建立较慢,这与鱼类的习惯和生活环境有关。

经过9~15次消退实验后,食物运动条件反射开始消退,鱼游向隔板,但不游过圆洞。消退快慢与消退实验的间隔有关,每次消退的实验间隔短,条件反射消退就快。条件反射分化抑制实验后,绿光出现时,鱼不游过隔板圆洞,而红光出现时,鱼游过隔板的圆洞,说明,鱼对红光与绿光有分化能力。

【注意事项】

(1)必须将条件刺激与非条件刺激结合使用,没有非条件反射,条件反射不能形成。

(2)条件刺激作用应稍早于非条件刺激的作用,否则,条件反射很难形成,即使形成也不易巩固。

(3)必须正确掌握刺激的强度,只有当条件刺激的生理强度弱于非条件刺激的强度时,才能建立起条件反射。

(4)建立良好的条件反射,必须使动物的大脑皮层处于清醒和不受其他刺激所干扰的状态。

【分析与讨论】

结合实验现象,分析条件反射形成的过程和建立的条件。

(伍莉、陈鹏飞)

第五章　血液生理

实验七　血液组成和红细胞比容的测定

【实验目的】

了解血液组成;区别血浆、血清及血细胞;学习和掌握红细胞比容的测定方法。

【实验原理】

血液由血细胞和血浆组成。加抗凝剂使血液成为抗凝血,静置或经过离心,可将血细胞和血浆分离。上面无色(或淡黄色)透明的液体是血浆,中间很薄一层为灰白色,即白细胞和血小板(或栓细胞),下层为暗红色的红细胞,彼此压紧而不改变细胞的正常形态。若不加抗凝剂任其血液从血管流入某容器自然凝固则析出血清。根据红细胞柱及全血高度,可计算出红细胞在全血中的容积比值,即红细胞比容(压积)(图5-1)。

【实验对象】

家兔或其他动物。

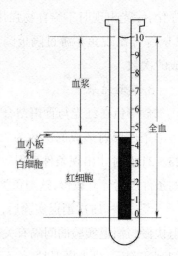

图5-1 血液各成分的比容

【实验药品】

草酸盐抗凝剂的配制:草酸铵1.2 g(能与Ca^{2+}结合但可使红细胞略膨大)和草酸钾0.8 g(能与Ca^{2+}结合但可使红细胞略缩小,二者合用,可以保持红细胞体积),加蒸馏水100 mL,每0.1 mL草酸盐抗凝剂可使1 mL血液不凝。

10 g/L肝素,橡皮泥或半熔化状态石蜡,75 % 乙醇等。

【仪器与器械】

毛细玻璃管(内径1.8 mm,长75 mm)或温氏分血管,水平式高速毛细管离心机(或普通离心机),天平,注射器,长针头,刻度尺(精确到mm),玻璃棒,酒精灯,干棉球等。

【方法与步骤】

1. 微量毛细管比容法

(1)以抗凝剂湿润毛细管内壁后吹出,让壁内自然风干或于60 ℃～80 ℃干燥箱内干燥后待用。

(2)取血　采用心脏穿刺法(或颈动脉)抽取家兔血液(其他动物采用末梢取血)。将毛细管的一端水平接触血滴,利用虹吸现象使血液进入毛细管的2/3(约50 mm)处,应避免产生气泡。

(3)离心　用酒精灯溶封或橡皮泥、石蜡封堵其未吸血端,然后封端向外放入专用的水平式毛细管离心机,以 12000 r/min 的速度离心 5 min。届时用刻度尺分别量出红细胞柱和全血柱高度(单位:mm),计算其比值,即得出红细胞比容。

2. 温氏分血管比容法

(1)取大试管和温氏分血管各一支,用抗凝剂处理后烘干备用。

(2)取血　采用心脏穿刺法(或颈动脉)抽取家兔血液,将血液沿大试管壁缓慢放入管内,用涂有凡士林的拇指堵住试管口,缓慢颠倒试管 2~3 次,让血液与抗凝剂充分混匀(但不能使血细胞破碎),制成抗凝血。用带有长注射针头的注射器,取抗凝血 2 mL 将其插入分血管的底部,缓慢放入,边放边抽出注射针头,使血液精确到 10 cm 刻度处,应避免产生气泡。

(3)离心　将分血管以 3000 r/min 的速度离心 30 min,取出分血管,读取红细胞柱的高度,再以同样的转速离心 5 min,再读取红细胞柱的高度,如果记录相同,该读数的 1/10 即为红细胞比容(红细胞压积值)。观察分血管的血液,其上层为血浆,下层为红细胞,中间白色薄层为白细胞和血小板。

3. 析出血清

取新鲜血加入试管中,静置数分钟,则可见到有血凝块产生,周围有清亮的血清析出。为加速此过程,可先离心几分钟或略加温。

4. 获取纤维蛋白

取新鲜血放入小烧杯中,立即用带有开叉橡皮管的玻璃棒搅动数分钟,可见到开叉的橡皮管上有许多丝状物缠绕,即为纤维蛋白。用自来水冲洗,可见上面缠绕着的白色的有韧性的纤维蛋白。全血脱纤维蛋白后,所剩血液不再凝固。

【注意事项】

(1)选择抗凝剂必须考虑到不能使红细胞变形、溶解。草酸钾使红细胞皱缩,而草酸铵使红细胞膨胀,二者配合使用可互相缓解。鱼类多用肝素抗凝。

(2)血液与抗凝剂混合、注血时应避免动作剧烈引起红细胞破裂。

(3)用抗凝剂湿润的毛细玻璃管(或温氏分血管)内壁要充分干燥;血液进入毛细管内的刻度读数要精确,其血柱中不得有气泡。

【分析与讨论】

(1)根据实验结果,分析实验动物的红细胞比容明显增加或降低的原因。

(2)测定红细胞比容时,常出现的误差来源是什么? 误差倾向于增加还是减少?

(3)测定红细胞比容的实际意义是什么?

(陈吉轩,程美玲)

实验八　红细胞沉降率(血沉)的测定

【实验目的】

了解红细胞沉降率的意义;学习和掌握测定红细胞沉降率的方法。

【实验原理】

红细胞在循环血液中具有悬浮稳定性,但在血沉管中,会因重力逐渐下沉。通常将加有抗凝剂的血液吸入血沉管内,置于血沉架上,以第1 h末红细胞下降的距离,作为沉降率的指标,简称为血沉。血浆中的某些特性能改变红细胞的沉降率,因此血沉可作为某些疾病检测的指标之一。

【实验对象】

家兔或其他动物。

【实验药品】

109 mmol/L柠檬酸钠[柠檬酸钠($Na_3C_6H_5O_7 \cdot 2H_2O$)32 g,溶于1000 mL蒸馏水中],75 % 乙醇,碘酒棉球等。

【仪器与器械】

血沉管(根据动物可采取的血量选择不同长度的血沉管),血沉架,试管,1 mL移液管,注射器及针头,带盖的小瓶(或表面皿),干棉球,洗耳球。

【方法与步骤】

1. 取血

用预先加有109 mmol/L柠檬酸钠0.4 mL的注射器采兔心血或静脉取血1.6 mL(鱼类采用断尾取血),混匀。

2. 吸血

将混匀的抗凝血吸入血沉管中至刻度"0"处,不能有气泡混入,擦去血沉管尖端外周的血液并将血沉管直立于血沉架上(放血沉架的桌面一定要平稳)。

3. 观察结果

1 h结束后,准确读出红细胞下沉后暴露出的血浆段高度,即为红细胞沉降率。

【注意事项】

(1)血沉管应垂直竖立,不能稍有倾斜、气泡和漏血。

(2)沉降率与温度有关,在一定范围内温度愈高,红细胞沉降愈快,所以实验应在20 ℃～22 ℃室温下进行,并在采血后2 h内完成。

(3)血沉管必须清洁、干燥。

(4)抗凝剂的容积比规定为4:1,抗凝剂应新鲜配制。

(5)若红细胞上端成斜坡形或尖峰形时,应选择斜坡部分的中间部位计算。

【分析与讨论】

(1)根据实验结果,分析实验过程中哪些环节操作不规范会影响红细胞沉降率?

(2)在什么情况下,动物血液的沉降率将升高?

(3)为什么温度的高低会影响血液的沉降率?

(陈吉轩,程美玲)

实验九 红细胞渗透脆性的测定

【实验目的】

学习测定红细胞渗透脆性的方法;理解细胞外液渗透张力对维持细胞正常形态与功能的重要性。

【实验原理】

正常红细胞悬浮于等渗的血浆中,若置于高渗溶液内,则红细胞会因失水而皱缩;反之,则水进入红细胞,使红细胞膨胀。如环境渗透压继续下降,红细胞会因继续膨胀而破裂,释放血红蛋白,称之为溶血。红细胞膜对低渗溶液具有一定的抵抗力,这一特征称为红细胞的渗透脆性。红细胞膜对低渗溶液的抵抗力越大,红细胞在低渗溶液中越不容易发生溶血,即红细胞渗透脆性越小。将血液滴入不同的低渗溶液中,可检查红细胞膜对于低渗溶液抵抗力的大小。开始出现溶血现象的低渗溶液浓度,为该血液红细胞的最小抵抗力(即最大脆性浓度);出现完全溶血时的低渗溶液浓度,则为该血液红细胞的最大抵抗力(即最小脆性浓度)。

生理学上将与血浆渗透压相等的溶液称为等渗溶液;而将能维持红细胞正常形态、大小和悬浮于其中的溶液称为等张溶液。等渗溶液不一定是等张溶液(如1.99%尿素溶液),但等张溶液一定是等渗溶液。

【实验对象】

家兔或其他动物。

【实验药品】

1%肝素、1%氯化钠溶液、蒸馏水等。

【仪器与器械】

10 mL小试管,试管架,滴管,2 mL移液管2支,洗耳球,注射器及针头。

【方法与步骤】

1. 自制NaCl溶液

取10支试管,编号后排列在试管架上,按下表制成不同浓度的NaCl溶液,混匀(各管总体积为10 mL)。

表5-1 不同浓度NaCl溶液配制

试管号	1	2	3	4	5	6	7	8	9	10
1% NaCl(mL)	6.0	5.0	4.5	4.0	3.5	3.0	2.5	2.0	1.5	1.0
蒸馏水(mL)	4.0	5.0	5.5	6.0	6.5	7.0	7.5	8.0	8.5	9.0
NaCl浓度(%)	0.60	0.50	0.45	0.40	0.35	0.30	0.25	0.20	0.15	0.10

2.制备抗凝血

不同动物采血方法各有所异,但多采用末梢血。将血液放入1%肝素的小烧杯内混匀(1%肝素0.1 mL可抗100 mL血)。

3.加抗凝血

用滴管吸取抗凝血,在各试管中各加1滴(最适宜是加1滴,最多不要超过2滴),然后将每支试管轻微(切勿用力震荡)倒置2~3次,使抗凝血与溶液混匀(也可将试管夹在两掌心中间迅速搓动,使抗凝血与管内NaCl溶液混匀),静置1~2 h。

4.观察结果

根据各管中液体颜色和浑浊度的不同,判断红细胞脆性。试管静置1~2 h后,混合液体层出现三种现象:

(1)上层清液无色,试管下层为浑浊红色或有沉淀的红细胞,表示完全没有溶血。

(2)上层清亮呈淡红色,试管下层仍为浑浊红色,表示只有部分红细胞破裂溶血,为"不完全溶血"。开始出现部分溶血的NaCl溶液浓度,为红细胞的最小抵抗值,即红细胞的最大脆性。

(3)管内液体完全变成透明的红色,管底无红细胞沉积为"完全溶血"管。引起红细胞完全溶血的最低NaCl溶液浓度,为红细胞的最大抵抗值,即红细胞的最小脆性。

【注意事项】

(1)试管要干燥,加抗凝血的量要一致,只加1滴。

(2)混匀时,轻轻倾倒1~2次,减少机械振动,避免人为溶血。

(3)抗凝剂最好为肝素,其他抗凝剂可改变溶液的渗透性。

(4)配制不同浓度的NaCl溶液时应力求准确、无误,NaCl溶液的浓度梯度可根据动物的实际情况适当进行调整。

(5)滴加血液时要靠近液面,使血滴轻轻滴入溶液以免血滴冲击力太大,使红细胞破损而造成溶血的假象。

(6)应在光线明亮处观察结果。如对完全溶血管有疑问,可用离心机离心后,取试管底部液体一滴,在显微镜下观察是否有红细胞存在。

【分析与讨论】

(1)测定红细胞渗透脆性时,其抗凝剂为什么最好选择肝素?

(2)根据实验结果,分析血浆晶体渗透压保持相对稳定的生理学意义。

(3)红细胞的形态与生理特征有何关系?如何通过渗透脆性特征判断机体的健康状况?

(陈吉轩,程美玲)

实验十 血红蛋白的测定

【实验目的】

掌握测定兔(或其他动物)血红蛋白含量的原理和方法。

【实验原理】

血红蛋白的颜色常与氧的结合量多少有关。但当用一定的氧化剂(如0.1 mol/L HCl)将其氧化时,可使其转变为稳定、棕色的高铁血红蛋白,而且颜色与血红蛋白(或高铁血红蛋白)的浓度成正比。可与标准色进行对比,求出血红蛋白的浓度,即每升血液中含血红蛋白的克数(g/L)。也可用高铁氰化钾将血红蛋白氧化为高铁血红蛋白,后者再与氰离子结合形成稳定的氰化高铁血红蛋白。HiCN 在波长 540 nm 和液层厚度 1 cm 的条件下具有一定毫摩尔消光系数。可用经校准的高精度分光光度计进行直接定量测定,或用 HiCN 标准液进行比色法测定,根据标本的吸光度即可求出血红蛋白浓度。

【实验对象】

家兔或其他动物。

【实验药品】

0.1 mol/L 盐酸[或 HiCN 转化液标准品],HiCN 标准液(又称文齐氏液 200 g/L,标准商品),蒸馏水,95 % 乙醇,乙醚等。

【仪器与器械】

血红蛋白计/仪(或分光光度计)或沙里氏血红蛋白计(包括标准褐色玻璃比色箱和1支有刻度的比色方管),小试管,刺血针(或注射器),微量采血管(或血红蛋白吸管),干棉球等。

【方法与步骤】

1. 使用血红蛋白计进行测定

(1)首先了解血红蛋白计的结构和使用方法

沙里氏血红蛋白计主要由具有标准褐色玻璃的比色箱和一支方形刻度测定管组成。比色管两侧通常有两行刻度。一侧为血红蛋白量的绝对值,以 g/dL(每 100 mL 血液中所含血红蛋白的克数)表示,范围 2 ~ 22 g/dL;另一侧为血红蛋白相对值,以%(即相当于正常平均值的百分数)来表示,范围为 10 % ~ 160 %(图 5-2)。为避免所使用的平均值不一致,因此一般采用绝对值来表示。

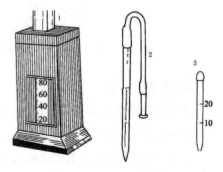

图 5-2　血红蛋白计
1.比色箱;2.吸血管;3.测定管

(2)具体测定方法

①先检查血红蛋白计的比色方管和血红蛋白吸管是否清洁,如不清洁则依次用自来水、

蒸馏水(3次)、95%乙醇(2次)和乙醚(1～2次)清洗。用滴管加5～6滴0.1 mol/L HCl到比色方管内(约加到管下方刻度"2"或10%处)。

②取血:吸取从动物耳端流出的第2滴血。用拇指和食指轻轻捏扁采血管的乳胶头,将采血管的一端水平接触血滴(若是抗凝血,必须注意摇匀后再吸取),轻轻缓慢地松开拇指,利用虹吸现象使血液进入微量采血管至20 μL处(第2个刻度)。拭净微量采血管外壁的血液(用干棉球或柔软的纸巾),将血液立即挤入比色方管的底部。将微量采血管向外移动2～3 mm再吸入上层液洗管3次(特别注意吸上层液的力度,避免将上层液吸入微量采血管顶部的乳胶头内),使微量采血管中的血液全部进入盐酸溶液中(避免产生气泡,以免影响比色)。

③用细玻棒轻轻搅动,使血液与盐酸充分混匀,静置10～15 min,使管内的盐酸和血红蛋白完全作用,形成棕色的高铁血红蛋白。

④把比色方管插入标准比色箱两色柱中央的空格中(无刻度的两面位于空格的前后方向,便于透光和比色)。

⑤用滴管向比色管内加入蒸馏水使液体颜色变浅(液体颜色接近标准比色板的颜色时,应逐滴加入蒸馏水),边加边混匀并应对着自然光与标准比色板比较,直到溶液的颜色与标准比色板的颜色一致为止。

⑥比色前应将玻棒抽出来,其上面的液体应沥干净,读出比色方管内液体凹面最低处的刻度,即为该实验动物100 mL血液中血红蛋白的克数。沙里氏血红蛋白计有一面刻度表示百分率的,可参照血红蛋白计的说明换成克数(其衡量值更精确)以核对比色方管内液体凹面最低处的刻度读数值的精确度,再换算成每升血液中含血红蛋白克数(g/L)。

2. 使用血红蛋白仪直接定量测定

(1)XK-2血红蛋白仪板面结构如图5-3所示。

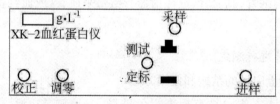

图5-3　XK-2血红蛋白仪

(2)仪器的标定

①板面后的电源开关置于断,仪器的底部的支撑架打开。

②打开电源开关,选择键置于定标挡。

③按一下进样键,将蒸馏水吸入,预热30 min。

④预热后将文齐氏液吸入,仔细调"调零"旋钮使显示屏上的数字显示为零。

⑤校正:吸入标准液(仪器配带有)后,缓缓旋转"校正"旋钮使显示屏上数字显示为已知的标准液的数值,定标即结束。以后"调零"和"校正"旋钮均不能动。定标完毕,选择"测试"挡待用。

（3）在小试管中事先加入 HiCN 转化液（文齐氏液）5 mL。

（4）取血（同前法）。

（5）血红蛋白转化为氰化高铁血红蛋白。

将微量采血管插入小试管 HiCN 转化液中，置血液于管底，再吸上清液 2～3 次，洗尽采血管内残存的血液。用玻棒轻轻搅动管内血液，使之与 HiCN 转化液混匀。试管需静置 5 min。

（6）将混合后的血液吸入血红蛋白仪，显示屏上的数字即为测定值，需稳定后方可读数（g/L）。

【注意事项】

（1）血液要准确吸取 20 μL，若有气泡或血液被吸入采血管的乳胶头中都应将吸管洗涤干净，重新吸血。洗涤方法是：先用清水将血迹洗去，然后再依次吸取蒸馏水、95％乙醇、乙醚洗涤采血管，使采血管内干净、干燥。作为学生练习，微量采血管可反复使用。

（2）使用血红蛋白仪测定时，微量采血管应插入试管底部，避免吸入气泡，否则会影响测试结果。仪器连续使用时，每隔 4 h 要观察一次零点，即吸入文齐氏液，用"调零"旋钮使仪器恢复到零点。仪器用完后，关机前要用清洗液清洗，否则会影响零点的调整。

（3）酸化时间不宜过短，必须符合规定，否则，血红蛋白不能充分转变成高铁血红蛋白，会影响测定的精确性。

（4）蒸馏水需逐滴加入，多做几次比色，以免稀释过量。每次比色时，应将搅拌用的玻璃棒取出，以免影响比色。比色时应在自然光线下进行，并取比色管无刻度的一面进行比色。

（5）由于操作过程太长而造成吸管内血液凝固，堵塞吸管时，则按下列溶液的顺序重复冲洗吸管，即用水→95％乙醇→乙醚洗涤。

上述介绍的几种方法中，以分光光度计直接测定和比色法测定血红蛋白较为精确，但对分光光度计的精密程度要求较高，分光光度计校正起来较为麻烦。沙里氏血红蛋白计测定操作简便，适用于基层单位，但准确性稍差。血红蛋白仪操作较为简便，因有标准的商品试剂出售，因此也比较精确，目前普遍被医疗单位使用。

【分析与讨论】

（1）影响测量血红蛋白含量的主要因素是什么？

（2）测量血红蛋白含量时，除用盐酸作氧化剂外，是否还有其他物质可作氧化剂？

（3）临床生产中，动物（猪）发生亚硝酸盐中毒的根本原因是什么？主要的急救措施是什么？

【附】

（1）HiCN 转化液：即文齐氏液，有标准商品出售。也可以按如下方法配制：高铁氰化钾（$K_3Fe(CN)_6$）200 mg，氰化钾（KCN）50 mg，无水磷酸二氢钾（KH_2PO_4）140 mg，Triton X-100 1.0 mL，加蒸馏水至 1000 mL。过滤后为淡黄色透明液体，pH 7.0～7.4，置有色瓶中加盖、冷暗处保存。如发现试剂变绿、变浑浊则不能使用。

（2）用分光光度计直接测定血红蛋白

①取血、血红蛋白转化和比色同前述1、2的方法，得到标本的吸光度A。

②根据标本吸光度A直接计算出血红蛋白浓度（g/L）：

$$Hb = \frac{A}{44} \times \frac{64458}{1000} \times 251 = A \times 367.7$$

式中：

A：波长540 nm处标本吸光度。

44：HiCN在波长540 nm，光径1.0 cm条件下的毫摩尔消光系数（L/mmol·cm）。

64458（mg）：Hb的毫克相对分子质量，即1 mmol/L Hb溶液中的Hb毫克数。

1000：将mg转变为g。

251：血液稀释倍数。

因是通过分光光度计比色直接计算出血红蛋白浓度，因此分光光度计的波长和光程必须准确、灵敏度要高、线性好、无杂光，否则会影响结果的准确性。故仪器的校正在测定中十分重要。

（陈吉轩,程美玲）

实验十一　血细胞计数

【实验目的】

了解红细胞、白细胞和血小板计数的目的;学习、掌握其计数的原理和方法。

【实验原理】

血液中血细胞数很多,无法直接计数,需要将血液稀释到一定倍数,然后再用血细胞计数板,在显微镜下计数一定容积的稀释血液中的血细胞数量,最后将其换算成每升血液中所含的血细胞数。在医学临床上已使用血细胞分析仪使血细计数工作自动化。

【实验对象】

鸡、家兔或其他动物。

【实验药品】

蒸馏水、75 % 乙醇、95 % 乙醇、乙醚、1 % 氨水、血细胞稀释液。

(1)哺乳动物红细胞稀释液:NaCl 0.5 g,$Na_2SO_4 \cdot 10H_2O$ 2.5 g,$HgCl_2$ 0.25 g,加蒸馏水至100 mL。也可用生理盐水作稀释液。

(2)哺乳动物白细胞稀释液:冰醋酸1.5 mL,1 % 结晶紫1 mL,加蒸馏水至100 mL。该白细胞稀释液可使红细胞遭到破坏,以防止其干扰。

(3)血小板稀释液:尿素10 g,柠檬酸钠0.5 g,40 % 甲醛0.1 mL,加蒸馏水到100 mL,混合,待完全溶解后过滤。置冰箱内可保存1~2周。

(4)鱼用血细胞稀释液:NaCl 0.7 g(在遇到病鱼或红细胞脆性较大的鱼易出现溶血现象时,NaCl可调整到0.7~0.8 g),中性红3 mg,结晶紫1.5 mg,甲醛0.4 mL,加蒸馏水至100 mL。白细胞核被染成蓝色,红细胞核呈非常淡的浅灰色或基本不被染色,红细胞形态基本不变。在显微镜下容易区分,此液有效期较长。

(5)禽类血细胞稀释液:

Ⅰ液:中性红25.0 mg,NaCl 0.9 g,加蒸馏水至100 mL。

Ⅱ液:结晶紫12.0 mg,柠檬酸钠3.8 g,福尔马林0.8 mL,加蒸馏水至100 mL。

【仪器与器械】

显微镜,拭镜纸,血细胞计数板(改良 Neubauer),专用盖玻片,吸血管,手按计数机,小试管,血红蛋白吸管,1 mL移液管,5 mL移液管,玻璃棒,采血针(一次性),干棉球,毛笔。

【方法与步骤】

1.血细胞计数板的构造

常用的血细胞计数板是改良式牛鲍尔计数板(Neubauer),为优质厚玻璃制成。每块计数板由"H"型凹槽分为两个同样的计数池(图5-4)。计数池的两侧各有一个长条形支持堤,比计数池高出0.1 mm。计数池的长、宽各3 mm,平均分成边长为1 mm的9个大格。每个大格容积为0.1 mm³。在9个大格中,位于四角的4个大方格是计数白细胞的区域,每个大方格又用单线分为16个中方格;位于中央的大方格用双线分成25个中方格,其中位于正中及四角的5个中方格是计数红细胞和血小板的区域,每个中方格又用单线分为16个小方格(图5-5)。

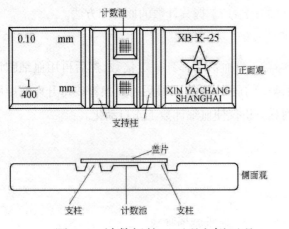

图5-4 计数板的正面观和侧面观

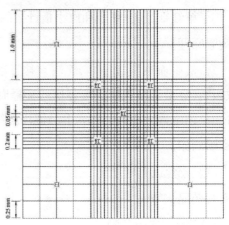

图5-5 血细胞计数室

2. 器皿洗涤

(1)吸血管:实验前或取血失败或计数完毕应立即按清水冲去血迹→蒸馏水1～2次→95%乙醇1～2次→乙醚1～2次的顺序洗涤。如果采血管中有凝血块,则用1%氨水浸泡,再按上述顺序洗涤。

(2)血细胞计数板:血细胞计数板只能用清水浸泡、漂洗和蒸馏水漂洗,然后以丝绸轻轻拭净(或滤纸吸干、切不可用乙醇和乙醚洗涤,以免损伤计数板上的刻度)。

3. 血细胞计数。

(1)动物的采血与血液的稀释

①哺乳动物的采血与血液的稀释

加稀释液:用相应的移液管分别吸取3.98 mL红细胞稀释液、0.38 mL白细胞稀释液和3.98 mL血小板稀释液并分别注入1～3号小试管中备用。

采血:用酒精棉消毒动物的采血部位,待干燥后,用消毒过的采血针刺破皮肤,使血液流出。第一滴血液用棉球擦去不要,当第二滴血液聚集较多时采血。

稀释:用血红蛋白吸管吸3次20 μL血液,分别加至有红细胞稀释液、白细胞稀释液和血小板稀释液试管的底部,并用上清液清洗管内残留血液。分别摇动小试管,使稀释液与血液混匀。这样使红细胞和血小板各稀释了200倍,白细胞稀释了20倍。

②禽类血液的稀释

将禽类红细胞稀释液Ⅰ、Ⅱ分别置于水浴锅中预热到41 ℃～42 ℃,取Ⅰ液1 mL于试管中,用吸血管加入新鲜鸡血(或肝素抗凝血)20 μL,再加入Ⅱ液1 mL混匀,置该水浴锅中保温50 s左右,置室温,即为待检的血细胞悬液。

（2）充液（布血）

取干净的计数板，置于水平的显微镜载物台上，盖上盖玻片，使两侧各空出少许。摇匀血细胞悬液，用滴管吸取，将滴管尖轻轻置于盖玻片边缘外，让滴出的血细胞悬液凭毛细管作用吸入计数室内，刚好充满计数室为宜。静置2～3 min，血小板则需15 min。待细胞下沉后在显微镜下计数。若计数室未被布满或过多以致使盖玻片浮动，或弄到盖玻片外面都需重新充液（布血）。

（3）计数

先用低倍镜观察，然后转入高倍镜下分别计数中间大方格内四角及中央的5个中方格内红细胞及血小板总数，或四周4个大方格内的白细胞数（低倍镜下计数）。计数视野的移动路线如图5-6所示。如果细胞压边线则按"数上不数下，数左不数右"原则进行。如果各中方格内的红细胞数相差20个以上（鱼类红细胞相对较少，不应多于10个），四周各大方格内的白细胞数相差8个以上，则说明血细胞分布不均匀。需振荡稀释液，重新充液（布血）。

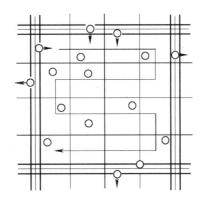

图5-6　计数线路

（4）计算

①红细胞

$$红细胞数 / L = \frac{N \times 200 \times 10 \times 10^6 \times 25}{5} = N \times 10^{10}$$

式中：

N：5个中方格内数得的红细胞

25/5：将5个中方格红细胞数换算为一个大方格内红细胞数

10：将一个大方格内红细胞数换算为1 μL血液内红细胞数

10^6：1 L = 10^6 μL

200：血液稀释倍数

②白细胞

$$白细胞数 / L = \frac{N \times 20 \times 10 \times 10^6}{4} = N \times 5 \times 10^7$$

式中:

N:4个大方格内数得的白细胞

$N/4$:换算成每个大方格内的白细胞数

10:将一个大方格内白细胞数换算为1 μL 血液内白细胞数

10^6:1 L = 10^6 μL

20:血液稀释倍数

注:对于鱼类的白细胞计数,也可以采取与红细胞相同的方法进行。

【注意事项】

(1)取血操作应迅速,以免凝血。

(2)吸取血液时,采血管中不得有气泡,吸血和稀释液的体积一定要准确。

(3)计数时,显微镜要放稳,载物台应置水平位,不得倾斜,一般在暗光下计数的效果较好。

(4)充液前应充分混匀血细胞悬液,充液要连续、适量,充液后应待血细胞下沉后再计数。

【分析与讨论】

(1)稀释液充入计数板后,为什么要静置一段时间才开始计数?

(2)显微镜载物台为什么应置于水平位,而不能倾斜?

(3)操作过程中,哪些因素可能影响计数的准确性?

(陈吉轩,白华毅)

实验十二 出血时间及凝血时间的测定

【实验目的】

掌握动物出血时间、凝血时间的测定方法;弄清楚影响动物出血时间、凝血时间的因素。

【实验原理】

用一次性的采血针刺兔耳缘静脉(或人指尖),使血自然流出,测定血连续流出的时间,称为出血时间。凝血时间是指血液流出体外至血液凝固所需要的时间。当皮肤毛细血管和小血管受损伤时,受伤的血管立即发生收缩,局部血流速度减慢,血小板粘附在破损的血管处,同时血小板释放出 5-羟色胺、ADP 等血管活性物质,促使局部血管收缩,局部迅速出现止血栓,有效堵住伤口,使出血停止。因此出血时间主要反映毛细血管及血小板的功能;凝血时间主要反映血液本身的正常凝固过程。正常人出血时间为 1~3 min,出血时间延长,常见血小板数量减少或毛细血管功能降低等情况。正常人采用玻片法测定的凝血时间为 2~5 min,凝血时间延长,常见于凝血因子缺乏或异常的疾病。

【实验对象】

兔(或人)。

【实验药品】

75 % 乙醇。

【仪器与器械】

一次性采血针,吸水纸,秒表,棉球。

【方法与步骤】

(1)以 75 % 酒精棉球消毒兔耳缘(先拔掉耳缘处的毛)。待干燥后,用采血针刺入耳缘静脉,让血液自然流出(勿施加压力),自血液流出时开始记录时间。

(2)把第一滴血置于玻片上,每隔 30 s 用大头针针尖挑血一次,直到挑起长 5 mm 以上较细的纤维状血丝,即表示开始凝血,自开始流血到挑起纤维状血丝的时间为凝血时间。

(3)自血液流出后每隔 30 s 用滤纸条吸干流出的血液一次,注意不要触及皮肤。直到血流停止。准确记录时间,从血液流出到血流停止的时间即为出血时间。

【注意事项】

(1)严格消毒皮肤和采血针。最好使用一次性采血针。若采用人指尖采血,必须一人一针,不能混用。

(2)若出血时间超过 15 min,应停止测定,即行止血。

(3)挑动血液时应按一定方向,勿多方向挑动,以免影响血液凝固;挑血不可间隔时间过短,每隔 30 s 为宜。

(4)采血时应让血自然流出,不要挤压。

【分析与讨论】

(1)不同的采血部位对测定动物出血时间是否有影响?

(2)出血时间长的患畜其凝血时间是否一定延长?

(3)通过血液传播的常见疾病有哪些?

(4)试述生理性止血的影响因素。当动物出现外伤时,采取哪些外界辅助措施可促进生理性止血?

(陈吉轩,白华毅)

实验十三　　影响血液凝固的因素

【实验目的】

了解熟悉血液凝固的基本过程;通过实验验证影响血液凝固的一些因素。

【实验原理】

血液凝固是一个酶的有限水解激活过程,在此过程中有多种凝血因子参与。根据凝血过程启动时激活因子来源不同,可将血液凝固分为内源性激活途径和外源性激活途径。内源性激活途径是指参与血液凝固的所有凝血因子在血浆中,外源性激活途径是指受损的组织中的组织因子进入血管后,与血管内的凝血因子共同作用而启动的激活过程。

【实验对象】

兔。

【实验药品】

33 % 乙醇、肝素 1000 U/(mL/kg)、5 % 草酸钾、生理盐水、2 % 氯化钙、液体石蜡、肺组织浸液(取兔肺剪碎,洗净血液,浸泡于 3 ~ 4 倍量的生理盐水中过夜,过滤,收集的滤液即成肺组织浸液,存冰箱中备用)。

【仪器与器械】

兔手术台,常规手术器械,动脉夹,动脉插管(或细塑料导管),注射器,试管,小烧杯,试管架,吸管,带有开叉橡皮管的玻璃棒 1 支(或细试管刷),秒表,冰块,恒温水浴器。

【方法与步骤】

(1)耳缘静脉注射 33 % 乙醇溶液,按 5 ~ 7 mL/kg 的量,将兔麻醉,仰卧固定于手术台上。正中切开颈部,分离一侧颈总动脉,远心端用线结扎阻断血流,近心端夹上动脉夹。在动脉当中斜向剪一小切口,插入动脉插管(或细塑料导管),结扎导管以备取血。

(2)准备好试管,按表 5-2 准备试管。

(3)放开动脉夹,每管加入血液 2 mL。

(4)记录凝血时间。每个试管加血后,即刻开始计时,每隔 15 s 倾斜一次,观察血液是否凝固,至血液成为凝胶状不再流动为止,记录所经历的时间。

(5)如果加肝素、草酸钾的试管不出现血凝,可再向这 2 支试管内分别加入 2 % CaCl$_2$ 溶液 4 滴,观察血液是否发生凝固。

将实验结果及各种条件下的凝血时间记录下来,填入表 5-2 中,并进行比较,分析、解释产生差异的原因。

表5-2　血液凝固及其影响因素

实验号	实验处理	凝血时间
1	空白	
2	液体石蜡4滴	
3	棉花少许	
4	冰水环境	
5	肝素4滴	
6	草酸钾4滴	
7	肺组织浸液4滴	

【注意事项】

(1)采血的过程尽量要快,以减少计时的误差。对比实验的采血时间要紧接着进行。

(2)判断凝血的标准以试管倾斜45°角时,管内血液不见流动为准。

(3)每支试管口径大小及采血量要相对一致,不可相差太大。

【分析与讨论】

(1)血液凝固的机制及影响血凝的外界因素?

(2)以上血液凝固加速或延缓的原因何在?

(3)为什么有几管不凝? 为什么有几管比对照管凝血时间长? 为什么有几管比对照管凝血时间短?

(4)当动物受外伤时,应采取哪些措施止血(促进血液凝固)?

(陈吉轩,白华毅)

实验十四　红细胞凝集现象、ABO血型鉴定和交叉配血实验

【实验目的】

观察红细胞凝集现象;学习ABO血型鉴定方法;掌握血型鉴定原理。

【实验原理】

ABO血型是根据红细胞表面存在的凝集原决定的。存在A凝集原的称为A血型,存在B凝集原的称为B血型。而血清中还存在凝集素,当A凝集原与抗A凝集素相遇或B凝集原与抗B凝集素相遇时,会发生红细胞凝集反应。正常情况下A型标准血清中只含有抗B凝集素,B型标准血清中只含有抗A凝集素,因此可以用标准血清中的凝集素与被测者红细胞反应,以确定被测者红细胞上凝集原的类型,即血型。

不同动物的血液互相混合有时也可产生红细胞凝集,称为异族血细胞凝集作用。同种动物不同个体的红细胞凝集称为同族血细胞凝集作用。对于动物的天然血型抗体了解不多,其免疫效价也很低,所以同种动物第一次输血,一般不会引起不良后果。但第二次输血就必须进行交叉配血实验,才能决定是否能相互输血。因此,临床上在输血前必须进行交叉配血实验,以确保输血安全。

【实验对象】

健康动物。

【实验药品】

A型、B型标准血清。

【仪器与器械】

双凹玻片,一次性采血针,玻璃棒(竹签),75％酒精棉球,干棉球,玻璃蜡笔(记号笔),显微镜。

【方法与步骤】

1. ABO血型的鉴定

(1)取干洁双凹玻片一块,用玻璃蜡笔在两端分别标上A字样和B字样。

(2)在A端和B端的凹面中央分别滴上A型和B型标准血清各1滴。

(3)75％酒精棉球消毒指尖,用一次性采血针刺破皮肤,用干洁玻璃棒两端各蘸取一滴血液(也可用红细胞悬液,见下述),分别与A端和B端凹面中的标准血清混合,放置1～2 min后,肉眼能观察有无凝集现象,肉眼不易分辨的用显微镜观察。

(4)判断血型:如果红细胞聚集成团,虽经振荡或轻轻搅动亦不散开,为"凝集"现象;红细胞均匀分布或虽似成团,一经振荡即散开,则为未凝集或"假凝集"(图5-7)。

2. 交叉配血实验

(1)制备受血者和供血者的2％红细胞悬液和血清:分别对供血者和受血者消毒、静脉取

血 2 mL,其中一滴加入装有生理盐水约 1 mL 的小试管中,制成红细胞悬液,加盖备用。其余血液待凝固后离心制备血清。

(2)取双凹玻片一块,在两端分别标上供血者和受血者的名称或代号,分别滴上他们的血清少许。

(3)将供血者的红细胞悬液吸取少量,滴到受血者的血清中(称为主侧配血,图 5-8)混合;将受血者的红细胞悬液吸取少量,滴入供血者的血清中(称为次侧配血)混合。放置 10~20 min 后,肉眼观察有无凝集现象,肉眼不易分辨的用显微镜观察。如果两次交叉配血均无凝集反应,说明配血相合,能够输血。如果主侧配血发生凝集反应,说明配血不合,不论次侧配血如何都不能输血。如果仅次侧配血发生凝集反应,只有在紧急情况下才有可能考虑是否输血。

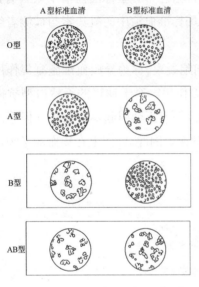

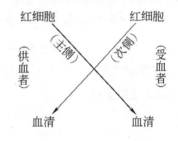

图 5-7　ABO 血型鉴定示意图　　　　图 5-8　交叉配血实验示意图

【注意事项】

(1)指尖、采血针必须严格消毒,以防感染。

(2)谨防 A、B 两种标准血清混淆以及红细胞悬液的污染。

(3)采血后要迅速与标准血清混匀,以防血液凝固。

(4)在进行交叉配血实验时,一定要防止将主侧配血和次侧配血搞混了。

(5)红细胞悬浮液浓度要适中,不可太浓或太稀。

【分析与讨论】

(1)实验过程中有无凝集现象发生? 为什么?

(2)为什么在配血实验时,如果主侧配血发生凝集反应,不论次侧配血如何都不能输血?

(3)血液凝集与血液凝固有何区别?

(4)除了 ABO 血型外还有什么血型系统?分类标准是什么?

(陈吉轩,白华毅)

实验十五　鱼类血量测定

【实验目的】

学习染料稀释法测定鱼类血量的基本原理并掌握其方法。

【实验原理】

目前用于测定动物循环血量的方法大多数是间接的物质稀释法,即把一定量的某种指标物质引入体内并与血液混合,达到平衡时,该物质在血液中的浓度与血液的量成反比,即血量越多,指标物质的最终浓度越低。通过指标物质的稀释倍数,间接求出血液总量。选用的指标物质必须是无毒、不容易排泄,亦不容易扩散到动物体的其他体液中。

常用的方法是染料稀释法。染料稀释法是将一定量的染料(如伊文氏蓝、活性红)注入鱼血液循环,使之在血液总量中均匀分布,然后取血样用光电比色计测量染料在血浆中的稀释浓度,从而求出血液总量。

【实验对象】

鲫鱼、草鱼、鳙鱼、鲤鱼等均可。

【实验药品】

(1)草酸盐抗凝剂:草酸铵1.2 g(能与Ca^{2+}结合但可使红细胞略膨大)和草酸钾0.8 g(能与Ca^{2+}结合但可使红细胞略缩小,二者合用,可以保持红细胞体积),加蒸馏水至100 mL,每0.1 mL草酸盐抗凝剂可使1 mL血液不凝。

(2)5 g/L伊文氏蓝(T-1824)溶液:称取5 g T-1824染料,溶于蒸馏水中,定容至1 L。

(3)1 g/L肝素。

(4)麻醉剂:MS-222。

(5)鱼用生理盐水(配方见附录五)。

【仪器与器械】

血细胞比容测定管,1 mL和5 mL注射器,吸管,10 mL和15 mL刻度离心管,离心机,721型分光光度计。

【方法与步骤】

(1)取两支离心管,标注"甲"、"乙",分别放入草酸盐抗凝剂0.5 mL,待干后使用。

(2)从一尾鱼的动脉取血3 mL,慢慢沿管壁倒入甲管中,用拇指堵住管口,倒转几次,混匀。

(3)从另一尾鱼的动脉球注入1 mL伊文氏蓝(T-1824)溶液,30 min后,从静脉窦取出3mL血,放入乙管中,同法混匀。

(4)取甲管血液作红细胞比容测定,甲、乙两管同时离心(3000 r/min)30 min。

（5）取三支试管，标明"空白"、"标准"、"测定"，分别加入：

空白管：甲管血浆 1 mL+生理盐水 6 mL。

测定管：乙管血浆 1 mL+生理盐水 6 mL。

标准管：甲管血浆 1 mL+生理盐水 5 mL+稀释的伊文氏蓝溶液 1 mL（即 0.5 % 伊文氏蓝溶液用生理盐水稀释 40 倍）。

混匀后，于 620～624 nm 波长条件下比色，用空白管调节分光光度计的吸光度 0 点，再分别测定标准液和测定液的吸光度。

（6）计算：

伊文氏蓝在体内稀释的倍数 $N = \dfrac{A_{标准管}}{A_{测定管}} \times 40$

血浆总量 $V_p = N \times V$（注入 T-1824 溶液的毫升数）

血液总量 $V_T = V_p \times \dfrac{1}{1 - 红细胞比容值}$

【注意事项】

（1）接触血液的器皿必须清洁、干燥；移血时要轻而慢，以防溶血。

（2）注射 T-1824 溶液的量要准确。

【分析与讨论】

将实验测得的鱼类全血量结果与参考数据进行比较，并从操作过程方面说明产生误差的原因。

（伍莉，程美玲）

第六章　循环生理

实验十六　蟾蜍心脏起搏点的观察

【实验目的】

学习蛙类暴露心脏的方法,熟悉其心脏的解剖结构;利用结扎法观察两栖类动物心脏的正常起搏点和心脏不同部位传导系统的自动节律性高低。

【实验原理】

心脏的电生理特性表现为兴奋性、自律性和传导性,其自律性取决于心脏的特殊传导系统,但心脏各部分的自动节律性高低不同。正常情况下,两栖类动物的心脏起搏点是静脉窦(哺乳动物的是窦房结),其静脉窦(窦房结)的自律性最高,它产生的自动节律性兴奋向外扩布,并依次传到心房、房室交界区、心室,引起整个心脏兴奋和收缩,因此静脉窦(窦房结)是主导整个心脏兴奋和搏动的正常部位,被称为正常起搏点;而心脏其他部位的自律组织受静脉窦(窦房结)的控制并不表现出其自身的自律性,仅起着兴奋传导作用,故称之为潜在起搏点。在某些病理情况下,静脉窦(窦房结)的兴奋传导阻滞不能控制其他自律组织的活动,或其他部位的自律组织自律性增高,则心房或心室就会受当时自律性最高的组织发出的兴奋性节律的控制进行活动,这些异常的起搏点部位称为异位起搏点。

【实验对象】

蟾蜍。

【实验药品】

任氏液。

【仪器与器械】

蛙板,常用手术器械,蛙钉,玻璃分针,秒表,滴管等。

【方法与步骤】

1. 实验准备

取一只蟾蜍,破坏脑和脊髓,仰卧位固定于蛙板上。在胸骨剑突软骨下方将皮肤向上剪一"V"形切口,用有齿镊提起切口处皮肤,手术剪沿两侧向外上方剪开胸壁至锁骨下,剪断两侧锁骨,然后剪掉胸骨。用眼科剪小心打开心包(勿伤及心脏和血管),充分暴露心脏。

2. 实验项目

(1)观察蟾蜍心脏各部分收缩的顺序

参照图6-1,观察蟾蜍心脏各部位结构。从心脏腹面可观察到心室、心房、动脉球(圆锥)和主动脉。用玻璃分针向前翻转心脏,暴露心脏背面可观察到静脉窦、心房和心室,识别半月形的半月瓣(一条隐约白线),为静脉窦和心房交界处,又称窦房沟。从心脏背面观察到静脉窦、心房和心室的搏动顺序,记录正常心搏频率(次/min),注意它们的跳动顺序。如果用加热的玻璃分针或小冰块分别先后接触改变心室、心房和静脉窦的局部温度,观察温度对各部位心搏频率的影响。

(2)斯氏第一结扎

分离主动脉两分支的基部,用眼科镊在主动脉干下引一细线。将蟾蜍心尖翻向头端,暴露心脏背面,在静脉窦和心房交界处的半月形白线(即窦房沟)处将预先穿入的线作第一结扎(即斯氏第一结扎,图6-2),以阻断静脉窦和心房之间的传导。观察蟾蜍心脏各部分的搏动节律有何变化,并记录各自的跳动频率(次/min)。待心房、心室复跳后,再分别记录心房、心室的复跳时间和蟾蜍心脏各部分的搏动频率(次/min),比较结扎前后有何变化?

(3)斯氏第二结扎

第一结扎实验项目完成后,再在心房与心室之间即房室沟用线作第二结扎(即斯氏第二结扎,图6-2)。结扎后,心室停止跳动,而静脉窦和心房继续跳动,记录其各自的跳动频率。经过较长时间的间歇后,心室又开始跳动,记录心室复跳时间以及蟾蜍心脏各部分的搏动频率。

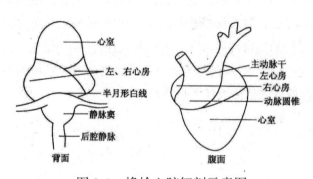 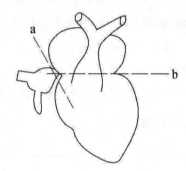

图6-1　蟾蜍心脏解剖示意图　　　　图6-2　斯氏结扎部位
　　　　　　　　　　　　　　　　　　　a.第一结扎;b.第二结扎

【注意事项】

(1)结扎前要认真识别心脏各部位的结构特征。

(2)结扎线以纤细的丝线为好,结扎时部位必须要准确,应落在相邻部位的交界处,每次结扎时用力逐渐增加(用力不宜太大),以刚好能阻断搏动为合适(阻断其兴奋的传导)。

【分析与讨论】

(1)正常情况下,两栖类动物(或哺乳类动物)的心脏起搏点是心脏的哪一部分?它为什么能控制潜在起搏点的活动?

(2)斯氏第一结扎后,静脉窦、心房和心室的节律性搏动有何变化,为什么?

(3)斯氏第二结扎后,静脉窦、心房和心室的节律性搏动有何变化,为什么?

(4)通过哪个实验过程能证明两栖类心脏的起搏点是静脉窦?

(陈吉轩、白华毅、程美玲)

实验十七 心肌收缩特性观察

【实验目的】

学习蟾蜍心脏活动曲线的描记方法;通过在心脏活动的不同时期给予刺激,观察心脏兴奋性周期变化的规律以及心肌收缩的特点。

【实验原理】

蟾蜍的心肌与其他动物的心肌一样,其兴奋后具有较长的不应期。在心脏的收缩期和舒张早期,任何刺激均不能引起心肌兴奋与收缩;而在心肌舒张早期以后,正常节律性兴奋到达之前,给心脏施加一个阈上刺激就能引起一次提前出现的心肌收缩,称为"期前收缩"或"额外收缩"。同理,期前收缩也有一个较长的不应期,因此,如果下一次正常的窦性节律性兴奋到达时,正好落在期前收缩的有效不应期内,就不能引起心肌收缩。因此,期前收缩之后即出现一个较长时间的间歇期,称为"代偿间歇"。如果窦性心律过慢,当期前兴奋的有效不应期结束时,(期前兴奋之后的)窦性兴奋才传到心室,则可引起心室一次新的收缩,而不会出现代偿间歇。因此,心脏不会像骨骼肌那样产生强直收缩,从而实现心脏的泵血机能。

【实验对象】

蟾蜍(或蛙)、黄鳝(或鲤、鲫鱼等鱼类)。

【实验药品】

任氏液,1∶1000肾上腺素溶液。

【仪器与器械】

计算机生物信号采集处理系统,张力换能器,手术器械,支架,蛙心夹,滴管,烧杯,双极刺激电极等。

【方法与步骤】

1. 蟾蜍心脏标本制备

在体蟾蜍心脏标本制作简单,但离体蟾蜍心脏标本实验结果典型。

(1)在体蟾蜍心脏标本 参考实验"蟾蜍心脏起搏点的观察"方法暴露心脏。

(2)离体蟾蜍心脏标本 离体蟾蜍心脏标本制备(斯氏蟾蜍心脏插管法)参考"离子及药物对离体蟾蜍心脏活动的影响"。

2. 连接实验装置

在体蟾蜍心脏标本按图6-3示意图提示,将蛙心夹上的细线与张力换能器相连,让心脏搏动信号传入计算机生物信号采集处理系统输入通道(CH1或其他通道)。将双极刺激电极与心室接触良好并固定稳妥后,与刺激器的刺激输出连接,并调整好记录装置。

离体蟾蜍心脏标本按图6-4安装。

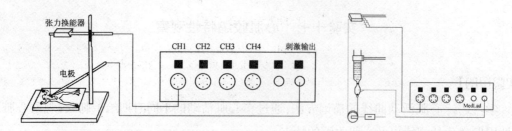

图6-3 在体蟾蜍心肌收缩特性
与实验仪器装置连接图

图6-4 离体蟾蜍心脏期前收缩与
代偿间歇实验装置图

3. 实验项目

(1)描记正常心搏曲线,观察曲线的收缩相和舒张相。

描记的心搏曲线可出现3个波峰(图6-5),但有时波峰减少只出现1～2个波峰,主要与蛙心夹连线的紧张度、心肌的收缩力、张力换能器的灵敏度以及心搏曲线的放大倍数有关。

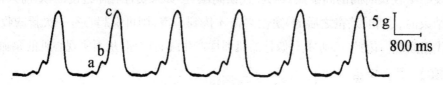

图6-5 蟾蜍的正常心搏曲线描记示意图

(2)用中等强度的单个阈上刺激分别在心室收缩期或舒张早、中、晚期刺激心室,连续记录心搏曲线,观察能否引起期前收缩,如果期前收缩出现,是否会出现代偿间歇(图6-6)。

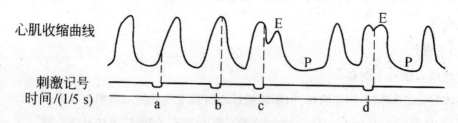

图6-6 期前收缩与代偿间歇示意图

(3)测量期前收缩起点至下一个正常心室收缩起点的时间,测出心室收缩起点与期前收缩起点的最短时间。

(4)在心室舒张的中、晚期改变刺激强度刺激心室,观察心室收缩的幅度是否发生变化。

(5)如果连续刺激心室肌,观察心脏是否会出现强直收缩。

(6)如果向心脏滴入3～5滴1∶1000肾上腺素溶液,观察是否会出现代偿间歇。

【注意事项】

（1）由于蛙的心尖部肌肉比较厚,在记录心搏曲线时应注意用蛙心夹夹住少量心尖部肌肉,不要用力牵拉蛙心夹连线,既要夹住心脏,又不能妨碍心脏的收缩活动和防止将心室壁夹破。

（2）经常给心脏滴加任氏液,防止心脏表面干燥。

（3）每一次刺激产生效应后,一定要让心搏曲线恢复正常(约1 min)并描记一段正常对照曲线后,再施加下一刺激,避免短时间内重复多次地施加刺激。

（4）张力传感器与蛙心夹之间的细线应保持适宜的紧张度,张力过大或过小都会影响收缩曲线的幅度。

（5）双极刺激电极与心室接触良好的同时,还应尽量不让其阻碍心脏的自发收缩。

（6）实验前应预先绘制记录心室收缩起始点与期前收缩起始点的最短时间,期前收缩起始点至下一正常心室收缩起始点时间的原始数据表格和统计表格。

【分析与讨论】

（1）心室的收缩期是心搏曲线的哪一部分? 心室的舒张期是心搏曲线的哪一部分? 为什么?

（2）用中等强度的单个阈上刺激分别在心室收缩期或舒张早期刺激心室,是否引起期前收缩? 为什么?

（3）在什么情况下,期前收缩之后可以不出现代偿间歇?

（4）无论用何种刺激方式刺激心室肌,心脏不会出现强直收缩,为什么?

（陈吉轩、白华毅、程美玲）

实验十八　离子及药物对离体蟾蜍心脏活动的影响

【实验目的】

学习制备离体蟾蜍（或蛙、鱼）心脏及离体心脏灌流的方法；观察Na^+、K^+、Ca^{2+}三种离子和去甲肾上腺素、乙酰胆碱、温度、酸碱度等因素对心脏活动的影响；通过实验使学生对递质、受体、受体兴奋剂和受体阻断剂的概念有感性认识。

【实验原理】

两栖类及大多数硬骨鱼类心脏的正常起搏点是静脉窦。正常节律性活动需要一个适宜的理化环境（如Na^+、K^+、Ca^{2+}等浓度及比例，pH和温度）。如果将离体蛙心用接近其血浆理化特性的任氏液灌流，保持心脏适宜的理化环境，在一定时间内心脏仍能产生节律性兴奋和收缩活动。但当改变灌流液的组成成分，这种节律性舒缩活动也随之发生改变，说明内环境理化因素的相对稳定是维持心脏正常节律性活动的必要条件。因此，可以通过改变心脏灌流液的理化成分，观察其对心脏活动的作用。

心肌的生理特性（自律性、兴奋性、传导性和收缩性）都与Na^+、K^+、Ca^{2+}等离子有关。当血K^+过高时，心肌兴奋性、自律性、传导性和收缩性均降低，表现为收缩力减弱、心动过缓和传导阻滞，严重时心脏可停搏于舒张期。当血Ca^{2+}升高时，心肌收缩力增强，但过高时可使心室停搏于收缩期。而血Ca^{2+}降低，心肌收缩力减弱。血Na^+轻微变化对心肌影响不明显，只有发生明显变化时才会影响心肌的生理特性，Na^+剧烈升高时心脏的兴奋性和自律性虽升高，但兴奋的传导性和收缩性却下降，严重时可使心脏停搏于舒张期。

心脏受自主神经的双重支配，交感神经兴奋时，其末梢释放去甲肾上腺素，使心肌收缩力加强，传导速度增快，心率加快；而迷走神经兴奋时，其末梢释放乙酰胆碱，使心肌收缩力减弱，传导速度减慢，心率减慢。

毒毛花苷K属于强心苷类药物，可抑制Na^+-K^+-ATP酶活性，使细胞内失去钾，最大舒张电位绝对值减小，接近阈电位，自律性增高，K^+外流减少而使有效不应期缩短，因此强心苷中毒时可出现室性心动过速或室颤。利多卡因是钠通道阻滞药，对正常心肌组织电生理特性影响小，对除极化组织的钠通道（处于失活态）阻滞作用强，因此对于强心苷中毒所致的除极化型心律失常有较强的抑制作用，能降低动作电位4期除极相速率，提高心肌的兴奋阈值，降低自律性。

【实验对象】

蟾蜍（或蛙或鱼类）。

【实验药品】

0.4％肝素-任氏液，任氏液，0.65％NaCl，2％$CaCl_2$，1％KCl，3％乳酸，2.5％$NaHCO_3$，1：10000肾上腺素（Ad），1：10000乙酰胆碱（Ach），0.05％阿托品，0.25％毒毛花苷K，0.05％利多卡因等溶液。

若用鱼类心脏作实验对象,灌流液需用鱼类的生理盐水(见附录五)。

【仪器与器械】

计算机生物信号采集处理系统,张力换能器,蛙类常用手术器械一套,玻璃分针、蛙板,蛙钉,蛙心插管,蛙心夹,试管夹,滴管,试剂瓶,烧杯,双凹夹,万能支架,细线,恒温水浴,温度计等。

如果采用黄鳝为实验动物,还需要细钢丝、木板条、纱布。

【方法与步骤】

1. 标本制备

离体蟾蜍心脏标本制备(斯氏蛙心插管法):

①取一只蟾蜍,仰卧位固定于蛙板上,在胸骨剑突下打开胸腔,充分暴露心脏。识别心房、心室、动脉圆锥、主动脉、静脉窦和前后腔静脉。

②在左主动脉下穿一根线并结扎,在左、右主动脉下穿一根线备用,用玻璃分针将蟾蜍心尖向上翻至背面,分离后腔静脉,备用线经后腔静脉下方将前静脉和左、右肺静脉一起结扎,并在后腔静脉、静脉窦以下穿线打活结备用。注意不要结扎静脉窦。

③在右主动脉穿2根线,结扎远心端,近心端打活结备用。提起远心端线,用眼科剪在右主动脉靠近动脉圆锥处剪一斜切口,将盛有少量0.4 %肝素-任氏液的蛙心插管插入切口,使尖端向动脉圆锥背部后方及心尖方向推进(注意主动脉内有螺旋瓣会阻碍插管,图6-7)。在心室收缩时推入心室腔内(有血液喷出),此时立刻将后腔静脉结扎线扎紧(此操作也可先做),用靠近动脉圆锥上方的备用缝线扎紧蛙心插管并固定于插管侧钩上。如果插管成功,管内液面会随着心室搏动而上下移动。

④轻提起插管,剪断结扎线远端所有相连的组织,使心脏离体。操作中应注意不损伤静脉窦。用滴管将插管内血液用任氏液反复冲洗至清澈液体为止,保持液面高度为1～2 cm。离体蛙心标本制备成功,可供实验。

 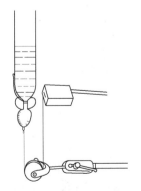

图6-7 插管进入心室示意图　　图6-8 蛙心灌流实验装置

2. 实验装置连接

按图6-8将蛙心插管固定于支架上,将与张力换能器连线的蛙心夹在心室舒张期夹住心尖部,调整连线适宜的紧张度,将张力换能器输出端与计算机生物信号采集处理系统输入通道相连。

3. 实验项目

实验前应预先绘制出实验原始数据记录表格和统计表格(表6-1)。

表6-1　实验原始记录表格

实验项目			心率/(次/min)	幅度(张力)	基线水平	其他
离子	Na^+	对照				
		给药				
离子	K^+	对照				
		给药				
离子	Ca^{2+}	对照				
		给药				
递质	Ad	对照				
		给药				
递质	Ach	对照				
		给药				
颉颃	阿托品	对照				
		给药				
温度	温度	对照				
		给药				
酸碱度	$NaHCO_3$	对照				
		给药				
酸碱度	乳酸	对照				
		给药				
药物	毒毛花苷K	对照				
		给药				
药物	利多卡因	对照				
		给药				

(1)记录正常心搏曲线作为正常对照,注意观察心搏频率及心室收缩和舒张程度。

(2)不同离子对心脏收缩的影响

①Na^+的作用:吸出插管内全部灌流液,加入1~2滴0.65％ NaCl溶液(鱼类加入0.75％ NaCl),观察记录心搏曲线的变化。出现明显变化时,吸出灌流液,用任氏液反复冲洗至心搏曲线恢复正常。

②Ca^{2+}的作用:加入1~2滴2％ $CaCl_2$溶液,观察记录心搏曲线变化。出现明显变化时,吸出灌流液,用任氏液反复冲洗至心搏曲线恢复正常。

③K^+的作用:加入1~2滴1％ KCl溶液,观察记录心搏曲线变化。出现明显变化时,吸出灌流液,用任氏液反复冲洗至心搏曲线恢复正常。

（3）递质和药物对心脏收缩的影响

①肾上腺素的作用：加入1~2滴1∶10000肾上腺素溶液，观察记录心搏曲线变化。出现明显变化时，吸出灌流液，用任氏液反复冲洗至心搏曲线恢复工常。

②乙酰胆碱的作用：加入1~2滴1∶10000乙酰胆碱溶液，观察记录心搏曲线变化。出现明显变化时，吸出灌流液，用任氏液反复冲洗至心搏曲线恢复正常。

③阿托品的作用：加入1~2滴0.05％阿托品溶液，观察记录心搏曲线变化。出现明显变化时，吸出灌流液，用任氏液反复冲洗至心搏曲线恢复正常。

（4）温度的影响

将插管内的灌流液吸出，加入4℃任氏液，观察记录心搏曲线变化。出现明显变化时，用室温任氏液冲洗至心搏曲线恢复正常。

（5）酸碱度的影响

①碱的作用：加入1~2滴2.5％$NaHCO_3$溶液，观察记录心搏曲线变化。出现明显变化时，吸出灌流液，用任氏液反复冲洗至心搏曲线恢复五常。

②酸的作用：加入1~2滴3％乳酸溶液，观察记录心搏曲线变化。出现明显变化时，再加入1~2滴2.5％$NaHCO_3$溶液，观察记录心搏曲线变化，任氏液冲洗至心搏曲线恢复正常。

（6）药物的影响

加入1~2滴0.25％毒毛花苷K溶液，观察记录心搏曲线变化。出现明显变化时，立即加入1~2滴0.05％利多卡因溶液，观察记录心搏曲线变化。

描记各项心搏曲线图，剪贴记录曲线，列出各项实验前后的心搏频率、心室收缩和舒张幅度（张力）原始数据表，统计学处理实验数据，进行显著性检验，并对处理结果进行分析讨论。

【注意事项】

（1）制备离体心脏标本时，勿伤及静脉窦，并保持心脏湿润。

（2）蛙心夹应在心室舒张期一次性夹住心尖，避免因夹伤心脏而导致漏液。

（3）每次滴加试剂应先加1~2滴，如果不明显再补加。当出现明显效应后，应立即吸出全部灌流液，更换任氏液使心搏曲线恢复正常，再进行下一项目。管内灌流液面高度应保持恒定。

（4）每项实验均应有前后对照，即描记一段正常心搏曲线。加药时应及时在心搏曲线上标记，以便观察分析。各种滴管应分开，不可混用。

（5）在实验过程中，仪器的各种参数一经调好，则不再变动。

（6）标本制备好后，如心脏机能状态不好（不搏动），可向插管内滴加1~2滴2％$CaCl_2$，或1∶10000肾上腺素，以促进心脏搏动。在实验程序安排上也可考虑促进和抑制心脏搏动的药物交换使用。

（7）谨防灌流液沿丝线流入张力换能器内而损坏其电子元件。

【分析与讨论】

(1)正常蟾蜍(或鱼类)心搏曲线的各个组成部分分别反映了什么?

(2)为什么常用两栖类动物做心脏灌流实验,而不用离体哺乳动物心脏?

(3)蛙类心脏灌流时,心肌以什么方式获得营养? 与哺乳动物有何区别?

(4)实验中为何要保持蛙心插管内液面高度的恒定? 液面过高或过低会产生什么影响?

(5)在灌流液中分别加入 Na^+、Ca^{2+}、K^+、肾上腺素、乙酰胆碱、阿托品,心脏收缩曲线有何变化? 为什么?

【附】可能出现的问题与解释

(1)插管插入后,管中液面不能随心脏搏动而波动,或波动幅度不大

①插管插到了主动脉的螺旋瓣中,未进入心室。

②插管插到了主动脉壁肌肉和结缔组织的夹层中。

③插管尖端抵触到心室壁。

④插管尖端被血凝块堵塞。

(2)实验中,心脏收缩微弱或不规则或不跳动

①心室或静脉窦受损。

②心脏本身机能状态不好,收缩力弱或不规则。

③插管尖端插入心室太深或尖端太粗,心脏太小(鱼类容易出现)影响心脏收缩。

④任氏液未及时更换,K^+、Ca^{2+}浓度发生变化。

(3)张力换能器描记蟾蜍心搏曲线时,显示幅度较小

①蟾蜍心脏收缩微弱。

②蟾蜍心脏与张力换能器之间的连线张力过大。

③张力换能器的灵敏性以及心搏曲线的放大倍数过低。

【实验设计】

本实验也可用在体蟾蜍心脏进行心搏曲线的描记,从计算机显示屏中可以直观地观察到心脏的收缩力和频率的变化,因此可以利用此实验开展以下的研究性实验。

(1)以在体蟾蜍心脏标本为实验材料,记录在体蟾蜍心脏的心搏曲线,以心肌的收缩力和心率为观察指标,请设计实验观察生物活性物质或某些新药(例如从动植物体内提取获得的)对心脏收缩力和心率的影响。简要阐明实验原理、实验步骤和方法,预测可能出现的结果。

(2)在学习离体蟾蜍心脏灌流实验后,结合在体蟾蜍心脏标本,比较在体蟾蜍心脏的心搏曲线和离体蟾蜍心脏的心搏曲线的波峰形态有何差异。记录在体蟾蜍心脏的心搏曲线,并设计实验观察 Na^+、K^+、Ca^{2+}、去甲肾上腺素、乙酰胆碱对在体蟾蜍心脏收缩活动的影响。

（陈吉轩、白华毅、程美玲）

实验十九　蛙心电图和容积导体的导电规律

【实验目的】

验证机体内容积导体的存在,有助于了解由体表引导记录器官或组织活动的导电规律;学习在体蛙心和离体蛙心心电图的描记方法。

【实验原理】

由于机体任何组织与器官都处于组织液的包围之中,而组织液作为导电性能良好的容积导体,可将组织和器官活动时所产生的生物电变化传至体表,故在体表或容积导体中的远隔部位可记录出某一器官或组织活动的生物电的变化。如心脏活动所产生的生物电变化,可通过引导电极置于体表的不同部位记录下来,即心电图。

典型的心电图主要由P波、QRS波群和T波组成,它们分别反映心房除极化、心房复极化、心室除极化和心室复极化的次序和时程。

【实验对象】

蛙或蟾蜍。

【实验药品】

任氏液。

【仪器与器械】

心电图机或计算机生物信号采集处理系统,生物电导联线,手术器械,蛙板,蛙钉,滴管,烧杯(50 mL),培养皿,鳄鱼夹等。

【方法与步骤】

1. 实验准备

蛙或蟾蜍毁脑和脊髓后,用蛙钉背位固定于蛙板上。打开胸腔,暴露心脏。

2. 连接实验装置

模拟心电图标准导联 Ⅱ 的连接方式,将接有导线的鳄鱼夹分别固定在蛙或蟾蜍右前肢和两后肢的蛙钉上,负极接右前肢,正极接左后肢,右后肢则与地线连接,输入导联线连接至心电图机或计算机生物信号采集处理系统(图6-9)。为保证导电性良好,可在鳄鱼夹和蛙钉之间垫以任氏液浸过的脱脂棉。

3. 实验项目

(1)记录蛙或蟾蜍常规导联时的心电图。

(2)将引导电极随意连接于蛙或蟾蜍身体各部位,观察是否能记录到心电图,其波形有何变化。

(3)按照实验项目(1)中的方式连接仪器后,开动心电图机或计算机生物信号采集处理系统。用小镊子夹住主动脉干,连同静脉窦一同快速剪下心脏,并将蛙心放入盛有任氏液的培养皿内,观察此时记录纸或显示器上波形有何变化。

(4)将培养皿中的心脏重新放回蛙心胸腔原来的位置,观察记录纸或显示器上波形有何变化。

(5)将心脏倒放(即心尖朝上),观察此时波形将发生什么变化。

(6)从蛙腿上取下导联线,夹在培养皿边缘并与培养皿内的任氏液相接触,再将心脏置于培养皿中部,观察记录纸或显示器上是否显示心电波形(图6-10)。

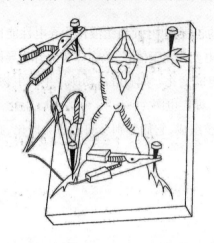
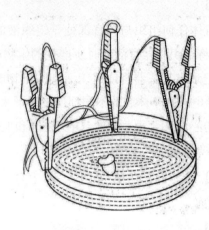

图6-9　蛙心脏生物电活动记录　　　　图6-10　蛙心电容积导体引导法

(7)再将心脏任意放置于培养皿内,观察心电图的波形有何变化。

【实验结果】

剪贴记录曲线(图6-11),根据实验结果总结容积导体的导电规律。

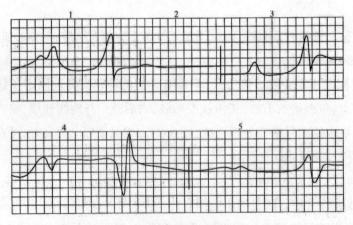

图6-11　离体蛙心容积导体心电描记

1.正常波形;2.剪去心脏;3.心脏放回胸腔原位;4.倒置心脏;5.心脏置于任氏液中

【注意事项】

(1)剪取心脏时切勿伤及静脉窦。

(2)培养皿中的任氏液温度最好保持在30 ℃左右。

(3)仪器必须接地良好,以克服干扰。如果按标准导联Ⅱ连接,出现干扰时,可将左前肢也与仪器的左前肢导联线连接起来,即可克服干扰。

【分析与讨论】

(1)将引导电极置于体表或体内任何部位,为什么均可引导记录到心脏的生物电活动?

(2)如果将心脏取出,心脏的生物电活动又将如何变化,为什么?

(3)若再将心脏放回胸腔,此时心脏的生物电活动又将如何变化,为什么?

(4)如将心脏放置于培养皿的任氏液中浸泡,并通过培养皿中的任氏液能否引导记录到心电变化,为什么?

(陈吉轩、白华毅、程美玲)

实验二十　哺乳动物和禽类的心电图描记

【实验目的】

学习描记哺乳动物及禽类心电图的方法；熟悉各类动物正常心电图的波形，了解其生理意义。

【实验原理】

心肌在兴奋时首先出现电位变化，并且已兴奋部位和未兴奋部位的细胞膜表面存在着电位差，当兴奋在心脏传导时，这种电位变化可通过心肌周围的组织和体液等容积导体传至体表。将测量电极放在体表规定的两点即可记录到由心脏电活动所致的综合性电位变化，该电位变化的曲线称为心电图。

体表两记录点间的连线称导联轴，心电图是心电向量环在相应的导联轴上的投影。心电图波形的大小与导联轴的方向有关，与心脏的舒缩活动无直接关系。导联的方式有3种：①标准的肢体导联，是身体两肢体间的电位差，简称标Ⅰ（左、右前肢间，左正右负）、Ⅱ（右前肢，左后肢，左正右负）、Ⅲ（左前后肢，前负后正）导联（图6-12），右后肢接地。②单极加压导联，左、右前肢及左后肢3个肢体导联上各串联一个5 kΩ的电阻，共同接于中心站，此中心站的电位为0，以此作为参考电极。另一电极分别置于右、左前肢和左后肢，分别称为aVR（右前肢）、aVL（左前肢）、aVF（左后肢）。③单极胸导联，仍以上述的中心电站为参考电极，探测电极置于胸前。常规的有$V_1 \sim V_6$共6个部位（图6-13）。

图6-12　羊标Ⅰ、Ⅱ、Ⅲ心电导联图

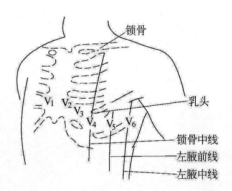

图6-13　胸导联电极安放示意图

V_1：胸骨右缘四肋间；V_2：胸骨左缘四肋间

V_3：V_2与V_4的中间；V_4：左锁骨中线五肋间

V_5：左腋前线第五肋间；V_6：左腋中线第五肋间

当心脏的兴奋自窦房结（或静脉窦）产生后，沿心房扩布时在心电图上表现为"P"波；兴奋继续沿房室束浦肯野纤维向整个心室扩布，则在心电图上出现"QRS"波群，此后整个心室处于除极化状态没有电位差，然后当心脏开始复极化时，产生"T"波（图6-14）。

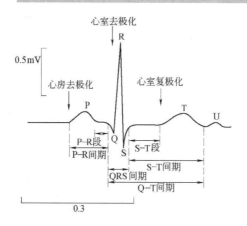

图6-14 正常体表心电图

【实验对象】

家兔(或羊),家鸽(禽)。

【实验药品】

10 % NaCl,乙醚,消毒液等。

【仪器与器械】

心电图机(或计算机生物信号采集处理系统),心电导联线,肢体导联夹,动物手术台或保定架,固定绳,橡皮毯,粗砂纸,记录针形电极(或注射针头),棉花,纱布,分规,剪毛剪等。

【方法与步骤】

1. 兔

将清醒家兔背位固定于解剖台上,底下垫以橡皮毯以排除干扰。对四肢进行剪毛、消毒。前肢的两针形电极分别插入肘关节上部的前臂皮下,后肢两针形电极分别插入膝关节上部的大腿皮下。动物在开始固定时会出现较大的挣扎,通常需安静20 min左右方可进行心电图描记。胸前导联可参照人的相应部位安放。

2. 羊

羊预先训练,使其在实验期间能保持安静站立。4个电极分别装于四肢的掌部和跗部(图6-12)。在装电极前,先将该部分的毛剃去,用乙醚棉球擦拭后,涂上导电糊(或覆盖一层浸透10 % NaCl溶液的棉花),然后将电极扎紧并连导线。待动物安静20 min后,即可测定心电图。

3. 鸽

将鸽子背位固定于解剖台上,用单夹型鸟头固定器固定其头部,用缚带将四肢固定于解剖台的侧柱上(图6-15)。对两翼和后肢进行剪毛、消毒。取两针形电极分别插入左右两翼相当于肩部的皮下,两后肢的电极则需插入股部外侧皮下。胸前导联电极按下列顺序连接:自胸前龙骨突正中线最顶端的上缘向下1.5 cm处为起点,由起点向左侧外侧1.5 cm处为V_1,V_1再向外侧1.5 cm处为V_3。由于鸟类的心脏胸骨面解剖特点几乎全部为右心室外壁,V_5应在左翼的腋后线外下部1.5 cm处。以针形电极分别插入以上各点的皮下,即可得到V_1、V_3、V_5的心电图。

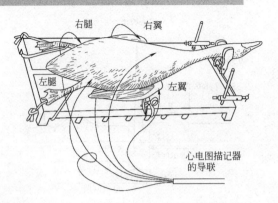

图6-15　单夹型鸟头固定器及心电各导联部位示意图

4. 仪器连接

(1)心电图机描记

用5种不同颜色的导联线插头分别与动物体的相应部位的针形电极连接。前肢:左黄、右红(鸡两翼的两电极相当于上肢部位,亦为左黄、右红);后肢:左绿、右黑;胸前为白。

(2)计算机生物信号采集处理系统的记录

将心电Ⅰ、Ⅱ、Ⅲ导联线插头插入信号输入接口。打开心电导联窗口,进行心电描记。

5. 确定走纸速度(或扫描速度)

一般为25 mm/s,但某些动物心率过快时(如兔、鼠、鸡等),可将其速度调至50 mm/s。

6. 定标

重复按动1 mV定标电压按钮,使描记笔(或描记基线)向下移动10 mm记录标准电压曲线。

7. 记录心电图

旋转导联选择开关,依次记录Ⅰ、Ⅱ、Ⅲ、aVR、aVL和aVF 6个导联的心电图。

8. 测量Ⅱ导联心电图

包括P波、QRS波群、T波振幅,P-R、R-R和Q-T间期(图6-16)。

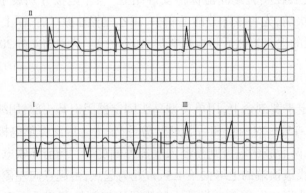

图6-16　山羊标准肢体导联心电图

【实验结果】

(1)剪贴心电图曲线。

(2)测量、分析各种动物的心电图。

P波、R波、T波振幅,测量若干个R-R(或P-P)间期,求其平均值,即为一个心动周期的时间(s)。

(3)计算心率。

$$心率(次/min) = \frac{60}{P-P}(或 = \frac{60}{R-R})$$

【注意事项】

(1)在清醒动物上进行心电图描记必须保证动物处于安静状态,如果动物挣扎,肌电干扰极大。应在固定动物后稳定一段时间,再描记心电图。

(2)针形电极与导线应紧密连接,防止因出现松动产生50 Hz干扰波。

(3)在每次变换导联时必须先切断输入开关,然后再开启。变换导联时,若基线不平稳或有干扰,必须调整或排除后再作记录。

【分析与讨论】

(1)说明心电图各波的生理意义。如果P-R间期延长而超过正常值,说明什么?

(2)P-R间期与Q-T间期的正常值与心率有什么关系?

(3)R-R间期不等超过一定数值时,心脏可能出现了什么问题?

【附】心电图各波振幅与时间的测量

1. 振幅测量

某波的高度即电压大小,如果为向上的波,其高度应从基线的上缘垂直测量到峰顶点,而向下波形的幅度应从基线下缘垂直测量到波谷最低处。

2. 时间测量

向上波形时间,应从基线下缘开始向上测量到波形终点,向下波形则应从基线上缘开始向下测量到波形终点。

3. 心率测量与心律的确定

(1)心率测量

测量5个以上R-R间期或P-P间期,求其平均值,此数值就是一个心动周期的时间(s),心率可按前述公式计算。

(2)心律的确定

在分析心电图时,首先要明确心脏兴奋的起源在何处,即心脏起搏点在什么部位。如果起源于窦房结,则称为窦性心律;如果起源于房室结,则称为结性心律。

(陈吉轩、白华毅、程美玲)

实验二十一　在体蛙心肌动作电位、心电图及收缩曲线的同步描记

【实验目的】

学习、理解容积导体原理和悬浮微电极描记在体蟾蜍心肌细胞电活动的方法;观察心室肌细胞动作电位(AP)的波形、心电图和心肌收缩曲线;分析心电图与心室肌细胞动作电位、心肌收缩之间的时间关系,进一步理解心肌兴奋和收缩的关系。

【实验原理】

心室肌的动作电位反映心室肌细胞的电活动。在心动周期中,心脏各部分兴奋过程中出现的电变化可通过心脏周围的导电组织和体液反映到体表,使身体各部位在每一心动周期中都能发生规律性电变化。如果将悬浮式玻璃微电极插入心室肌内就可以记录到心室肌兴奋时的电活动,可观察心肌细胞动作电位(AP)的形状和特征;在心脏表面安放记录电极,可以记录到与单个心肌细胞动作电位近似的心肌复合动作电位。将测量电极放置在体表的一定部位记录出来的心脏电变化曲线就是心电图(ECG)。心电图波形是心室肌细胞发生兴奋的综合电变化在体表的反映。

关于心肌动作电位和心电图波形之间的关系,由于兴奋的心肌细胞和静止的心肌细胞之间形成一个电偶极子,前者电位低,形成电穴,后者电位高,形成电源。电偶极子是有方向和大小的矢量,称为心电向量。多个心肌细胞的心电向量相加得到一个总和向量,称为综合心电向量。随兴奋在心脏的传布,不同部位发生兴奋的心肌细胞数目在改变。综合心电向量在每个导联连线(导联轴)上的投影就是心电图的波形。因此,心电图是总的心肌细胞动作电位的一种表现形式。

蟾蜍标准Ⅱ导联:右上肢为负极,左下肢为正极,右下肢接地。记录的各个导联心电图波形分别是反映心房兴奋的除极化波(P波)、反映心室兴奋的除极化波(QRS波群)和反映心室复极化波(T波)。心肌细胞的生物电活动是心肌收缩活动的前提,心脏的兴奋和搏动是同步的。通过实时描记心肌细胞动作电位、心电图、心搏曲线,有利于理解心脏活动的特点。

【实验动物】

蟾蜍或蛙。

【实验药品】

任氏液,3 mol/L KCl溶液等。

【仪器与器械】

计算机生物信号采集处理系统,张力换能器,微电极控制仪,微电极操纵器,玻璃微电极(尖端1～2 μm),针形电极,心导联线,蛙类手术器械,支架,蛙心夹,滴管,烧杯,丝线等。

【方法与步骤】

1. 在体蛙心标本制备

在体蛙心标本制备参见本章实验一、实验二中介绍的方法。

2. 连接实验装置

(1)记录心搏曲线

在心室舒张期用蛙心夹夹住心尖部,蛙心夹的连线通过滑轮与体轴方向垂直地连接到张力换能器,张力换能器输出线与生物信号采集处理系统的输入通道(如CH1)连接。调整蛙心夹连线的紧张度,注意避免使心脏吊起,保证心脏不离开胸腔(即与心电导联在一个平面上)为准。

(2)心电图引导

用标准肢体导联(Ⅰ导联)记录ECG,将导线(+)极接左后肢,(-)极接右前肢,地线接右后肢。心电导联线另一端与生物信号采集处理系统的生物电放大器输入端连接,引导心电。

(3)动作电位引导

将玻璃微电极安装在微电极操纵器上,电极内充灌 3 mol/L KCl 溶液,将氯化银银丝插入电极内,另一端与生物信号采集处理系统的微电极放大器输入线(+)相连,输出端(-)与周围皮肤相连构成回路。用微电极操纵器将灌有 3 mol/L KCl 溶液的玻璃微电极缓慢垂直刺入心室壁内记录动作电位。

(4)调整好仪器及参数

灵敏度 20 mv/div,时间常数 0.001 s,高频滤波 500～1000 Hz,描记速度 60 ms/div,在显示器上可观察到3条曲线,待曲线良好后开始描记。

3. 实验项目

(1)描记正常心搏曲线、心室肌细胞动作电位和心电图(图6-17)。

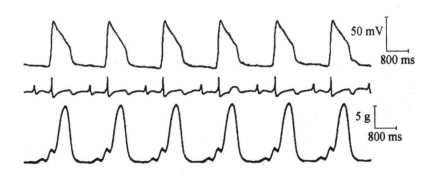

图6-17 蟾蜍在体心肌细胞动作电位、心电图与心搏曲线同步观察

(2)观察记录心室肌细胞动作电位的波形,区分动作电位的5个相期,注意平台期的形态和持续时间。辨认除极化、反极化和复极化过程。

(3)测量动作电位相关参数值 静息电位值、动作电位高度、超射值、动作电位时程。

(4)观察记录心电图,分析心电图与心室肌细胞动作电位之间的关系,特别注意0相期与R波、3相期与T波的对应关系。

【实验结果】

描记心肌收缩、心肌动作电位和心电图曲线,剪贴记录曲线,列出各项实验的原始数据表,统计学处理实验数据,进行显著性检验,并对处理结果进行分析讨论。

【注意事项】

(1)经常在心脏表面滴加任氏液,心脏不可完全离开体腔。

(2)记录心肌细胞动作电位时必须使用微电极放大器,因为玻璃微电极具有极高的电阻($5 \sim 100 \ M\Omega$),远远超出前置放大器的输入电阻值($1 \ M\Omega$),因此要用高输入阻抗放大器,即微电极放大器(阴极放大器),输入阻抗可高达 $10^{12} \ M\Omega$。

【分析与思考】

(1)实验所测出的ECG各波的代表意义是什么,为什么?

(2)细胞内记录和细胞外记录有何不同?

(3)玻璃微电极内为什么要充灌高浓度的KCl溶液?

(4)如何预测动作电位0期应该与心电图的哪个波相对应?为什么?

(陈吉轩、白华毅、程美玲)

实验二十二 蛙类微循环观察

【实验目的】

学习用显微镜或图像分析系统观察蛙肠系膜微循环内各血管及血流状况;了解微循环各组成部分的结构和血流特点;观察某些药物对微循环的影响。

【实验原理】

微循环是指微动脉和微静脉之间的血液循环,是血液和组织液进行物质交换的重要场所。经典的微循环包括微动脉、后微动脉、毛细血管前括约肌、真毛细血管网、通血毛细血管、动-静吻合支和微静脉等部分。

由于蛙类的肠系膜组织很薄,易于透光,可以在显微镜下或利用图像分析系统直接观察其微循环血流状态、微血管的舒缩活动及不同因素对微循环的影响。

在显微镜下,小动脉、微动脉管壁厚,管腔内径小,血流速度快,血流方向是从主干流向分支,有轴流(血细胞在血管中央流动)现象;小静脉、微静脉管壁薄,管腔内径大,血流速度慢,无轴流现象,血流方向是从分支向主干汇合;而毛细血管管径最细,仅允许单个血细胞依次通过。

【实验对象】

蟾蜍或蛙。

【实验药品】

任氏液,20 % 氨基甲酸乙酯溶液,1:10000去甲肾上腺素,1:10000组胺等。

【仪器与器械】

手术剪,手术镊,玻璃分针,眼科镊,有孔蛙板,蛙钉,滴管,烧杯(50 mL),显微镜或计算机微循环血流(图像)分析系统,注射器(1~2 mL),4号针头等。

【方法与步骤】

1. 实验准备

取蛙或蟾蜍一只,称重。在尾骨两侧进行皮下淋巴囊注射20 % 氨基甲酸乙酯(3 mg/g),10~15 min后蛙进入麻醉状态。用蛙钉将蛙腹位(或背位)固定在蛙板上,在腹部侧方做一纵行切口,轻轻拉出一段小肠襻,将肠系膜展开,小心铺在有孔蛙板上,用数枚蛙钉将其固定(图6-18)。

2. 实验项目

(1)在低倍显微镜下,识别动脉、静脉、小动脉、小静脉和毛细血管(图6-19),观察血管壁、血管口径、血细胞形态、血流方向和流速等有何特征。图像经摄像头进入计算机微循环血流(图像)分析系统,对微循环血流作进一步分析。

(2)用小镊子给予肠系膜轻微机械刺激,观察此时血管口径及血流有何变化。

（3）用一小片滤纸将肠系膜上的任氏液小心吸干,然后滴加2滴1:10000去甲肾上腺素于肠系膜上,观察血管口径和血流有何变化。出现变化后立即用任氏液冲洗。

（4）血流恢复正常后,滴加2滴1:10000组胺于肠系膜上,观察血管口径及血流变化。

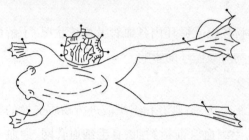

图6-18　蛙肠系膜标本固定方法

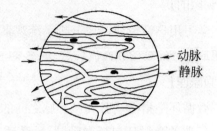

→ 动脉
→ 静脉

图6-19　蛙肠系膜微循环的观察

【注意事项】

（1）手术操作要仔细,避免出血造成视野模糊。

（2）固定肠系膜不能拉得过紧,不能扭曲,以免影响血管内血液流动。

（3）实验中要经常滴加少许任氏液,防止标本干燥。

【分析与讨论】

（1）根据实验观察,对蛙肠系膜微循环内各血管及血流状况进行描述,并加以分析。

（2）低倍镜下如何区分小动脉、小静脉和毛细血管? 各血管中血流有何特点?

（3）机械性刺激、组胺及去甲肾上腺素引起微循环变化有何不同,为什么?

（陈吉轩、白华毅、程美玲）

实验二十三　交感神经对血管和瞳孔的作用

【实验目的】

了解交感神经对兔耳小动脉管壁平滑肌以及对眼的扩瞳肌的作用。

【实验原理】

交感神经中枢经常处于紧张性活动中,其紧张性冲动可通过交感神经传到血管平滑肌和扩瞳肌,引起血管收缩和瞳孔扩大。如果切断交感神经,则其所支配的血管显著扩张,瞳孔缩小。

【实验对象】

家兔。

【实验药品】

1:10000肾上腺素,生理盐水等。

【仪器与器械】

计算机生物信号采集处理系统,哺乳动物手术器械一套,兔手术台,固定绳,保护电极,细线等。

【方法与步骤】

1. 实验准备

将兔背位固定于手术台上,剪去颈部及耳部被毛。在麻醉状态下,自颈部正中线纵行切开皮肤,钝性分离颈部肌肉,暴露气管。分离气管双侧交感神经,在其下方穿双线备用。如果不易判断,可用电刺激来观察兔耳血管的变化情况进行判定(图6-20)。手术完毕后将兔松开,经15～20 min后进行实验观察。

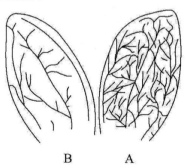

B　A

图6-20　兔耳血管的反应

A.刺激交感神经时的兔耳血管;B.切断交感神经后的兔耳血管

2. 连接实验装置

将保护电极与计算机生物信号采集处理系统的刺激输出连接。

3. 实验项目

（1）在光亮处比较两耳血管的粗细，并用手触摸其温度有无差别。比较两瞳孔的大小。

（2）结扎一侧交感神经，并在近中枢端将其切断。比较两耳血管粗细有何变化，瞳孔有无变化，用手触摸其温度有无差异，解释原因。

（3）用中等强度的电刺激（波宽1 ms，强度2~3 V，频率5~10 Hz），刺激已切断的交感神经外周端，观察同侧兔耳小动脉有何变化，瞳孔有何变化。

（4）静脉注射1∶10000肾上腺素0.2~0.3 mL，观察两侧兔耳血管和瞳孔有何变化。

【注意事项】

（1）在实验过程中应注意消毒，实验后伤口应进行抗菌处理，伤口处可用青霉素粉抗菌防止感染，再行缝合。

（2）该实验兔在4 h内不适宜进行其他实验项目。

【分析与讨论】

（1）切断一侧交感神经后，两耳血管、耳温及瞳孔有何变化，为什么？

（2）用中等强度的电刺激，刺激交感神经外周端，同侧兔耳小动脉有何变化，瞳孔有何变化，为什么？

（3）注射肾上腺素后，结果又将如何，为什么？

【附】离休蛙眼观察肾上腺素对蛙眼扩瞳肌的作用

取蛙，用粗剪刀于口角处，经过听囊将蛙的上颌连同颅盖骨一并剪下（图6-21），立即放在瓷盘中，用滴管吸取1∶10000肾上腺素1滴，滴在蛙的一只眼的瞳孔上，与对侧眼的瞳孔相对照，观察其瞳孔有何变化。

图6-21　肾上腺素对蛙眼扩瞳肌的影响

（陈吉轩、白华毅、程美玲）

实验二十四　血压的测定及心血管活动的神经体液调节

【实验目的】

　　学习哺乳动物动脉血压的直接测定方法；以动脉血压、心率为观察指标，在整体条件下，观察神经体液因素及其重要神经递质、受体激动剂或颉颃剂等，对心血管活动的调节及影响；观察减压神经传入的冲动频率与动脉血压的关系。

【实验原理】

　　生理情况下，机体的心血管系统受神经、体液等因素的调节，保持着心血管活动的相对稳定和动脉血压的相对恒定。动脉血压的相对恒定对于保持机体各组织、器官正常的血液供应和物质代谢是极其重要的。因此，动脉血压是衡量心血管机能活动的综合指标。

　　心脏受交感神经和副交感神经(迷走神经)的双重支配。交感神经兴奋时，其末梢释放的去甲肾上腺素(NE)与心肌细胞膜上β受体结合，对心脏产生正性变时、变力、变传导作用，使心率加快、传导加快、心肌收缩力增强，从而使心输出量增加，动脉血压升高。迷走神经兴奋时，其末梢释放的乙酰胆碱(Ach)与心肌细胞膜上M受体结合，对心脏产生负性变时、变力、变传导作用，使心率减慢、房室传导减慢、心肌收缩力减弱，从而使心输出量减少，动脉血压降低。支配血管的神经(主要是交感缩血管神经)兴奋时通过其末梢释放NE与血管平滑肌上α受体结合，引起缩血管效应，外周阻力增加，同时容量血管收缩，促进静脉回流，心输出量增加，血压升高。

　　心血管中枢通过神经反射作用改变心输出量及外周阻力，从而调节动脉血压。其中以颈动脉窦–主动脉弓的压力感受性反射(又称减压反射)调节机制更为重要，当动脉血压升高时，压力感受器向中枢传入冲动增加，对交感神经紧张性活动起到抑制作用，而对迷走神经紧张则具有加强作用，引起心率减慢，心肌收缩力减弱，心输出量减少，血管舒张和外周阻力降低，使血压降低，以保持动脉血压的相对稳定。反之，使动脉血压升高。

　　影响心血管活动最重要的体液因素是肾上腺素和去甲肾上腺素。肾上腺素对α与β受体均有激活作用，使心率加快，收缩力加强，传导加快，心输出量增加；但对血管的作用取决于优势受体。去甲肾上腺素主要激活α受体，使血管收缩，外周阻力增加，动脉血压升高，对心脏的作用要远弱于肾上腺素。

　　由于家兔压力感受器传入神经在颈部自成一束，又称减压神经或主动脉弓神经，其传入冲动或放电的频率随动脉血压的变化而变化，并呈集群性放电的特征，所以家兔是研究心血管活动的极好材料。

【实验对象】

家兔。

【实验药品】

台氏溶液,生理盐水,20％氨基甲酸乙酯(或3％戊巴比妥钠),肝素1000 U/(mL/kg),1∶10000去甲肾上腺素(NE),1∶10000肾上腺素(Ad),1∶10000乙酰胆碱(Ach)溶液、液体石蜡等。

【仪器与器械】

计算机生物信号采集处理系统,血压换能器,三通管,双极保护电极,监听器(或耳机、音箱代替),心电导联线,兔手术台,哺乳动物手术器械一套,气管插管,动脉夹,动脉插管,丝线,纱布,脱脂棉,注射器(50 mL、10 mL、2 mL、1 mL若干),万能支架,双凹夹等。

【方法与步骤】

1. 实验准备

(1)麻醉与固定

家兔称重后,用20％氨基甲酸乙酯(5 mL/kg)或3％戊巴比妥钠(1 mL/kg)于耳缘静脉缓慢进行注射麻醉。其麻醉剂不能过量,注射速度要慢,同时要密切观察动物的肌张力、呼吸频率、角膜反射和痛反射变化,防止麻醉过深导致死亡。当动物四肢松软,呼吸变深变慢,角膜反射迟钝时,表明动物已被麻醉。将麻醉的家兔仰卧位固定于兔手术台上。

(2)气管插管

按第二章"气管插管"介绍的方法进行。

(3)分离颈部血管和神经

分离气管两侧的颈总动脉鞘(血管神经束),识别鞘内的颈总动脉和迷走神经(最粗)、交感神经、减压神经(最细)。在减压神经下放一钩状记录电极(保护电极),实验过程中将电极悬空(但不要拉得过紧)。将神经周围的皮肤提起做一皮兜,在神经表面滴上38 ℃液体石蜡,以防止神经干燥,并起到绝缘作用。

(4)分离内脏大神经

小心分离主干(图6-22),在其下方穿一丝线,并安放好保护电极备用。

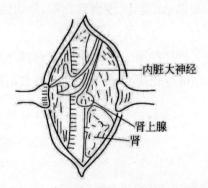

图6-22　兔左侧内脏大神经解剖位置

(5)动脉插管

按第二章"颈总动脉插管"介绍的方法进行。

2. 连接实验装置

(1)仪器连接

将动脉插管通过三通管与血压换能器连接,血压换能器与计算机生物信号采集处理系统的压力通道连接;用注射器注入肝素生理盐水,将三通管、动脉插管、血压换能器压力腔内的空气全部排出,关闭动脉插管三通侧管和血压换能器侧管。将刺激电极与系统的刺激输出连接,减压神经记录电极导线与系统任一通道连接。

(2)心电引导

将心电导联线与注射器针头相连接,然后将针头刺入动物各肢体末端并固定,在显示屏上可观察到心电图波形,作为心率的观察指标。心电导联线的连接方法:红色—右上肢,黄色—左上肢,蓝色—左下肢,黑色—右下肢,白色—接地。

(3)启动计算机生物信号采集处理系统

按系统程序提示进行血压信号定标(如已定标,无需再定标),中途不能改变定标值,设置各实验参数,进入实验信号记录状态。

3. 实验项目

(1)观察记录正常动脉血压曲线

松开动脉夹,打开三通管,使压力信号(血液)经动脉插管和血压换能器输入计算机生物信号采集处理系统中,随即可见动脉血压随心室舒缩而变化,观察记录正常血压曲线。在血压曲线上可见三级波(图6-23):

一级波(心搏波):由心室舒缩活动所引起的血压波动,心缩期上升,心舒期下降,其频率与心率一致。

二级波(呼吸波):伴随呼吸运动引起的血压波动,表现为吸气时先降后升,呼气时先升后降,其频率与呼吸频率一致。

三级波:不常出现,为一低频缓慢波动,可能由心血管中枢的周期性紧张活动引起血管的周期性紧张变化所致。

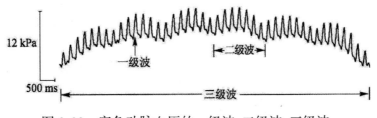

图6-23　家兔动脉血压的一级波、二级波、三级波

(2)观察记录正常状态下减压神经放电与动脉血压和心电图三者的关系

注意观察减压神经的群集性放电与血压、心电图的波动是否同步,每次群集性放电持续多长时间与血压变化和心电图各波的时间关系,记录血压值和心率,监听正常减压神经放电的声音(从监听器中可监听到类似火车开动的声音)(图6-24)。

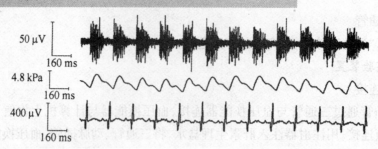

图6-24　减压神经放电与动脉血压、心电图的同步记录

（3）夹闭颈总动脉

用玻璃分针将颈总动脉和伴行的神经游离开，再用动脉夹夹闭即可。用动脉夹夹闭一侧颈总动脉10～15 s，观察血压与减压神经放电的变化（图6-25）。在出现一段明显变化后，突然放开动脉夹，观察血压又有何变化。

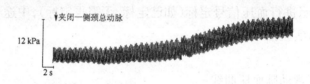

图6-25　夹闭一侧颈总动脉对动脉血压的影响

（4）牵拉颈总动脉

手持左侧颈总动脉上的远心端结扎线，垂直向上或向向心方向快速有节奏牵拉3 s，阻断动脉血流，观察血压与减压神经放电的变化（图6-26）。如果持续牵拉，血压与减压神经放电会有何变化，为什么？

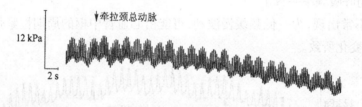

图6-26　牵拉一侧颈总动脉对动脉血压的影响

（5）静脉注射乙酰胆碱

待血压基本稳定后，由耳缘静脉注入1∶10000乙酰胆碱0.2～0.3 mL，监听减压神经放电的声音，观察动脉血压与减压神经放电的变化及关系，并注意观察动脉血压降低到何种程度时，群集性放电才开始减少或完全停止放电，其恢复过程如何（图6-27）。

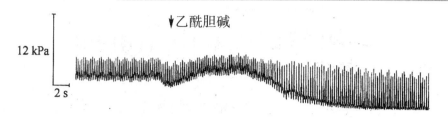

图6-27　静脉注射乙酰胆碱对动脉血压的影响

（6）静脉注射去甲肾上腺素

待血压基本稳定后,由耳缘静脉注入1∶10000去甲肾上腺素0.2～0.3 mL,观察动脉血压与减压神经放电的变化及二者的关系。注意何时减压神经冲动发放增多,何时分辨不出群集形式。持续观察到血压恢复正常为止(图6-28)。

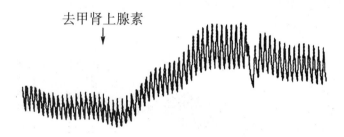

图6-28　静脉注射去甲肾上腺素对动脉血压的影响

（7）静脉注射肾上腺素

待血压基本稳定后,由耳缘静脉注入1∶10000肾上腺素0.2～0.3 mL,观察血压和心率的变化(图6-29)。

图6-29　静脉注射肾上腺素对动脉血压的影响

（8）分别刺激迷走神经外周端和中枢端

待血压基本稳定后,结扎并剪断双侧迷走神经,分别电刺激迷走神经外周端和中枢端(图6-30),待血压变化明显时停止刺激。观察血压和心率各有何变化,为什么? 判断迷走神经是传入效应还是传出效应。分别刺激左、右侧迷走神经对动脉血压和心率的作用有何异同,为什么?

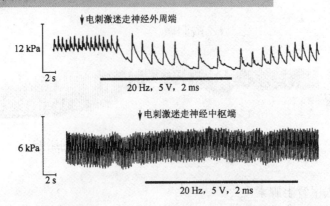

图6-30　分别刺激迷走神经外周端和中枢端对动脉血压的影响

(9)刺激内脏大神经

待血压基本稳定后,用保护电极刺激内脏大神经,观察血压和心率的变化(图6-31)。
(注:刺激前需分离内脏大神经)

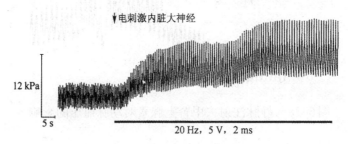

图6-31　刺激内脏大神经对动脉血压的影响

(10)刺激减压神经

待血压基本恢复正常后,刺激完整减压神经或者其中枢端和外周端,观察血压和心率各
有何变化,为什么?结扎并剪断双侧减压神经,分别用中等强度电流刺激减压神经中枢端和
外周端,待血压出现较明显变化时停止刺激,并同时作标记(图6-32)。观察血压与心率各有
何变化,为什么?

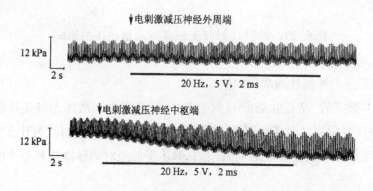

图6-32　分别刺激减压神经外周端和中枢端对动脉血压的影响

（11）失血

待血压基本稳定后，调节三通管使动脉插管与50 mL注射器相通，放血50 mL。之后立即用肝素生理盐水将插管内血液冲回血管内，以防动脉插管内凝血，并作标记，观察记录心率与血压的改变。

【注意事项】

（1）用血压换能器记录血压，但应注意将换能器和动脉插管中的气泡彻底排除，否则会影响动脉血压记录的准确性。用注射器将肝素生理盐水缓慢推入压力换能器另一侧管使气泡排净。动脉插管前，一定要对家兔耳缘静脉注射肝素1000 U/(mL/kg)进行全身抗凝。如果实验过程中，血液不慎进入压力换能器中造成血凝影响血压正常记录，可夹闭动脉近心端，取下动脉插管及换能器，用肝素生理盐水清洗后重新插管记录血压。要保持动脉插管与动脉方向一致，以防止刺破血管或引起压力传导障碍影响血压记录。

（2）实验动物麻醉应适度，麻醉药注射量要准确，注射速度要慢，同时注意呼吸变化，以免过量引起动物死亡。如果实验时间过长，动物苏醒挣扎，可适量补充麻醉药，通常为初始剂量的1/5～1/4。

（3）在整个实验过程中，如果给药次数过多，应注意保护好耳缘静脉，应从耳缘静脉远心端开始给药。必要时可用儿科输液用头皮针，以便多次给药。每次静脉给完药后应立即推入0.5 mL生理盐水，以防药液残留在针头内及局部静脉中而影响下一药物的效应。

（4）每项实验前要有观察对照，必须待血压和心率恢复正常后，才能进行下一项目。给予相应刺激时，要做好相应标记，以便实验后分析处理。

（5）注意分离神经时不要过度牵拉，并经常用生理盐水保持湿润，防止干燥。

（6）实验结束后，必须先结扎颈总动脉近心端后再拔除动脉插管。

【分析与讨论】

（1）正常血压曲线的一级波、二级波及三级波各反映机体的何种生理现象？有何特征？

（2）用动脉夹夹闭一侧颈总动脉，其血压与减压神经放电是否有变化？为什么？

（3）手持左侧颈总动脉上的远心端结扎线，垂直向上或向向心方向快速有节奏牵拉，其血压与减压神经放电是否有变化？为什么？如果持续牵拉，是否有不同的变化，为什么？

（4）静脉注射乙酰胆碱，其血压与减压神经放电是否有变化？为什么？

（5）静脉注射去甲肾上腺素，其血压与减压神经放电是否有变化？为什么？

（6）静脉注射肾上腺素，其血压与减压神经放电是否有变化？为什么？

（7）分别电刺激迷走神经外周端和中枢端，其血压和心率各有何变化，为什么？

（8）刺激内脏大神经，其血压和心率各有何变化，为什么？

（9）刺激完整减压神经或者其中枢端和外周端，观察血压和心率各有何变化，为什么？

（10）短时间夹闭右侧颈总动脉（未插管一侧）对全身的血压和心率有何影响？如果夹闭部位在颈动脉窦上，其影响是否相同，为什么？

【附】可能出现的问题与解释

1. 刺激迷走神经时可能会出现血压升高、不变或降低

由于迷走神经是混合神经,除含副交感纤维外,还含有大量来源不同的兴奋性、抑制性传入纤维,其粗细、兴奋性及传导性都不同。如果刺激完整的迷走神经,其结果难预测,也不便于对其进行机制分析。所以凡是对混合性神经干施加电刺激,一定要在刺激之前先将神经干剪断,这是一条极为重要的实验原则。因此,切断迷走神经后,再刺激其外周端,可单独观察迷走神经对心脏的作用,避免传入纤维兴奋的影响。如果实验目的要求探究其传入效应,就刺激神经干的中枢端;如果实验目的要求探究其传出效应,就刺激神经干的外周端。本实验也必须要遵照这个原则,预先切断迷走神经,再刺激其外周端。

2. 本实验未能顺利进行而失败的常见原因

家兔麻醉过量、过快而导致其死亡;颈部切口时损伤颈前静脉造成大出血;颈总动脉插管时剪口太大,使颈总动脉断开而使插管失败;血液抗凝效果不好,使动脉插管口形成血栓;动脉插管插口过尖,在实验过程中动物挣扎活动使插管刺破动脉管壁导致出血;找不到减压神经或分离时使其受损,电刺激时血压无反应等。

(陈吉轩、白华毅、程美玲)

实验二十五　家兔心电图与左心室内压的同步记录

【实验目的】

学习用心导管及计算机监测家兔左心室内压力变化的实验方法；认识心电图和左心室泵血机能的时间关系及对心脏泵血机能的评价。

【实验原理】

家兔右颈总动脉与左心室之间的通路呈一相对直线的特征，可将心导管通过右颈总动脉直接插入兔的左心室内。左心室内的压力变化可直接反映心脏泵血机能的情况。左心室压力信号经压力换能器换能后，连同心电图信号一并输入计算机生物信号采集处理系统，通过对左心室内压进行分析，可得到部分血流动力学参数：左心室收缩压（LVSP）、左心室舒张压（LVDP）、左心室收缩压最大上升速度（$+dp/dt_{max}$）、左心室舒张压最大降低速度（$-dp/dt_{max}$）及心率、心电图等指标。通过对这些参数的综合分析，结合同步记录的心电图，可评判左心室泵血机能的状况。

【实验对象】

家兔，体重 1.5～2 kg。

【实验药品】

20% 氨基甲酸乙酯，1000 U/(mL/kg)肝素，1∶10000肾上腺素溶液，1∶10000去甲肾上腺素溶液，1∶10000乙酰胆碱溶液，生理盐水等。

【仪器与器械】

计算机生物信号采集处理系统，压力换能器，三通管，气管插管，心室导管（导管内径1.5 mm），心电导联线，兔手术台，哺乳动物手术器械一套，注射器（1 mL、5 mL），支架，玻璃分针，动脉夹，丝线，纱布等。

【方法与步骤】

1. 实验准备

（1）麻醉与固定

家兔称重，注射20% 氨基甲酸乙酯溶液（5 mL/kg体重），耳缘静脉麻醉，将兔麻醉后背位固定于手术台上。注意麻醉剂不宜过量，注射速度也不宜过快，同时注意家兔呼吸频率。38 ℃保暖，耳缘静脉注射1000 U/(mL/kg)肝素生理盐水（0.1 mL/kg肝素化抗凝）。

（2）插气管插管

（3）两种左心室插管引导左心室内压的方法

① 经右侧颈总动脉插管法（也可经左侧颈总动脉插管）：手术分离右侧颈总动脉3～4 cm，在该动脉下穿两根线，一根将颈总动脉远心端结扎，另一根留作固定心导管用，并将线打一松结。用动脉夹将近心端夹住，在靠近结扎处用眼科剪在远心端结扎处下约0.3 cm的动脉壁

上剪一向心脏方向的半斜切口,并预先测量从切口到左心室(左胸前触摸到心尖波动最明显处)的距离,并将该段距离标记在心导管上,以便掌握导管推进的最大深度。将已充满肝素抗凝的心导管(导管内径1.5 mm)从右颈总动脉切口逆行插入。当靠近动脉夹处时缓慢放开动脉夹,插入至主动脉瓣入口时,有明显的抵触、抖动感。根据导管上的距离标记可估计导管离左心室的距离,当突然产生一个突空感时,说明导管已插入左心室内,即计算机屏幕上的动脉压波形突然变成心室内压波形时,用丝线扎紧心导管,并将心导管及动脉结扎固定。导管另一端连接压力换能器,后者与计算机生物信号采集处理系统连接。压力换能器放置与左心室水平,扫描速度可设定为50 mm/s。

②开胸直接插管法:沿胸骨正中线切开皮肤,剪开胸骨左缘暴露心脏。剪开心包膜,暴露心室。预先在心尖部缝一丝线,以备固定导管用。用连有导管的充满肝素生理盐水的8号针头直接从心尖部插入左心室,导管经压力换能器与计算机生物信号采集处理系统相连,并引导出左心室内压力波形,用丝线将导管扎牢固定。

(4)心电导联

将针形电极刺入皮下,然后将电极与导联线连接(前肢,左黄右红;后肢,左绿右黑;胸部,白)。

2. 仪器连接

(1)准备检压系统

预先通过三通开关用肝素生理盐水溶液充灌并排尽压力换能器中的气体,关闭三通开关备用。然后选择2个通道分别输入左心室内压及心电信号,将心导管通过压力换能器的输入端与计算机生物信号采集处理系统的相应通道连接。

(2)连接心电导联与相应输入通道,记录Ⅱ导联心电图。

3. 实验项目

(1)同步记录正常心电图、左心室内压曲线及观察其对应关系(图6-33)。

(2)观察记录心电图及部分血流动力学参数对照值:心率(HR)、左心室收缩压(LVSP)、左心室舒张压(LVDP)、左心室收缩压最大上升速度($+dp/dt_{max}$)、左心室舒张压最大降低速度($-dp/dt_{max}$)。

(3)耳缘静脉注射1:10000肾上腺素溶液0.2~0.5 mL,观察各参数变化。

(4)耳缘静脉注射1:10000去甲肾上腺素溶液0.2~0.5 mL,观察各参数变化。

(5)耳缘静脉注射1:10000乙酰胆碱溶液0.2~0.5 mL,观察各参数变化。

【实验结果】

(1)统计各组实验结果,以平均值±标准差表示,比较各处理因素前后左心室内压各参数的变化,可用直方图来表示。

(2)剪贴实验记录(图6-33)。

(3)根据Ⅱ导联心电图计算心率。

测量相邻两个心动周期中P波与P波的间隔时间(s)或R波与R波的间隔时间(s),去除

60,即得每分钟心率:

$$心率(次/min)=\frac{60}{P-P}(或=\frac{60}{R-R})$$

计算静息状态下,家兔左心室压力曲线,求得心泵血机能各项参数。

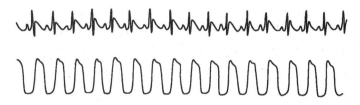

图6-33　家兔心电图(CH1)/左心室内压(CH3)记录

【注意事项】

(1)麻醉应适量缓慢,并密切监视动物的呼吸、角膜反射、肌肉张力等,避免过量、过快导致死亡。

(2)手术时应仔细辨认并钝性分离神经、血管。

(3)左心室插管时,应根据动脉走向进行,应与动脉走行方向平行,以防止导管刺破动脉壁而造成动物死亡。插管速度应尽可能缓慢,用力应适度,当推进阻力较大时,可采用退退进进,不断改变方向的办法插入。插管时,应密切注视显示屏上的血压波形,以判断心导管所处的位置与状态。如果显示器屏幕上的血压波动波形突然消失,可将导管退出0.2~1.0 cm。如仍无波形,应考虑导管内凝血,可从三通管内注入少量肝素或重新插管。

(4)如果导管内出现血液凝固时,应抽取出血块,重新灌注肝素生理盐水。

(5)经胸前正中切口打开胸腔时,不会伤及胸膜,动物可进行自然呼吸。假如伤及胸膜导致气胸,应立即进行人工通气。

(6)观察每项实验内容时,需使前一项实验效果基本消失后再进行下一实验项目,并做好前、后对照实验。

【分析与讨论】

(1)通过本次实验,你对经颈总动脉进行左心室插管术有何体会?在插管中应注意什么?

(2)分别静脉注射肾上腺素、去甲肾上腺素、乙酰胆碱后各参数有何变化?对心血管活动有什么影响,为什么?

(3)在心动周期中,哪些时相的室内压力变化速率最大?为什么?

（陈吉轩、白华毅、程美玲）

实验二十六　影响心输出量的因素（实验设计）

【实验目的】

通过离体蛙心（或其他小动物的心脏）灌流，观察心室舒张末期容积（前负荷）、动脉血压（后负荷）、心肌收缩力及心率对心输出量的影响；掌握蛙等动物的动、静脉插管技术。

【实验原理】

心输出量是指每分钟一侧心室所射出的血量，即每搏输出量与心率的乘积，是衡量心机能的重要指标。每搏输出量反映了心肌收缩力与做功的大小，并取决于心室充盈量（心室舒张末期容积）和心室射血能力。心室射血能力又与动脉血压及心肌收缩性能有关。所以，影响心输出量的主要因素是充盈量（心室舒张末期容积）、动脉血压、心肌收缩性能和心率。

心室收缩前负荷是指心肌尚未收缩时所遇到的阻力，与心室舒张末期容积直接有关。在一定范围内，回心血量增加，心室舒张末期容积增加，心肌收缩前遇到的前负荷增加，心肌纤维初长度拉长，心肌收缩力加强，每搏输出量增加；超过一定范围，心输出量反而减少。后负荷指心肌开始收缩时所遇到的总外周阻力，即动脉血压。在一定范围内后负荷增加可引起前负荷相应增加，心肌收缩力增加，从而使心输出量保持不变，但超过一定范围则心输出量减少。当动脉血压增加时，心室收缩射血克服阻力增加，心室收缩期张力增大，做功增加。心肌收缩能力是指心肌内在收缩机制改变所引起的收缩力量的改变，与前、后负荷无关，受去甲肾上腺素、乙酰胆碱等神经递质和体液因素的影响。在一定范围内心率增加，心输出量增加；但超过了一定范围心舒张期充盈不足，可引起前负荷下降，故心输出量反而减少。

【实验设计要求】

拟用离体蛙或蟾蜍（也可用豚鼠、兔、猫）的心脏，旨在消除神经反射对心率的影响，保持心率基本恒定。因此，本实验主要考虑每搏输出量、心肌收缩性能、动脉血压和心率对心输出量的影响。

按照实验设计要求，可结合上述原理设计实验方案，探讨改变前负荷、后负荷及心肌收缩能力对每搏输出量的影响（可设计某一单个或多个因素），并对心脏机能进行评价。

【实验对象】

蛙或蟾蜍（也可用豚鼠、兔、猫）。

【实验药品】

肝素1000 U/(mL/kg)，任氏液，氧饱和任-乐氏液，1∶10000肾上腺素（Ad）。

【仪器与器械】

计算机生物信号采集处理系统,蛙类常用手术器械一套,玻璃分针,蛙板,蛙钉,蛙心夹,试管夹,滴管,试剂瓶,烧杯,双凹夹,万能支架,细线,恒压贮液瓶,动脉插管(或细塑料管),螺旋止水夹,刺激电极。

【方法与步骤】

1. 实验标本制备

介绍两种离体心脏灌流标本的制备方法供参考:

(1)离体蛙心双管灌流标本的制备

①破坏蛙或蟾蜍的脑和脊髓,仰卧位固定在蛙板上,沿腹白线剖开腹腔和胸腔,露出心脏和腹腔静脉、主动脉。用玻璃分针将心脏翻向头部,识别静脉窦、后腔静脉(下腔静脉)、肝静脉和前腔静脉的解剖位置(图6-34)。后腔静脉最初位于肝叶背侧的深部,需拨开肝叶才能看到。分离两侧主动脉,用线结扎右主动脉后再在左主动脉下穿一线备用。

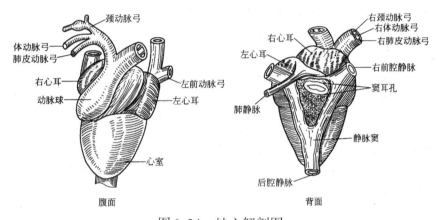

图6-34　蛙心解剖图

②用蛙心夹夹住心尖部,将心脏轻轻提起,用已备好的左主动脉下方的线,绕过左、右前腔静脉,左、右肺静脉结扎,于结扎的远心端剪断(也可分别结扎剪断)。用玻璃分针将心脏翻向头端,用线结扎左、右肝静脉(注意结扎时切忌伤及静脉窦),于结扎外围远心端剪断。在后腔静脉下穿一线,打一活结备用。用眼科剪沿向心方向剪一斜口,随即把恒压贮液瓶(预先装上任氏液,排尽整个管道内气体)相连的塑料管向心插入静脉(注意勿伤静脉窦),可用备用线结扎固定在管壁上防止滑脱。插管尾端经橡皮管连于贮液瓶上。

③翻正心脏,在左主动脉上剪一小口,向心脏方向插入动脉插管(或细塑料管),用备用线结扎固定。动脉插管尾端经橡皮管连一小玻璃滴管,此时可见液体从细塑料管中流出,将细塑料管固定于铁支架上,以便收集心脏搏出的灌流液。

手术完毕,旋开灌注胶管上的螺旋止水夹,使任氏液流入心脏,将心脏内血液冲净后,即将止水夹关小,以防止贮液瓶中的溶液过多流出(图6-35)。

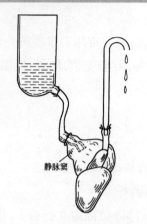

静脉窦

图6-35　双管蛙心灌流

（2）豚鼠（兔、猫）离体心脏灌流标本的制备

①取豚鼠一只，用木棒击昏（兔、猫应全身麻醉），迅速打开胸腔，暴露心脏，于下腔静脉注射肝素 1000 U/(mL/kg)。

②剪断肺动脉，做主动脉插管，用氧饱和任-乐氏液恒流泵进行逆行性灌流。

③从肺根部穿线结扎双侧肺静脉，剪去肺。

④于左心房处开口，插入静脉插管，插管与恒压贮液瓶相连。

⑤将心脏完全游离取出，移入保温灌流器中。逆行灌流 10～15 min 后，待心脏节律规则后，改为顺方向灌流。

⑥通过调整贮液瓶高低，控制左心房的负荷。通过调整动脉插管长短和高低，控制心室后负荷。

2. 实验观察参考性提示

（1）观察指标的确定与控制

①恒压贮液瓶中心管口为零点。零点与心脏水平之间的垂直距离决定了心脏的灌流压，它的高低表示了前负荷的大小。通过调整贮液瓶高低，可控制左心房的负荷。

②调整动脉插管的长短和高低，可控制左心室的后负荷。

③用刺激电极直接接触心脏，选用高于实验动物自主心率的刺激频率，以能引起心脏收缩的电刺激强度来控制心率。

（2）静脉回流量：前负荷（即心室舒张末期容积）对心输出量的影响

①固定后负荷约在 20 cm 处，人工控制心率，缓慢抬高贮液瓶，观察直至动脉插管流出液明显增加（或减少）时将其固定，测定此时贮液瓶零点高于心脏距离（前负荷，cm），记录 1 min 内流出塑料插管的液体量（即心输出量）。

②以前负荷（贮液瓶零点高于心脏距离，cm）为横坐标，心输出量为纵坐标，绘制心输出量-前负荷关系曲线。

(3)动脉血压(后负荷)对心输出量的影响

①固定前负荷约20 cm处,人工控制心率,缓慢抬高动脉塑料插管,观察到流出液明显减少或停止流出时将其固定,测定此时动脉塑料插管高于心脏的距离(后负荷,cm),记录1 min内流出塑料插管的液体量。

②以后负荷为横坐标,以心输出量为纵坐标,绘制心输出量–后负荷关系曲线。

(4)心肌收缩能力对心输出量的影响

参考上述(2)、(3)实验项目,设计通过肾上腺素影响心肌收缩力对心输出量产生的影响。绘制滴注肾上腺素后的心输出量–后负荷关系曲线,与项目(2)、(3)的关系曲线作比较。

(5)心率对心输出量的影响

参考上述(1)中的②项,确定最合适的前负荷与后负荷,改变人工起搏频率,记录不同频率时的心输出量,绘制心输出量–心率关系曲线。

【实验结果】

可根据功的计算公式：$W=P·V$

心脏每搏所做功=总外阻力×每搏输出量

心脏每搏功的大小反映心脏收缩力量的大小。

【注意事项】

(1)手术时不要损伤静脉窦。

(2)整个实验中贮液瓶零点不要太高,避免输液管道扭曲,输液管道中不能有气泡。

(3)心脏表面经常滴加任氏液,防止组织干燥。

【分析与讨论】

(1)实验中如何找到最适前负荷?

(2)哪些因素会对心肌收缩性能有影响?

(3)分析改变前负荷、后负荷及心肌收缩能力对每搏输出量的影响。

(陈吉轩、白华毅、程美玲)

实验二十七　鱼类血管导管手术

【实验目的】

掌握鱼类血管导管手术的基本步骤和方法,并了解它在鱼类生理研究工作中的作用和意义。

【实验原理】

鱼类血管导管安置可用于取血样或注射药物。将细塑料管(即导管)固定在尾鳍基部,使细塑料管充满含肝素的生理盐水,用大头针将导管末端塞紧并避免出现气泡,把鱼放回水族箱内,待它完全恢复正常后就可以进行实验。

【实验对象】

鲤鱼、草鱼、罗非鱼。

【实验药品】

麻醉剂(MS-222、尿烷或喹那啶),肝素(1000 U/mL),鱼用生理盐水。

【仪器与器械】

流水式手术台,手术刀,剪,镊,针,缝线,注射器,止血棉花,内径0.6 mm和2.5 mm的塑料管,塑料套管和长注射针,流水式小长格水族箱。

【方法与步骤】

1. 鱼用生理盐水配制

Cortland淡水鱼用生理盐水:NaCl 7.25 g、KCl 0.38 g、MgSO$_4$·7H$_2$O 0.23 g、NaH$_2$PO$_4$·H$_2$O 0.41 g、CaCl$_2$ 0.162 g、NaHCO$_3$ 1.0 g、葡萄糖1.0 g,配制成1 L生理溶液。氯化钙和葡萄糖应在使用前才加入,蒸馏水在配制生理盐水之前最好能进行充气。

进行血管导管手术用生理盐水,要在使用前加入肝素:每毫升加入肝素10 IU(166.7 nkat)。

2. 鱼常用麻醉剂配制

(1)MS-222:0.02 g/L~0.1 g/L。进行血管导管手术时,用0.05 g/L浓度浸泡鱼体使之麻醉;用0.02 g/L浓度通过胶管不断灌注鳃部。

(2)尿烷:5~40 mg/L。

(3)喹那啶:0.01~0.03 mL,溶解于同量的丙酮中,然后加入1 L水中。

配制麻醉溶液的水要取自进行手术鱼类原来驯养的水体,如能用低温的水配制麻醉溶液,将增强麻醉效果。

麻醉溶液配好后可把鱼放入其中,1~2 min后鱼停止游动,身体失去平衡,鳃盖活动停止,对外界刺激无任何反应,即可置于手术台上。由于血管导管手术需时较长,因此,应将浓度较低的麻醉溶液通过胶管不断地灌注鱼鳃部,既供给必要的氧气又保证鱼在整个手术过程始终处于麻醉状态。

3. 背大动脉导管手术

（1）用粗注射针将麻醉鱼上颌在鼻腔附近刺穿，插入一长 3～4 cm 的粗塑料管，以备手术后将血管导管引出体外。然后，将鱼腹部向上置于手术台（用塑料网制成的吊床）上，左右鳃盖下插入小胶管，使循环流动的低浓度麻醉溶液不断灌注鳃部，并使鱼体表保持潮湿；用一吊钩把鱼下颌往上拉起，使口腔尽可能张大；用手术钩针穿线后在口腔顶部正中线的上皮系上两个活结，前后相距 1 cm 以上，以备将导管固定在口腔顶部上皮备用。

（2）用 2～5 mL 的注射器装满含肝素的鱼用生理盐水，接上注射针头（注射针头的口径应与作导管用的塑料小管内径相一致）；针头末端再套上长约 50 cm 的塑料小管，轻轻推动注射器塞，使整条塑料小管都充满含肝素的鱼用生理盐水；如有气泡，应来回移动注射器塞或挤出少许生理盐水而将它排除。

（3）用特制的塑料套管和插入套管内的长注射针在咽腔上壁第一对鳃弓和第二对鳃弓之间的正中线轻轻以 30°角斜刺入上皮组织以及在其下方的背大动脉，如图 6-36（1）。插入动作要小心，稳而准（为了保证血管导管手术成功，手术前应通过解剖了解该种鱼背大动脉在咽腔上壁的具体部位）。如果套管内的注射针头正好刺入背大动脉（注意刺入动作不可用力过大，以免穿过背大动脉），血液将立即沿注射针头向外涌出。此时，一手应将塑料套管轻轻稳住，不可移动，另一只手将长注射针头取出，如图 6-36（2），并立即把已经准备好的塑料小管沿着塑料套管仔细插入已经刺破的背大动脉内，如图 6-36（3）。如果塑料小管正好插入背大动脉内，则背大动脉的血液就会沿着塑料小管向外流。此时亦可轻轻来回移动注射器活塞以观察血液在塑料小管内是否通畅；如果血液通畅，说明塑料小管已经准确插入背大动脉内；如果血流中断，说明塑料小管并未插入背大动脉内或者只在背大动脉出血的部位，必须把塑料小管取出，用塑料套管和长注射针重新寻找合适的部位刺入。

将塑料小管准确插入背大动脉后，一手用镊子轻轻夹住塑料小管，将它的位置稳住，切不可移动；另一手慢慢将塑料套管小心移出，如图 6-36（4）。把塑料套管移出一段距离后，便可用原来已经系在口腔顶部上皮的两个活结把塑料小管结扎在口腔上皮上，使其位置固定。在结扎塑料小管之前必须移动注射器塞以检查小管内的血流是否畅通无阻以及有无气泡。结扎塑料小管不可太紧，以免影响血液流畅。塑料小管固定在口腔顶部上皮后，可将塑料套管完全取出，将塑料小管通过已穿过鱼上颌的粗塑料管引出体外，并用粗线将塑料小管结扎在粗塑料管上。这时，可用注射器把少量

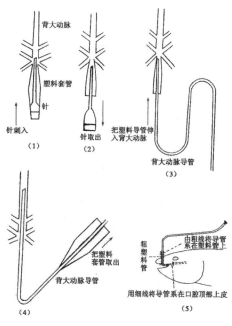

图 6-36 鱼类背大动脉导管手术示意图

生理盐水通过塑料小管注入鱼体内以补充手术过程的失血,并使整个塑料小管充满生理盐水而没有气泡,然后取走注射器和注射针头而用大头针将塑料小管(导管)末端塞紧,如图6-36(5)。

4. 手术后的护理

做完背大动脉导管手术后,应将鱼立即移入有新鲜流水与充气的水族箱中,迅速让其苏醒。如果因麻醉较深,苏醒缓慢,可用手帮助其口腔和鳃盖运动(相当于人工呼吸),促使它恢复呼吸运动。苏醒后的鱼应移入特别用黑色塑料板间隔成长格的流水式水族箱内,每个长格只放一尾鱼,使其安静地休息而不能进行游动,以免影响导管脱落。术后至少应有24 h的复原时间才能开始实验。实验鱼在水族箱游泳时,让导管自然飘动于鱼头部后上方。用注射器从导管末端取血样后应注入少许生理盐水以补充失血,再把导管放回水族箱内。

【注意事项】

(1)血管导管手术用生理盐水,要在使用前加入肝素,以防止血液凝固。

(2)由于血管导管手术时间较长,应将低浓度的麻醉溶液通过胶管不断地灌注鱼鳃部,并使鱼体表保持潮湿状态。

(3)做完鱼类导管手术后,鱼应立即移入有新鲜流水与充气的水族箱中,迅速让其苏醒。

【分析与讨论】

鱼类血管导管手术在鱼类生理研究工作中有何作用和意义?

（伍莉、陈鹏飞）

实验二十八　鱼类心电图的描记

【实验目的】

学习鱼类心电图的描记方法,了解心电图的波形及其生理意义。

【实验原理】

心脏收缩首先是发生电位的变化,心电图变化由心脏起搏点经特殊的传导系统到达心室肌。心脏好比一个电源,鱼体犹如一个容积导体,所以心脏的综合电位可以通过容积导体传布到体表,为体表电极所接受,这种在体表记录到的心脏综合电位变化曲线就是心电图。

【实验对象】

鲤鱼。

【实验药品】

MS-222。

【仪器与器械】

水族箱,1对针形电极(长1.5 cm周围绝缘的不锈钢针),心电图仪或计算机生物信号采集处理系统,鱼手术台,棉花,纱布,分规,温度计。

【方法与步骤】

(1)接通记录仪电源,调节仪器灵敏度为1 mv/cm待用。

(2)用MS-222对鱼进行麻醉,将鱼仰卧于鱼台或用手握住鱼,将有效电极(+)从两个胸鳍后缘之间斜向插入肌肉(尽量靠近心脏部位),将一橡皮圈自头部套入压紧电极的导线;另一无关电极(−)插入尾柄部的肌肉,电极的导线接到仪器的输入端。

(3)水族箱的水体接地,将鱼放入水族箱(箱内盛曝气的水、连续充气),鱼自由游泳10～15 min之后记录心电图,观察PRST波。

(4)逐步升高水温,每隔5 ℃让鱼适应15 min之后,以同样方法记录心电图,观察温度对心电图和心率的影响。

【注意事项】

(1)在清醒动物上进行心电图描记必须保证动物处于安静状态,否则动物挣扎,肌电干扰极大。固定动物后必须让其稳定一定时间,而后描记心电图。

(2)针形电极与导联连接必须紧密,防止因出现松动产生50 Hz的干扰。

(3)在每次变换导联时必须先将输入开关切断,待导联变换后再开启。每换一次导联,均须观察基线是否平稳及有无干扰,如有干扰,须调整或排除后再作记录。

(4)仪器使用完毕后,应擦净并将每个操作钮恢复原位,最后切断电源。

(5)引导电极的放置部位与心电图的波形有关,所以必须说明电极的位置。

【分析与讨论】

(1)心电图记录在科研中有何意义?

(2)比较水温对鱼类心电图的影响。

(3)分析鱼类心电图的波形和生理意义。

(伍莉、陈鹏飞)

第七章 呼吸生理

实验二十九 呼吸运动的调节

【实验目的】

掌握描记呼吸运动的方法,观察各种因素和某些药物对家兔呼吸运动(呼吸频率、节律、幅度)的影响,并了解其作用的机制。

【实验原理】

呼吸运动是呼吸中枢节律性活动的反应。在不同的生理状况下,呼吸运动所发生的适应性变化有赖于神经和体液因素的调节。体内外各种刺激,可以直接作用于中枢部位或通过不同的感受器反射性地影响呼吸运动。

【实验对象】

家兔。

【实验药品】

2%乳酸,麻醉剂。

【仪器与器械】

兔手术台,常规手术器械,气管插管,注射器,计算机生物信号采集处理系统,呼吸换能器(或张力换能器)。

【方法与步骤】

1.实验准备

(1)将计算机生物信号采集处理系统和计算机准备好并通电预热。

(2)家兔麻醉后背位固定在手术台上。

(3)分离两侧迷走神经并在其下穿线备用。

(4)分离气管并做气管插管,将气管插管与呼吸换能器相连,呼吸信号经换能器由信号记录设备记录。本法在动物生理学实验室内较常用,受各种因素干扰最少。呼吸信号也可利用胸膜腔内负压来记录,或采用膈肌运动记录法,即在剑突下方沿腹中线做2 cm切口,仔细分离剑突与膈肌之间的组织并剪断剑突,使剑突与胸肌分离,但与膈肌相连。用弯针钩住剑突,信号经换能器传入计算机。本法可反映呼吸频率、呼吸深度以及呼吸停止状态,但当动物挣扎后需重新调整基线。

2.实验项目

(1)描记一段正常曲线,辨认吸气和呼气运动与曲线方向的关系。

(2)CO_2对呼吸运动的影响 将气管插管的一个侧管接通CO_2气袋,同时夹闭另一侧管,观察并记录呼吸运动的变化。

(3)增大无效腔对呼吸运动的影响　将一长20 cm、内径1 cm的橡皮管连在气管插管的一个侧管上,然后堵塞橡皮管另外一侧,使无效腔增大,观察并记录呼吸运动曲线的改变。一旦出现明显变化,则立即去除橡皮管,待呼吸恢复正常。

(4)窒息　夹闭气管插管的1/2～2/3,持续10～20 s,观察呼吸运动的变化情况。

(5)增加血液中H^+浓度　经耳缘静脉快速注入2%乳酸1～2 mL观察呼吸运动的变化。

(6)迷走神经的作用　结扎并切断一侧迷走神经,观察呼吸运动的变化。分别用电刺激中枢端和外周端,记录呼吸运动曲线的变化。

(7)剪断另一侧迷走神经,记录呼吸运动曲线的变化。

【注意事项】

(1)气管插管内壁要干净。

(2)气流适宜,以免直接影响呼吸运动,干扰实验结果。

(3)注射乳酸时要避免外漏从而引起动物躁动。

(4)每项实验前均应有正常呼吸曲线作比较。

(5)吸CO_2时,出现变化立即移开CO_2,防止动物死亡。

【分析与讨论】

(1)CO_2对呼吸运动有何影响? 为什么?

(2)增大无效腔对呼吸运动有何影响? 为什么?

(3)夹闭气管对呼吸运动有何影响? 为什么?

(4)血液中增加H^+浓度对呼吸运动有何影响? 为什么?

(5)剪断迷走神经对呼吸运动有何影响? 为什么?

(帅学宏、伍茵)

实验三十　胸内负压的测定

【实验目的】

学习胸内负压的测定方法,观察呼吸过程中胸内负压的变化。

【实验原理】

胸膜腔是由胸膜脏层与壁层所构成的密闭而潜在的间隙。胸膜腔内的压力通常低于大气压,称为胸内负压。胸内负压的大小随呼吸周期的变化而改变。吸气时肺扩张,回缩力增强,胸内负压加大;呼气时肺缩小,回缩力减小,负压降低。当胸膜腔一旦与外界相通而造成开放性气胸,则胸内负压消失。

【实验对象】

家兔。

【实验药品】

麻醉剂。

【仪器与器械】

兔手术台,常用手术器械,气管插管,18号注射针头(尖端磨钝,带输液管),水检压计,橡皮管,计算机生物信号采集系统,压力传感器。

【方法与步骤】

1. 实验准备

(1)常规麻醉动物后,背位固定于手术台上。剪去颈部与右前胸部的被毛。

(2)分离气管并插入气管插管。

(3)将粗针头上的输液管与压力传感器连接相通。

(4)开启计算机生物信号采集系统,将压力传感器的侧支封闭,接通压力信号输入通道,并适当增加放大倍数。

(5)剪开右侧胸部下方的皮肤,在右腋前线第4、5肋骨上线,将针头垂直刺入胸膜腔内。当见到压力扫描曲线随呼吸搏动时则说明针头已进入胸膜腔内。注意:针头的斜面应朝向头侧,刺入时可先用较大的力量穿透肌层,然后控制进针力量,以防进针过深。

2. 实验项目

(1)胸膜腔内负压的观察

当针头插入胸膜腔时即可见水检压计与胸膜腔相通的一侧液面上升,而与空气相通的一侧液面下降,表明胸膜腔内的压力低于大气压,为负压。仔细观察吸气和呼气时胸膜腔内负压的变化。

(2)增大呼吸无效腔对胸膜腔内负压的影响

将气管套管开口端一侧连一长20 cm、内径1 cm的橡皮管,然后堵塞另一侧,使无效腔增大,造成呼吸运动加强,观察胸膜腔内负压的变化。

(3)憋气效应

在吸气末与呼气末分别夹闭气管插管,此时动物虽用力呼吸,但不能呼出或吸入外界空气,处于憋气状态。观察记录此时胸内压变化的最大幅度,并注意胸内压是否可以为正(高于大气压),何时为正压?

(4)气胸对胸膜腔内负压的影响

在穿刺侧沿第7肋骨上缘切开皮肤,分离肋间肌,造成一个长约1 cm的胸壁贯通伤,使胸膜腔与大气相通,形成气胸。观察此时胸内压的升降情况和肺组织是否发生萎缩。

(5)迅速关闭创口,用注射针头刺入胸膜腔内抽出气体,观察胸膜腔内压力的变化,可见胸膜腔内负压再次出现,呼吸运动也逐渐恢复正常。

【注意事项】

(1)穿刺时,应控制好进针力量,不要插得过猛过深,以免刺破肺组织和血管,形成气胸或出血过多。

(2)穿刺针头与橡皮管和检压计的连接必须严密,切不可漏气。

(3)如针头被阻塞时,可轻轻挤压橡皮管或轻动针头,避免刺破脏层胸膜。

【分析与讨论】

(1)胸膜腔内负压是如何形成的?有何生理意义?

(2)增大呼吸无效腔对胸膜腔内负压的影响?

(3)憋气时胸内压有何变化?为什么?

(4)在形成气胸时,胸内压与大气压比较有无不同?是否随呼吸运动而变化?

(帅学宏、刘亚东)

实验三十一　膈神经放电

【实验目的】

学习引导兔在体膈神经放电的电生理学实验方法;观察膈神经自发放电与呼吸运动的关系。

【实验原理】

呼吸运动的节律来源于呼吸中枢,呼吸肌属于骨骼肌,其活动依赖膈神经和肋间神经的支配。脑干呼吸中枢的节律性活动通过膈神经和肋间神经下传至膈肌和肋间肌,从而产生节律性呼吸肌舒缩活动,引起呼吸运动。因此引导膈神经传出纤维的放电,可直接反映脑干呼吸中枢的活动,同时能加深对呼吸运动调节的认识。

【实验对象】

家兔。

【实验药品】

CO_2气囊,20 % 氨基甲酸乙酯,生理盐水,液体石蜡(加温至38 ℃),尼可刹米注射液,2 %乳酸。

【仪器与器械】

哺乳类动物手术器械,计算机生物信号采集处理系统,兔手术台,气管插管,神经放电引导电极,压力换能器或呼吸换能器,固定支架,U形皮兜固定架,注射器(30 mL,20 mL,1 mL),50 cm长橡皮管一条,玻璃分针,液体石蜡。

【方法与步骤】

1. 实验准备

(1)麻醉和固定

用20 % 氨基甲酸乙酯(5 mL/kg)由兔耳缘静脉注射,待动物麻醉后,取仰卧位固定于兔手术台上。

(2)气管插管

剪去颈部兔毛,沿颈部正中切开皮肤,用止血钳钝性分离气管,在甲状软骨以下的气管上剪一"T"形开口,插入"Y"形气管插管,用棉线将气管插管结扎固定。气管插管的两个侧管各连接一3 cm长的橡皮管。将插气管插管的一个侧管尾端的塑料套管连到压力换能器上。

(3)分离颈部膈神经

膈神经由第4、5、6对颈神经的腹根汇合而成。先将动物头颈略倾向对侧,用止血钳在术侧颈外静脉与胸锁乳突肌之间向深处分离直至见到粗大横行的臂丛神经。在臂丛的内侧有一条较细的由颈4、5脊神经分出的如细线般的神经分支,即为膈神经。膈神经横过臂丛神经并和它交叉,向后内侧行走,贴在前斜角肌腹缘表面,与气管平行进入胸腔。用玻璃分针在臂丛上方分离膈神经2～3 cm,穿线置外周端(近心端)备用。

（4）分离迷走神经

分离两侧迷走神经，穿线备用。

（5）安置电极

颈部另一侧接地。借助于U形架做好皮兜，并注入38 ℃液体石蜡，以起到保温、绝缘及防止神经干燥的作用。用玻璃分针将膈神经放至引导电极上。注意：神经不可牵拉过紧，引导电极应悬空，不要触及周围组织。

2. 连接实验装置

（1）神经放电引导电极接到生物信号采集处理系统CH1上，记录膈神经放电。

（2）压力换能器或呼吸换能器输入到生物信号采集处理系统CH2上，记录呼吸运动变化。

（3）打开计算机，启动计算机生物信号采集处理系统，点击菜单"实验模块"，进入"呼吸实验→膈神经放电"，再点击菜单"实验设置"，选择"监听→打开监听"，并确定。可根据实验实际情况调整各参数。

3. 观察项目

（1）正常呼吸时的膈神经放电

观察动物正常呼吸时胸廓运动、呼吸运动和膈神经放电曲线的关系，通过监听器监听与呼吸运动相一致的膈神经放电。膈神经放电见图7-1。

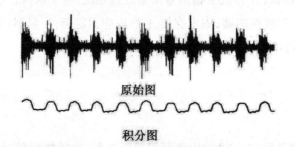

原始图

积分图

图7-1　膈神经放电图

（2）CO_2浓度升高后的膈神经放电

将CO_2气囊上的注射器针头插入气管插管内，打开CO_2气囊上的螺旋夹，给气囊加压，使CO_2冲入气管内，观察膈神经放电和呼吸运动的变化。

（3）注射乳酸后的膈神经放电

由兔耳缘静脉注射2 %乳酸2 mL，观察膈神经放电与呼吸运动的变化。

（4）增大无效腔时的膈神经放电

于气管插管的另一侧管上连接50 cm长橡皮管一条，观察膈神经放电与呼吸运动的变化。出现明显效应后立即去掉橡皮管，待呼吸运动和膈神经放电曲线恢复正常后再进行下一项内容的观察。

(5)注射尼可刹米后的膈神经放电

由兔耳缘静脉注入稀释的尼可刹米 1 mL(内含 50 mg),观察膈神经放电和呼吸运动的变化。待呼吸运动和膈神经放电曲线恢复正常后再进行下一项内容的观察。

(6)肺牵张反射时的膈神经放电

①肺扩张反射时的膈神经放电　观察一段正常呼吸运动后,在一次呼吸的吸气末,将气管插管的另一侧管(呼吸通气的侧管)连一 30 mL 注射器(内装有 20 mL 空气),同时将注射器内事先装好的 20 mL 空气迅速注入肺内,使肺维持在扩张状态,观察呼吸运动和膈神经放电的变化。出现明显效应后立即放开堵塞口。

②肺缩小反射时的膈神经放电　当呼吸运动恢复后,于一次呼吸的呼气末,同上用注射器抽取肺内气体约 20 mL,使肺维持在萎缩状态,观察呼吸运动和膈神经放电的变化。出现明显效应后立即放开堵塞口。

③切断迷走神经前后的膈神经放电　先切断一侧迷走神经,观察呼吸运动和膈神经放电的变化。再切断另一侧迷走神经,观察呼吸运动和膈神经放电的变化。然后用中等强度电流刺激一侧迷走神经中枢端,再观察呼吸运动和膈神经放电的变化。在切断两侧迷走神经后,重复上述肺内注气和从肺内抽气的实验,观察呼吸运动及膈神经放电的改变。

【注意事项】

(1)分离膈神经动作要轻柔,分离要干净,不要让凝血块或组织块粘着在神经上。

(2)如气温暖和,可不做皮兜,改用温热液体石蜡条覆盖在神经上。

(3)引导电极尽量放在膈神经远端,以便神经有损伤时可将电极移向近端。注意动物和仪器的接地良好,以避免电磁干扰对实验结果的影响。

(4)每项实验做完,待膈神经放电和呼吸运动恢复后,方可继续下一项试验,以便前后对照。

(5)用注射器自肺内抽气时,切勿过多,以免引起动物死亡。

【分析与讨论】

(1)增加 CO_2 浓度、增加无效腔、注射尼可刹米、切断迷走神经对呼吸运动的频率、深度和膈神经放电频率、振幅各有何影响?为什么?

(2)本实验结果能否说明膈神经放电与呼吸运动的关系?为什么?

(3)膈神经与迷走神经在肺牵张反射中各起什么作用?试述黑-伯反射的反射弧及其生理意义。

(4)试描述膈神经放电的形式,并与减压神经放电形式相比较,有何不同?

(帅学宏、伍茵)

实验三十二　　鱼类呼吸运动的描记及影响因素

【实验目的】

学习鱼类鳃盖运动的描记方法,了解鱼类呼吸运动的特点及其影响因素,观察重金属离子对洗涤运动频率的影响。

【实验原理】

鳃呼吸是鱼类的重要生理机能,除了进行气体交换外,鱼类在每次呼吸运动后,会出现一次洗涤运动,以清除进入口腔和鳃的异物,保证气体交换的顺利进行。洗涤运动因其特殊作用而对水环境的污染物十分敏感,其频率与污染程度密切相关。通过记录鱼类呼吸运动可以研究水环境中的污染物对鱼类呼吸机能的影响,并能作为水环境污染的指标。利用机械-电换能装置可把鳃盖的机械运动转为电信号,通过计算机生物信号采集处理系统将其记录下来。由于在洗涤运动过程中,其水流入口腔后,不是像呼吸机械运动那样从鳃盖处流出,而是从口喷出,故在图形上可将两种运动区分开来。

【实验对象】

500 g左右的鲤鱼、草鱼或鲫鱼。

【实验药品】

CO_2、1 g/L硫酸铜溶液、1 % 盐酸溶液、1 % 氢氧化钠溶液。

【仪器与器械】

5000 mL水族箱,计算机生物信号采集处理系统,张力换能器,氧气袋,铁架台,移液管,洗耳球,双凹夹,鱼钩,手术线,温度计,pH计(pH试纸),眼科镊等。

【方法与步骤】

1. 仪器连接

(1)取一条鱼,将鱼钩钩在鱼鳃上放入水族箱中并固定好鱼。

(2)调试好生物信号采集处理系统,将鱼钩上手术线的另一端与肌张力换能器相连(图7-2)。

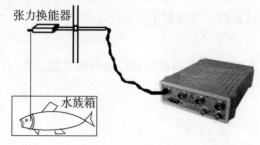

图7-2　鱼类呼吸运动描记装置

2. 实验项目

(1)待鱼安静下来后采样记录,观察正常情况下鱼呼吸和鳃洗涤运动曲线。

(2)向水族箱中缓慢通入少量CO_2气体,观察鱼呼吸和鳃洗涤运动有何变化? 为什么(待现象明显后用普通水更换水族箱内的液体,加入普通水洗涤)?

(3)待鱼呼吸稳定后,向水族箱缓慢加入1%盐酸溶液,使水体的pH值为4~5,鱼的呼吸有何变化(洗涤方法同上)?

(4)待鱼呼吸稳定后,向水族箱中缓慢加入1%氢氧化钠,使水体的pH值为9~10,鱼的呼吸有何变化(洗涤方法同上)?

(5)待鱼呼吸稳定后,向水族箱中加入浓度为1 g/L硫酸铜溶液轻轻混匀,使其终浓度分别为1 mg/L和10 mg/L,记录相应浓度鱼呼吸和鳃洗涤运动频率,每次实验时间为3~5 min(洗涤方法同上)。

(6)待鱼呼吸稳定后,向水族箱中加入温水,使水温慢慢升高到40 ℃,观察鱼呼吸和鳃洗涤运动有何变化? 为什么?

【注意事项】

(1)应待鱼体安静后,方可进行实验。

(2)将鱼固定在水族箱里后,不能影响鱼正常的呼吸活动。

(3)加入试剂时要缓慢,从鱼的尾部加入并轻轻混匀,呼吸运动出现变化后应停止加入试剂。

(4)每项因素实验完后暂停采样,更换新鲜的普通水洗涤鱼,等呼吸稳定后再进行下一项实验。

【分析与讨论】

(1)酸碱环境对鱼的呼吸和洗涤运动有什么影响,为什么?

(2)铜离子对鱼的呼吸和洗涤运动有什么影响,为什么?

(3)鱼类洗涤运动有何作用,对其影响的因素还可能有哪些?

(帅学宏、陈鹏飞)

第八章　消化生理

实验三十三　胃肠道运动的观察

【实验目的】

观察胃肠道的各种形式的运动,以及神经和体液因素对胃肠运动的调节。

【实验原理】

动物的胃肠道由平滑肌组成。胃肠道平滑肌除具有肌肉的共性,如兴奋性、传导性和收缩性之外,还有自己的特性,主要表现为紧张性和自动节律性收缩(其特点是收缩缓慢而且不规则),可以形成多种形式的运动,主要有紧张性收缩、蠕动。此外,胃还有明显的容受性舒张,小肠还有分节运动及摆动。在整体情况下,消化管平滑肌的运动受到神经和体液的调节。即使动物麻醉后,这些运动依然存在。如果再刺激胃肠道的副交感神经或给胃肠道直接的化学因素刺激,这些运动形式会变得更加明显。兔的胃肠道运动活跃且运动形式典型,是观察胃肠运动的最佳实验动物之一。

【实验对象】

兔或豚鼠(大鼠、小鼠也可以)。

【实验药品】

1∶10000 肾上腺素(Ad),1∶10000 乙酰胆碱(Ach),0.5%阿托品和1∶10000阿托品,20%氨基甲酸乙酯,0.9%生理盐水等。

【仪器与器械】

兔手术台,哺乳动物手术器械一套,电刺激器,保护电极,纱布,索线,细线,注射器,计算机生物信号采集处理系统,细塑料管(或橡胶管),长滴管等。

【方法与步骤】

1. 标本的制备

(1)麻醉动物　耳缘静脉注射20%氨基甲酸乙酯(1 g/kg),将兔仰卧固定于手术台上,剪去颈部和腹部的被毛。

(2)按常规做气管插管术。

(3)从剑突下,沿正中线切开皮肤,打开腹腔,暴露胃肠。

(4)在膈下食管的末端找出迷走神经的前支,分离后,下穿一条细线备用。以浸有温台氏液的纱布将肠推向右侧,在左侧腹后壁肾上腺的上方找出左侧内脏大神经,下穿一条细线备用。

(5)为了便于肉眼观察可用4把止血钳将腹壁切口夹住、悬挂,这样腹腔内的液体不会流出,然后将38℃温热的生理盐水灌入腹腔,可观察胃肠运动。

2. 观察项目

(1)观察正常情况下胃肠运动的形式,注意胃肠的蠕动、逆蠕动和紧张性收缩,以及小肠的分节运动等。在幽门与十二指肠的接合部可观察到小肠的摆动。

(2)用连续电脉冲(波宽0.2 ms,强度5 V,10~20 Hz)作用于膈下迷走神经1~3 min,观察胃肠运动的改变,如变化不明显,可反复刺激几次。

(3)用连续电脉冲(波宽0.2 ms,强度10 V,10~20 Hz)刺激内脏大神经1~5 min,观察胃肠运动的变化。

(4)向腹腔内滴加1∶10000乙酰胆碱5~10滴,观察胃肠运动的变化。出现效应后,向腹腔内倒入37 ℃温热的生理盐水,再用滴管或纱布吸干,这样反复冲洗几次,再进行下一项实验。

(5)向腹腔内滴加1∶10000肾上腺素5~10滴,观察胃肠运动有何变化。

(6)耳廓外缘静脉注射阿托品0.5 mg,再刺激膈下迷走神经1~3 min,观察胃肠运动的变化。

【注意事项】

(1)为了避免实验动物体温下降和胃肠表面干燥,应随时用温台氏液或温生理盐水湿润。

(2)实验前2~3 h将兔喂饱,实验结果较好。

【分析与讨论】

(1)本次实验中观察到胃有几种运动形式? 小肠有几种? 这些形式与胃肠道哪些机能相适应?

(2)电刺激膈下迷走神经或内脏大神经,胃肠运动有何变化,为什么? 静脉注射阿托品,再刺激膈下迷走神经,胃肠运动又有何变化,为什么?

(3)给胃肠滴加乙酰胆碱或肾上腺素,胃肠运动有何变化,为什么?

(陈吉轩)

实验三十四　离体小肠平滑肌的生理特性

【实验目的】

学习验证离体小肠平滑肌生理特性的实验方法；证明小肠平滑肌具有自动节律性和紧张性活动；观察若干刺激对离体小肠运动的影响。

【实验原理】

如果将动物的小肠平滑肌离体，放置在与化学成分、渗透压、pH、温度以及气体供应等因素十分接近机体内环境的溶液中时，可保持离体小肠段长时间地存活下来，并可以观察到小肠平滑肌的自动节律性、紧张性收缩、伸展性和对机械牵拉、温度刺激、化学刺激十分敏感，而对电刺激和切割刺激不敏感等一系列特性。通常用台氏液作灌流液，将离体小肠段的一端固定，另一端连张力换能器，即可通过一定的记录装置记录下小肠平滑肌的收缩曲线。

【实验药品】

台氏液，1∶10000肾上腺素（Ad），1∶10000乙酰胆碱（Ach），20%氨基甲酸乙酯，0.9%生理盐水，1% $CaCl_2$溶液，1 mol/L HCl溶液，1 mol/L NaOH溶液等。

【仪器与器械】

兔手术台，哺乳动物手术器械一套，纱布，细线，注射器，恒温平滑肌浴槽，计算机生物信号采集处理系统，张力换能器，万能支架，螺旋夹，双凹夹，温度计，细塑料管（或橡胶管），长滴管等。

【方法与步骤】

1. 实验准备

（1）恒温平滑肌浴槽装置

向中央标本槽内加入台氏液至浴槽高度的2/3处。外部容器为水浴锅，可加自来水。开启电源（注意：容器内一定要有水才能开电源），恒温工作点定在38℃。

（2）标本制备

观察到整体消化管运动后，将胃掏出，并按自然位置摆放，辨认贲门部、胃大弯、胃小弯和幽门部。先用线将肠系膜上的大血管结扎，并将其与肠系膜剪断，以免在取肠管时出血过多。然后在幽门下约8 cm处将肠管双结扎，从中间剪断。然后再剪取9～12 cm长的十二指肠，置于38℃左右的温台氏液中轻轻漂洗，可用注射器向肠腔内注入台氏液冲洗肠腔内壁，并置于38℃左右台氏液中备用。实验时将肠管剪成2～3 cm的肠段，用棉线结扎肠段两端（也可不结扎），将一端结扎线连于浴槽内的标本固定钩上，另一端连于张力换能器，适当调节换能器的高度，使其与标本之间松紧度合适。注意连线必须垂直，并且不能与浴槽壁接触，避免摩擦。用塑料管将充满气体的球胆或增氧泵与浴槽底部的通气管相连，调节塑料管上的螺旋夹，让通气管的气泡一个一个地缓慢溢出，为台氏液供氧（图8-1）。

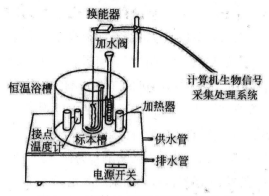

图 8-1　离体小肠平滑肌灌流装置

（3）仪器连接

张力换能器输入端与系统的 CH1 相连，进入计算机生物信号采集处理系统，选择"离体小肠平滑肌的生理特性"实验项目。

2. 实验观察项目

（1）观察、记录 38 ℃台氏液中的肠段节律性收缩曲线。

（2）待中央标本槽内的台氏液的温度稳定在 38 ℃后，加 1∶10000 肾上腺素 1～2 滴于中央标本槽中，观察肠段收缩曲线的改变。在观察到明显的变化后，用预先准备好的新鲜 38 ℃台氏液冲洗 3 次。

（3）待肠段活动恢复正常后，再加 1∶10000 乙酰胆碱 1～2 滴于中央标本槽中，观察肠段收缩曲线的改变。待其变化出现后同上法冲洗肠段。

（4）向中央标本槽内加入 1 mol/L NaOH 溶液 1～2 滴，观察肠段收缩曲线的改变。待其变化出现后同上法冲洗肠段。

（5）向中央标本槽内加入 1 mol/L HCl 溶液 1～2 滴，观察肠段收缩曲线的改变。待其变化出现后同上法冲洗肠段。

（6）向中央标本槽内加入 1% $CaCl_2$ 溶液 2～3 滴，观察肠段收缩曲线的改变。待其变化出现后同上法冲洗肠段。

（7）缓慢降温到 30 ℃，观察、记录肠段收缩曲线的改变。

（8）缓慢升温到 40 ℃，观察、记录肠段收缩曲线的改变。

【注意事项】

（1）实验动物先禁食 24 h，于实验前 1 h 喂食，然后处死，取出实验用标本，其肠运动效果更好。

（2）标本安装好后，应在新鲜 38 ℃台氏液中稳定 5～10 min，有收缩活动时即可开始实验。

（3）注意控制温度。加药前，要先准备好更换用的新鲜 38 ℃台氏液，每个实验项目结束后，应立即用 38 ℃台氏液冲洗，待肠段活动恢复正常后，再进行下一个实验项目。

（4）实验项目中所列举的药物剂量为参考剂量，若效果不明显，可以增补剂量，但要防止一次性加药过量。

【分析与讨论】

(1)加入1:10000肾上腺素,对肠段收缩曲线有何影响? 为什么?

(2)加入1:10000乙酰胆碱,对肠段收缩曲线有何影响? 为什么?

(3)加入1 mol/L NaOH溶液,对肠段收缩曲线有何影响? 为什么?

(4)加入1 mol/L HCl溶液,对肠段收缩曲线有何影响? 为什么?

(5)加入1% CaCl$_2$溶液,对肠段收缩曲线有何影响? 为什么?

(6)缓慢降温到30 ℃,对肠段收缩曲线有何影响? 为什么?

(7)缓慢升温到40 ℃,观察、记录肠段收缩曲线的改变。

(陈吉轩)

实验三十五 在体小肠肌电活动及收缩运动的同时记录

【实验目的】

通过本实验学习哺乳动物在体情况下用肠肌电引导电极记录小肠平滑肌的肌电活动和用水囊法记录肠的运动;观察刺激迷走神经、交感神经以及乙酰胆碱、肾上腺素等对小肠肌电活动和机械收缩活动的影响。

【实验原理】

肠平滑肌和其他可兴奋组织一样,可产生生物电活动,并可通过兴奋收缩偶联过程发生机械收缩。小肠平滑肌的电活动包括慢波和快波两种电活动,慢波是平滑肌本身所具有的自发性缓慢的电变化,是一种肌源性的电活动。慢波虽不能直接引起肌肉收缩,但可提高平滑肌的兴奋性。峰电位(快波)可引起一次肌肉收缩(图8-2)。

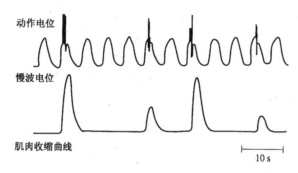

图8-2 猫空肠电活动与收缩的关系

在整体情况下,肠平滑肌的肌电活动和机械收缩运动受到神经和体液的调节。电刺激迷走神经或静脉注射乙酰胆碱时,肠肌电活动和机械收缩运动增强,刺激内脏大神经或静脉注射肾上腺素时,肠肌电活动和机械收缩运动减弱。在体小肠的肌电活动可用肌电引导电极引导到记录仪上进行记录;机械收缩运动可以将一个与压力换能器相连的水囊置入肠内,由于肠平滑肌的收缩,导致肠内压力的变化,水囊所受的压力也将发生相应的变化,压力换能器将这种变化转换成电信号,输入相应的记录系统记录肠运动的变化。

【实验对象】

兔。

【实验药品】

20%氨基甲酸乙酯(或1%戊巴比妥钠),1:10000肾上腺素,1:10000乙酰胆碱,阿托品等。

【仪器与器械】

兔手术台,哺乳动物手术器械一套,计算机生物信号采集处理系统,刺激电极,保护电极,压力换能器,气管插管,水银检压计,注射器(20 mL、5 mL、1 mL),三通活塞,橡皮囊(可用避孕套代替),肠平滑肌肌电引导电极,丝线(或棉线),纱布,缝合针等。

【方法与步骤】

1. **实验准备**

(1)制作肠平滑肌肌电引导电极和气囊。

(2)手术　实验前让家兔禁食24 h,只饮水。

①麻醉与固定:20 %氨基甲酸乙酯(1 g/kg)或1 %戊巴比妥钠(30~40 mg/kg)自耳缘静脉注射麻醉,注意不要麻醉过度。麻醉后动物仰卧位固定在兔手术台上。

②颈部剪毛,按常规进行气管插管术。

③在气管两侧分离沿颈总动脉并行的迷走、交感神经干,各穿一条细线备用。

④腹部剪毛,从剑突下沿正中线切开皮肤,打开腹腔,用浸有温台氏液的纱布将肠管推向右侧,找出左侧内脏大神经,穿一条细线备用。

⑤在小肠内安装气囊:打开腹腔后,将大网膜拉向头侧,暴露肠管。捏住距胃幽门8 cm后段的空肠,在肠下穿2条棉线。用剪刀在肠壁上剪一小口,将装在塑料细管上的橡皮囊插进后段肠腔,插进深度约为10 cm,然后连同肠管一起结扎好,并将线结扎在塑料管上,以防止气囊滑脱。然后向胃一侧的切口插入一个塑料管,同上法结扎好,用来排出肠内容物(图8-3)(若要记录十二指肠或回肠运动,操作方法相近)。

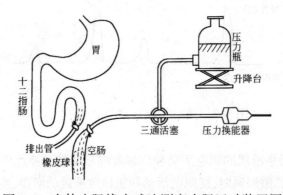

图8-3　在体小肠橡皮球法测定小肠运动装置图

⑥气囊充水:使带气囊的塑料管通过三通活塞与压力瓶连通。预先将气囊和换能器置于同一高度,转动三通活塞,接通塑料管和压力瓶,提高压力瓶水面高度,使之较腹腔内气囊高出8~10 cm。放开夹闭塑料管钳子,则压力瓶中的水少量流入气囊,气囊即成为水囊。待瓶中水面稳定之后,转动三通活塞,阻断水囊同压力瓶的联系,使水囊与压力换能器相连接。压力换能器的信号输入生物信号采集处理系统的一个通道。

⑦肠肌电引导电极的安装:在安放水囊的肠段上,将两根引导电极与肠管相垂直刺入肠浆膜下埋入肌肉内2~3 mm,并让其尖端露出,两电极间的距离为4~5 mm。然后用塑料套管套在引导电极的尖端,以便与周围组织绝缘,并防止引导电极滑脱。

⑧将插进水囊和肌电引导电极的肠管复归原位,腹膜与腹肌一起缝合,随后缝合皮肤。将塑料管、排出管及引导电极的软线从缝合口引到腹腔外,地线接于腹部手术切口。关闭腹腔后小肠基本不动,调节压力换能器和记录平衡线,等待30 min后开始实验。

2. 仪器、标本的连接

将压力换能器与计算机生物信号采集处理系统1通道相接;肠平滑肌肌电引导电极连接到2通道上。打开计算机,启动生物信号采集处理系统,1通道选择"呼吸运动的调节"实验项目菜单;2通道选择"肌电"实验项目菜单。

3. 实验项目

(1)刺激迷走神经 用线结扎颈部一侧迷走神经,在线的中枢侧剪断。刺激离中端,刺激波宽为1 ms,强度为5 V,频率为10~20 Hz,刺激持续时间约30 s。停止刺激后继续记录2~3 min的小肠运动和肌电变化。

(2)刺激内脏大神经 刺激波宽为1 ms,强度为10 V,频率为10~20 Hz,刺激持续时间约30 s。停止刺激后继续记录2~3 min的小肠运动和肌电变化。

(3)注射乙酰胆碱 股静脉缓慢注射1:10000乙酰胆碱溶液(100 μg/kg体重),观察小肠运动效应和肌电变化。

(4)注射肾上腺素 股静脉缓慢注射1:10000肾上腺素溶液(2 μg/kg体重),观察小肠运动效应和肌电变化。

(5)注射阿托品 股静脉注射阿托品(1 mg/kg体重),2 min后刺激迷走神经及内脏大神经,观察小肠运动的效应和肌电变化。

(6)先静脉注射乙酰胆碱,然后注射阿托品,观察小肠运动的效应和肌电变化。

【注意事项】

(1)如果实验环境温度较低,在进行腹腔手术时,应尽量缩短手术持续时间。

(2)在进行腹腔手术时,适宜用浸有温台氏液的纱布将肠管包裹再移动,同时用浸有温台氏液的纱布盖住裸露的胃、肠,注意保温。

(3)在实验完成后,需要描记校准曲线:扭动三通活塞,使压力换能器与压力瓶相连,并使压力瓶与压力换能器同高。这时描笔的位置是0 cm H₂O。然后让压力瓶每次升高1 cm,画出校准曲线。如果在压力为0 cm H₂O情况下,描笔出现了偏离,也不要破坏放大器的平衡,而是将压力瓶以cm为单位升高,直到描笔动作恢复正常为止。

【分析与讨论】

(1)刺激迷走神经离中端,其小肠运动和肌电有何变化? 为什么?

(2)刺激内脏大神经,其小肠运动和肌电有何变化? 为什么?

(3)分别静脉注射乙酰胆碱、肾上腺素、阿托品,其小肠运动和肌电有何变化? 为什么?

(4)先静脉注射阿托品后刺激迷走神经与先静脉注射乙酰胆碱,然后再注射阿托品引起小肠肌电活动和平滑肌的收缩有何不同,为什么?

(陈吉轩)

实验三十六　唾液、胰液和胆汁的分泌

【实验目的】

了解动物几个重要消化腺(颌下腺、胰腺、肝脏)的分泌,以及神经、激素对其分泌的调控。

【实验原理】

颌下腺的分泌活动受副交感及交感神经的双重支配,支配颌下腺的副交感神经为面神经的鼓索支;支配颌下腺的交感神经来自颈前神经节的节后纤维。副交感神经兴奋时,引起颌下腺分泌大量黏稠的唾液;交感神经兴奋时,引起颌下腺分泌少量黏稠的唾液。

胰液和胆汁的分泌受神经和体液两种因素的调节,与神经调节相比较,体液调节更为重要。在稀盐酸和蛋白质分解产物及脂肪的刺激作用下,十二指肠黏膜可以产生胰泌素和胆囊收缩素。胰泌素主要作用于胰腺导管的上皮细胞,引起水和碳酸氢盐的分泌;而胆囊收缩素主要引起胆汁的排出和促进胰酶的分泌。此外,胆盐(或胆酸)亦可通过胆盐的肠肝循环促进肝脏分泌胆汁。

【实验对象】

狗。

【实验药品】

3％戊巴比妥钠,稀醋酸,0.5％HCl溶液,粗制胰泌素10 mL,胆囊胆汁1 mL。

【仪器与器械】

计算机生物信号采集处理系统,保护电极,狗手术台,常用手术器械,注射器及针头,各种粗细的塑料管(或玻璃套管),纱布,丝线,秒表。

【方法及步骤】

1. 唾液的分泌

(1)麻醉动物

绑缚狗的嘴部及四肢。在前肢的皮静脉或后肢的隐静脉注射3％戊巴比妥钠(30～50 mg/kg),将狗麻醉后仰卧位固定于手术台上。

(2)手术操作

唾液腺插管术:纵形切开下颌中线皮肤,暴露二腹肌和下颌舌骨肌并作横切,将切断的肌肉向两边翻开,暴露神经,较前端有一横向走的舌咽神经,在其外侧深部有一小分支是面神经的鼓索支,靠正中线处有一纵向走的舌下神经。在舌咽神经下面横穿着两条略呈灰色并列行走的唾液腺导管,其中较粗大的为颌下腺导管(图8-4),将其与周围结缔组织分离,在颌下腺导管上剪一个小口,插入一玻璃套管(或塑料管)作为唾液引流管。记录单位时间流出的唾液滴数。

纵行切开颈部皮肤,分离出迷走交感神经干,并分别在迷走神经、舌咽神经、鼓索神经及舌下神经下穿线备用。

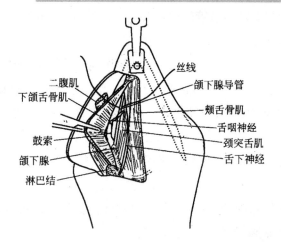

图 8-4　狗颌下腺导管等解剖位置

(3)实验项目

①唾液反射性分泌:将少许稀醋酸滴入狗的口腔,观察颌下腺是否分泌,测其分泌的潜伏期。

②刺激舌咽神经效应:在鼓索神经与舌咽神经相汇之前(离中段)将舌咽神经双结扎剪断,用中等强度串刺激刺激舌咽神经的中枢端2~3 min,观察颌下腺是否分泌唾液,若有,记录其潜伏期。

③将鼓索神经结扎并剪断,以较弱的电流分别刺激鼓索神经的向中端和离中端,观察唾液的分泌及性质的变化(如浓、淡及色泽等)。

2.胰液与胆汁的分泌

(1)收集胰液和胆汁的方法

①按常规行气管插管术后,于剑突下沿正中线切开腹壁10 cm,拉出胃;双结扎肝胃韧带并从中间剪断。上翻肝脏找到胆囊及胆囊管,将胆囊管结扎(图8-5);然后,用注射器抽取胆囊胆汁数毫升备用。

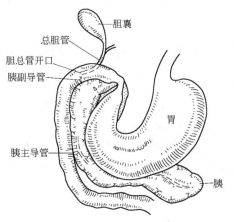

图 8-5　狗胰主导管、胆总管解剖位置示意图

②胆管插管　通过胆囊及胆囊管的位置找到胆总管,插入胆管插管,并同时将胆总管十二指肠端结扎。记录单位时间流出的胆汁滴数。

③胰管插管　从十二指肠末端找出胰尾,沿胰尾向上将附着于十二指肠的胰液组织用盐水纱布轻轻剥离,在尾部向上2~3 cm处可看到一个白色小管从胰腺穿入十二指肠,此为胰主导管。待认定胰主导管后,分离胰主导管并在下方穿线,尽量在靠近十二指肠处切开,插入胰管插管,并结扎固定。记录单位时间流出的胰液滴数。

④股静脉插管　以备输液与注射药物之用。

(2)实验项目

①观察胰液和胆汁的基础分泌:未给予任何刺激情况下记录每分钟分泌的滴数。胆汁为不间断地少量分泌,而胰液分泌极少或不分泌。

②酸化十二指肠的作用:将十二指肠上端和空肠上段的两端用粗棉线扎紧,而后向十二指肠肠腔内注入37 ℃的0.5 % HCl溶液25~40 mL,记录潜伏期,观察胰液和胆汁分泌有何变化(观察时间约10~20 min)。

③股静脉注射粗制胰泌素5~10 mL,记录潜伏期,观察胰液和胆汁的分泌量有何变化。

④股静脉注射胆囊胆汁1 mL(胆囊胆汁稀释10倍),观察胰液和胆汁的变化。

⑤迷走神经对唾液、胰液、胆汁分泌的影响:首先注射少量的阿托品(1 mg),以麻醉迷走神经至心脏的神经末梢,然后电刺激迷走神经离中端,观察唾液、胰液、胆汁分泌的变化。也可使迷走神经的运动神经纤维变性,减小其对心跳和胰导管收缩的影响,以便于观察。

【注意事项】

(1)术前应充分熟悉手术部位的解剖结构。

(2)手术操作应细心,尽量防止出血,若遇大量出血须完全止血后再行分离手术。

(3)电刺激强度要适中,不宜过强。

(4)胆囊管要结扎紧,使胆汁的分泌量不受胆囊舒缩的影响,剥离胰液管时要小心谨慎,操作时应轻巧仔细。

(5)实验前2~3 h给动物少量喂食,用以提高胰液和胆汁的分泌量。

【分析与讨论】

(1)电流刺激舌咽神经的中枢端、鼓索神经的向中端和离中端,分别引起唾液分泌怎样变化,为什么?

(2)向十二指肠腔内注入37 ℃的0.5 % HCl溶液,胰液和胆汁分泌有何变化? 为什么?

(3)静脉注射粗制促胰液素后,胰液和胆汁分泌有何变化? 为什么?

(4)静脉注射胆囊胆汁后,胰液和胆汁分泌有何变化? 为什么?

(5)电刺激迷走神经离中端,唾液、胰液、胆汁的分泌有何变化? 为什么?

【附】

1. 促胰液素粗制品的制备方法

将急性动物实验用过的狗,从十二指肠首端开始取70 cm小肠,将小肠冲洗干净,纵向剪开,用刀柄刮取小肠黏膜放入研钵,加入10~15 mL 0.5 %盐酸研磨,将研磨液倒入烧杯中,加入0.5 %盐酸100~150 mL,煮沸10~15 min。然后,用10 %~20 % NaOH趁热中和(用石蕊试纸检查)至中性,用滤纸趁热过滤,即可得到促胰液素的粗制品,将其在低温下保存。

2. 迷走神经变性方法

刺激迷走神经可引起胰液和胆汁分泌,但迷走神经中的运动神经纤维发放冲动可使心跳抑制、胰导管收缩,难以观察到胰液流出,故需要将迷走神经的运动纤维变性,而保留传入纤维(传入纤维的变性时间较长)。

使迷走神经变性的方法是:将狗浅麻,无菌操作剖开颈部皮肤,游离一段迷走神经并做双结扎,从中间剪断,将向中端的线头剪短弃去。离中端的线头用缝针引导穿出皮肤,并缚于一小纱布卷固定之,此段神经就被移至皮下,对神经下的肌肉做间断性缝合,再将被切开的皮肤缝合。经过4~5 d后,迷走神经的运动纤维便变性,而分泌纤维尚未变性,刺激此变性的迷走神经,将只会出现其分泌效应。实验时拆去皮肤缝线,就暴露出此变性的迷走神经。

(黄庆洲)

实验三十七　大白鼠胃液分泌的调节

【实验目的】

学习测定胃液分泌的实验方法;观察胃的泌酸机能及其分泌的调节。

【实验原理】

胃液中的盐酸是由胃腺的壁细胞分泌,其分泌速率通常用单位时间内排出的盐酸毫摩尔数(mmol)或微摩尔数(μmol)表示。按感受食物刺激的部位可将消化期的胃液分泌分为头期、胃期和肠期。头期胃液分泌具有量大、酸度高和消化酶多的特点,主要受神经调节。胃期胃液分泌的量最大(占进食后分泌量的60%),酸多,但酶少于头期。肠期胃液分泌的量最少。胃期和肠期主要受体液调节。迷走神经、胃肠激素(促胃液素)、组胺及拟胆碱药物促进胃液的分泌,阿托品和甲氰咪胍分别能阻断迷走神经和组胺的促胃液分泌的作用而抑制胃液的分泌。

【实验对象】

大白鼠。

【实验药品】

乙醚,3%戊巴比妥钠,生理盐水,0.01 mol/L NaOH,1%酚酞,0.5 mg/mL阿托品,0.01%磷酸组胺,1 mg/mL毛果芸香碱,甲氰咪胍等。

【仪器与器械】

哺乳动物手术器械一套,刺激器,保护电极,直径2~3 mm、长约20 cm细塑料管,纱布,碱式滴定管,支架,注射器(5 mL,2 mL),100 mL锥形瓶,细线等。

【方法与步骤】

1. 实验准备

(1)取体重350 g以上的大白鼠两只,预先禁食18~24 h,自由饮水。实验时,腹腔注射3%戊巴比妥钠溶液(40~50 mg/kg)麻醉动物,背位固定于手术台上。

(2)颈部剪毛,做长约2.0 cm的皮肤切口,分离肌肉,找出气管,行气管插管术。

(3)剪去上腹部的被毛,自剑突起沿腹部正中做一个长约3 cm的切口,沿腹白线剖开腹腔,在左上腹内找到膈后食管、胃和十二指肠。将胃移至腹腔外,用蘸有生理盐水的纱布垫上。在膈下食管的左右分离迷走神经,穿线备用。

(4)在食管和贲门交界处,迷走神经的下方穿一根棉线,打一个活结套,在十二指肠和幽门交界处穿两根棉线,结扎十二指肠端棉线。在颈部食管剪一小口,向胃端插入两根游离端连有8号针头的塑料管,导管深入胃1 cm左右(用手指在胃表面可触摸到胃内的塑料管,以判断插入的深度),用线结扎固定,此插管用来向胃内注入生理盐水;在十二指肠近幽门端剪一小口,插入塑料导管,深入胃1 cm,结扎固定,用于收集胃液(图8-6)。

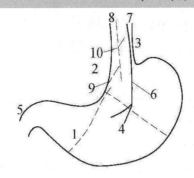

图8-6　大鼠胃的腹面观

1.胃窦；2.贲门；3.食管；4.胃底；5.幽门；6.前胃；

7.左(前)迷走神经干；8.右(后)迷走神经干；9.腹支；10.肝支

用注射器将38 ℃的生理盐水从食管插管注入，用手指轻压胃体，观察幽门插管出口是否通畅，流出液有无食物残渣和血液，如出口通畅则手术成功。为使胃灌流液流出通畅，可将大鼠体位由仰卧位改为侧卧位。

用38 ℃的生理盐水冲洗胃腔，直至流出液澄清无残渣为止。用蘸有温热生理盐水的纱布覆盖创面。可用白炽灯照射，以便给动物保温。

2.观察项目

术后20～30 min后开始测定胃酸分泌情况。

(1)胃酸的基础分泌

用5 mL生理盐水从食管插管注入胃内，连续冲洗3次，每次2 min，同时用锥形瓶收集幽门插管流出的液体，共收集3个样品。收集的样品作为正常状态下的泌酸量，每个样品中加入1～2滴酚酞为指示剂，用0.01 mol/L NaOH溶液滴定每次所收集的胃液样品至刚好变色。中和胃酸所用去的NaOH量(L)×NaOH浓度(mol/L)即为2 min胃酸排出量，换算成μmol/(L/2min)。

(2)迷走神经对胃酸分泌的影响

①用连续电脉冲刺激迷走神经，每次持续5 s，间隔20 s，多次重复刺激。30 min后收集胃洗出液，采用滴定法测定每一个样品中的胃酸含量。

②切断迷走神经，30 min后同法收集胃洗出液，应用滴定法测定每一个样品中的胃酸含量。

③另取一只大白鼠，手术同前。按实验项目(2)中①的方法刺激两侧迷走神经，收集胃洗出液及测定胃酸含量，并以此胃酸含量作为对照。然后给大白鼠皮下注射阿托品(1～2 mg/kg)，5 min后，再重复实验项目(2)中①的方法刺激两侧迷走神经，30 min后收集胃洗出液，测定胃酸含量。

(3)组胺对胃酸分泌的影响

①收集对照样品后，立即在皮下注射磷酸组胺(1 mg/kg)，30 min后收集胃洗出液，连续收集3个样品，用滴定法测定每一个样品中的胃酸含量。

②肌肉注射甲氰咪胍(250 mg/kg),收集3个样品后,再皮下注射磷酸组胺(1 mg/kg),连续收集3个样品,用滴定法测定每一个样品中的胃酸含量。

(4)五肽促胃液素的泌酸作用

收集对照样品后,立即皮下注射五肽促胃液素(100 μg/kg),收集胃洗出液,连续收集3个样品,用滴定法测定每一个样品中的胃酸含量。

(5)毛果芸香碱的泌酸作用

收集对照样品后,立即皮下注射毛果芸香碱0.5 mL,收集胃洗出液,连续收集3个样品,用滴定法测定每一个样品中的胃酸含量。

皮下注射阿托品(1 mg)收集对照样品后,再皮下注射毛果芸香碱0.5 mL,收集胃洗出液,连续收集3个样品,用滴定法测定每一个样品中的胃酸含量。

【实验结果】

上述(2)～(5)各项,每一小组只做1项。每一项样品测定完成后,需绘制曲线图表示结果,以胃酸排出量为纵坐标,时间为横坐标,箭头表示注射药物的时间,并加以说明。

【注意事项】

(1)大白鼠不宜麻醉过深,以免对胃液分泌量影响太大。

(2)大白鼠的迷走神经很细,分离和刺激时要十分小心谨慎。

【分析与讨论】

(1)用连续电脉冲刺激迷走神经,所收集的胃酸含量是否有变化? 为什么?

(2)切断迷走神经,所收集的胃酸含量是否有变化? 为什么?

(3)皮下分别注射阿托品、组胺、五肽促胃液素、毛果芸香碱对胃酸分泌有何影响? 为什么?

【附】

用手指轻轻触摸胃,检查胃内是否有食物残渣,若胃内有固体物则要在胃大弯侧切开胃体,取出胃内食物团,并用蘸有温热生理盐水的棉签将胃内的食物残渣清除干净,然后缝合胃的切口。

(陈吉轩)

实验三十八　家禽的食管切开术与假饲实验

【实验目的】

学习家禽食管切开术及假饲的实验方法;观察胃腺分泌的调节。

【实验原理】

动物消化期胃液分泌的调节包括3个时相(或时期):头期、胃期和肠期。假饲实验可用来研究头期的胃液分泌。假饲时,动物吞下的食物由食管切开处漏出,并未进入胃内,经一定时间后仍能引起胃液的分泌,此为非条件反射性分泌。另外,如果只让动物观看食物,不让其进食,也能引起胃液分泌,此为条件反射性分泌。这两种胃液分泌的刺激均来自头部,故称为头期。

【实验对象】

鸭或鹅。

【实验药品】

20%氨基甲酸乙酯,pH试纸等。

【仪器与器械】

哺乳动物手术器械一套,鸟体固定台,鸟头固定夹,胃瘘管,假饲实验架,假饲固定衣,消毒纱布,药棉,缝针,缝线,食盘,刻度试管等。

【方法与步骤】

1. 食管切开术

选用健康鸭或鹅。术前,腹腔注射20%氨基甲酸乙酯(1 g/kg体重)麻醉。背位固定在手术台上,将头部固定,用湿纱布将颈部羽毛润湿,在颈中线分开羽毛露出一条无羽线可直接看到皮肤。在此线上用碘酒棉球消毒皮肤,再用75%乙醇脱碘。盖上手术巾,沿颈中线将已消毒的皮肤切开长3~5 cm的切口(图8-7)。用玻璃分针分离皮下结缔组织和纵走的胸骨舌骨肌,即可看到气管。在气管右侧下部找出食管,再分离周围的结缔组织,然后用左手食指钩住食管,将其提到胸舌骨肌的外面,随后将食管下部的两条胸舌骨肌并在一起用间断缝合法缝合。缝合时,先缝合食管下部两端,并将食管后壁连同胸骨舌骨肌缝在一起(缝合线只能穿过肌层,不能穿透食管黏膜层)。这样便可以将已提出来的一段食管固定在胸骨舌骨肌上(图8-8)。

在外露的食管腹面正中线切开2/3周的切口,将食管内壁的黏膜外翻,然后将切口的边缘部肌层与皮肤切口对齐,做连续缝合(图8-9)。

2. 腺胃瘘术

可以在前一天进行腺胃瘘手术,亦可同时进行。切开腹壁,从胸骨后突下缘开始向后方沿腹正中线切开皮肤,分离皮下脂肪层,然后沿腹白线切开腹肌腱膜。切口长度视动物体型大小而异,一般以3~5 cm为宜。腺胃在肌胃的前方,被肝左叶覆盖。轻轻掀起肝左叶,用食管钩沿肌胃贲门端小心伸向背方,钩住肌胃与腺胃交界部,再轻柔地将胃牵拉到腹腔外。用小胃钳夹住腺胃与食管交界部,使之固定不致缩回腹腔。在腺胃后部腹面两条较大血管之间做一个椭圆形荷包口缝线,其长径方向与血管方向平行,长径长度与套管底盘直径相等(图8-10)。用手指托住腺胃,用手术刀在荷包口缝线圈内做切口,切口方向与荷包口缝线长径平行,切口两端距缝线各1~1.5 mm,切透肌层和黏膜下层。

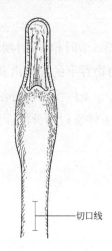

图8-7　鸭或鹅食管瘘切口

图8-8　间断缝合胸骨舌骨肌

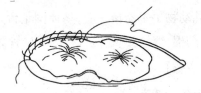

图8-9　食管外翻与皮肤切口连续缝合

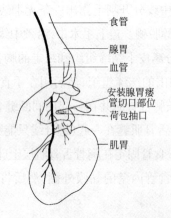

图8-10　选择安装腺胃瘘管的位置

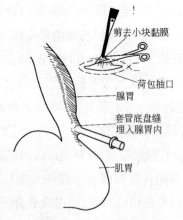

图8-11　安装腺胃瘘管

用镊子夹起黏膜,用眼科剪剪掉相当于肌层切口长度的一小块黏膜,用消毒棉球或纱布拭净切口处的胃液等,将瘘胃管的内套管底盘轻柔地插入切口内。套管插入后,将荷包口缝线缚紧,注意勿使黏膜外翻到缚线外面,然后在缚紧的荷包口缝线外围作第二道荷包口缝线,与第一道缝线相距2～3 mm,结扎端应位于第一道缝线结扎端的相对方向。缚紧第二道缝线时,即可将第一道缝线完全掩没(图8-11)。内套管安置后,可将周围的结缔组织套在套管基部,然后将胃送回腹腔内复位。在腹壁中线切口前部的左侧,用眼科手术刀由腹腔内面向外做一穿透切口。切口长度以略大于套管直径为宜。将内套管由切口穿出到腹壁外,再将外套管套上使外套管底盘紧压在皮肤上。然后将内外套管剪齐,用烧热的铜片在剪齐部加温,使内外管融合。最后按外科常规方法逐层缝合腹壁。

3. 术后护理

(1)创口要包扎保护,防止感染(可用青霉素等抗菌药物处理)。

(2)术后禁食一天,第2天起可给流食,一周后可正常喂饲。

(3)术后会从食管瘘口流失一定量黏液,为防止机体丧失水分,可在手术当日静脉注入40 mL 5 % 葡萄糖溶液。术后第2天开始,每天要从食管瘘口向食管下段压送粥状或稍干的食物2次,实验动物在固定地方饲养,由专人管理(图8-12)。

4. 假饲实验前的准备

(1)实验前1天禁食。

(2)给动物穿上固定衣,并缚于假饲实验架上。

(3)从固定衣上的瘘管引出孔处将胃瘘管引出,套上刻度试管以便收集胃液(图8-13)。

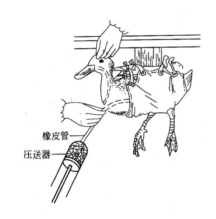
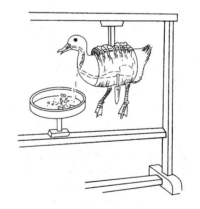

图8-12 用压送器将食物送到胃中　　图8-13 假饲与胃液收集

5. 观察项目

(1)观察基础胃液的分泌量。

(2)先在食盘上放置青菜与饲料,打开胃瘘管。只让动物看到饲料,但不让其进食,观察有无胃液分泌。记录胃液分泌的时间、每分钟的分泌量,并测定胃液的pH值。

(3)休息30 min后,开始假饲实验。让动物吃食,食物由食管切开处漏出,观察此时胃液的分泌。记录分泌时间、每分钟分泌量及胃液的pH值。

【注意事项】

(1)做食管切开术时,不要扭曲气管,以保证实验动物能自然呼吸。

(2)因家禽的皮肤较薄,因此,切口做外科缝合时,用力应适度。

(3)术后的实验动物应保障饮水,同时用抗菌素控制感染。

【分析与讨论】

(1)实验动物只看到食物并未进食,为什么能引起胃液分泌? 简述其生理机制。

(2)为什么假饲能引起胃液分泌? 胃液分泌通过哪些途径调节?

(陈吉轩)

实验三十九　瘤胃内容物在显微镜下的观察

【实验目的】

在显微镜下观察瘤胃内饲料的性质及对纤毛虫加以统计、分类。

【实验原理】

饲料在瘤胃内微生物作用下发生了很大的变化。瘤胃微生物主要包括纤毛虫和细菌，它们将纤维素、淀粉及糖类发酵并产生挥发性脂肪酸等产物，同时将植物性蛋白质分解，合成自身的蛋白质。瘤胃中的纤毛虫对反刍动物的消化有重要作用，通过显微镜可观察到纤毛虫的形态及其活动。

【实验对象】

牛或羊。

【实验药品】

碘甘油溶液：福尔马林生理盐水2份，卢（Lugol）氏碘液（碘片1 g，碘化钾2 g，蒸馏水300 mL）5份，30 % 甘油3份，混合而成。

【仪器与器械】

显微镜，载玻片，盖玻片，胃管或注射器，滴管，平皿等。

【方法与步骤】

（1）用食管导管（或注射器）从瘤胃抽取瘤胃内容物约100 g，放入玻璃平皿内，观察内容物色泽、气味，测定pH值。

（2）用滴管吸取瘤胃内容物少许，滴一滴于载玻片上，盖上盖玻片，先在低倍显微镜下观察，然后改用中倍镜观察。

（3）找出淀粉颗粒及残缺纤维片，观察纤毛虫的运动，区分全毛纤毛虫和贫毛纤毛虫并进行统计。

（4）加一滴碘甘油于载玻片上，观察染色后的变化，注意纤毛虫体内及饲料的淀粉颗粒呈蓝紫色。

【注意事项】

（1）纤毛虫对温度很敏感，观察纤毛虫活动应在适宜的温度或保温条件下进行。

（2）应从瘤胃有代表性的部位分别抽取瘤胃内容物进行观察、比较。

【分析与讨论】

（1）对观察到的瘤胃中的纤毛虫进行分类统计。

（2）瘤胃内的微生物的种类有哪些？ 它们的主要生理机能是什么？

（3）将碘甘油溶液滴于载玻片上，纤毛虫及饲料的颗粒有的呈蓝紫色，为什么？

（陈吉轩）

实验四十　反刍的机制

【实验目的】

了解瘤胃瘘管法记录瘤胃运动的方法;用咀嚼描记器观察动物的咀嚼与反刍活动;理解反刍的发生与抑制的机制。

【实验原理】

反刍动物瘤胃的容积很大,当瘤胃运动时,在腹壁(肷部)用手可触知其运动。也可通过安装记录装置(如压力换能器)将其运动描记出来。或将气球放入装有瘤胃瘘管的动物的瘤胃内对其运动进行描记。

反刍是由于饲料的粗糙部分机械刺激网胃、瘤胃前庭与食管沟的黏膜等处的感受器所引起的反射性调节过程。当瓣胃与皱胃充满饲料时,刺激压力感受器而抑制反刍。本实验通过瘤胃瘘管直接刺激瘤胃的感受器,同时记录瘤胃运动曲线;同时在动物颊部笼头上安置一个咀嚼描记器,借空气传导装置,观察、记录颊部运动(咀嚼与反刍),从而分析反刍的机制。

【实验对象】

羊或牛。

【实验药品】

20％戊巴比妥溶液,碘酊与凡士林,酒精棉球,青霉素钠粉剂4支等。

【仪器与器械】

计算机生物信号采集处理系统,哺乳动物手术器械一套,咀嚼描记器,压力换能器,连有橡皮管的气球,大号瘤胃瘘管等。

【方法与步骤】

1. 实验准备

(1)瘤胃瘘管手术

用20％戊巴比妥溶液缓慢静脉注射(3 g/500 kg)对实验动物全身麻醉(或腰椎旁传导麻醉)后,右侧卧固定于手术台上。按常规处理术部,在左肷部与最后肋骨平行处纵向切开5～6 cm皮肤、皮下肌肉层及腹膜(图8-14)。用左手提起瘤胃壁,与皮肤做4～6处临时缝合,并在胃壁浆膜层做2道荷包缝合线。然后在正中切口,安置装有塞子的瘤胃瘘管(图8-15),拆去临时缝合。在瘘管周围穿过胃肌层与腹壁做4处缝合,以固定瘘管。创口分两层缝合,内层包括腹膜与腹内斜肌,用肠线连续缝合,外层以丝线缝合皮肤与皮下肌层。

如不安置瘤胃瘘管,而开成一大孔,则手术操作略异:分开肌肉处,用止血钳固定腹膜两边,经创口提起瘤胃壁,将两侧分别与两边腹膜缝合。然后切开瘤胃,大小为创口的一半,将瘤胃壁与创口皮肤连续缝合,再切开剩余一半胃壁,同法与皮肤缝合,创口边缘涂以碘酊与凡士林,然后安装一临时塞子(用注射用水稀释青霉素钠粉剂,肌内注射,防术后感染)。术后一周拆线,即可进行实验。

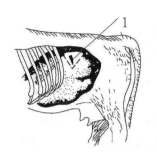

图8-14　瘤胃手术部位

1.表示饥部切开位置(虚线表示饥窝界限)

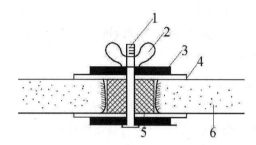

图8-15　可拆卸的瘤胃塞

1.螺旋栓;2.蝶形螺帽;3.金属板;4.橡皮板;
5.橡皮塞;6.腹壁

(2)咀嚼器安装

将咀嚼描记器安置在动物的颊部并固定好,换能器与生物信号采集处理系统的一个通道相连。

2. 仪器连接

让动物站立在固定架上,开启瘘管塞;将橡皮气球经瘘管塞入瓣胃之中,向气球内吹气,气球与压力换能器相连;安装好咀嚼描记器,以橡皮管与压力换能器相连接;将压力换能器与计算机生物信号采集处理系统的CH1、CH2通道相连;打开系统,选择"呼吸运动的调节"实验项目,即可开始实验。

3. 实验项目

(1)用右手经瘘孔向前下方触摸网胃黏膜,观察是否出现反刍。记录反刍情况,注意食团的咀嚼次数。羊的瘘管较小,手不能伸入,可用一根硬橡皮管,通过瘘管向网胃和瘤胃前庭方向连续刺激,用以引起反刍反应,同时记录瘤胃运动曲线。

(2)待动物相对静止后,刺激食管沟黏膜,动物有何反应? 同时记录瘤胃运动曲线。

(3)在反刍期间,吹胀放置于瓣胃内的气球,能否抑制反刍? 同时记录瘤胃运动曲线。

【注意事项】

(1)对于1岁以下的犊牛,不适合用戊巴比妥,该药可导致持续两天或者更长时间的昏迷,在这期间牛极有可能死于肺水肿或者随后发生肺炎。

(2)外科手术后须用抗菌素控制其可能发生的细菌感染,以确保实验顺利进行。

【分析与讨论】

(1)在动物反刍期间,吹胀放置于瓣胃内的气球,反刍活动有何变化?

(2)用一根硬橡皮管刺激反刍动物的网胃黏膜,反刍活动有何变化? 为什么?

(陈吉轩)

实验四十一　小肠吸收与渗透压的关系

【实验目的】

本实验拟观察不同浓度的物质对小肠吸收速率的影响；了解、认识小肠吸收与渗透压的关系。

【实验原理】

吸收是指食物消化后的产物、水和盐类通过肠上皮细胞进入血液和淋巴的过程。关于物质吸收的机制，可分为被动吸收和主动吸收两种。前者包括滤过、扩散、易化扩散等，均为顺着浓度梯度转运；后者则为逆着浓度梯度转运，并需要细胞提供额外的能量。渗透是被动转运的一种类型，肠内容物的渗透压制约着肠上皮的吸收，如果肠内溶质浓度过高（或某些二价离子不易被肠上皮吸收），引起肠内渗透压升高，反而会出现反渗现象，而阻碍水分与溶质的吸收。这些吸收的特征在临床上有着重要意义。

【实验对象】

兔。

【实验药品】

2％戊巴比妥钠，生理盐水，0.7％NaCl溶液，3％葡萄糖，饱和$MgSO_4$溶液等。

【仪器与器械】

兔手术台，哺乳动物手术器械一套，注射器，棉线等。

【方法与步骤】

（1）动物准备

按常规对实验兔进行麻醉、气管插管、暴露胃肠。

（2）选一段小肠，用线结扎，然后自结扎处轻轻将肠内容物往肛门方向挤压，使之空虚。

（3）将小肠分成长15 cm的三节，每节两端用线扎紧，使各节互不相通。

（4）于第一节注入0.7％NaCl 10 mL，第二节注入3％葡萄糖10 mL，第三节注入饱和$MgSO_4$ 2 mL。各节注射完毕时，分别记录时间。

（5）将肠放入腹腔内，用止血钳将腹壁切口夹闭，并覆盖上温热生理盐水纱布保温。

（6）30 min后，检查各段小肠吸收情况。将各段小肠内容物用注射器抽出并记录其数量。

【注意事项】

（1）在整个实验过程中，为防止腹腔内温度下降和小肠表面干燥，必须经常用温热的生理盐水湿润。

（2）实验动物须在实验前1 h喂饱，或服用5％Na_2SO_4溶液10 mL。

【分析与讨论】

（1）观察、记录各肠段对内容物吸收的情况，并作比较、分析。

（2）小肠对饱和$MgSO_4$和3％葡萄糖两种溶液的吸收速度是否一样？为什么？

（陈吉轩）

实验四十二　离体小肠的吸收实验

【实验目的】

用外翻肠囊法进行离体实验,观察离体小肠黏膜对葡萄糖的吸收及其影响因素;认识、理解葡萄糖主动吸收的机制。

【实验原理】

小肠对葡萄糖的吸收通过跨细胞途径进行。从肠腔进入肠上皮细胞属于主动吸收,其载体需要先结合 Na^+,才能结合葡萄糖,然后靠 Na^+ 顺着浓度梯度转运过程释放的势能而被转运到肠上皮细胞内;细胞内的低 Na^+ 浓度是由细胞基侧膜上的钠泵耗能活动所维持;葡萄糖从上皮细胞转运到血液是通过细胞基底膜上的转运体以易化扩散方式完成的。本实验利用外翻肠囊法研究小肠对葡萄糖的吸收及其影响因素。外翻肠囊法不仅是观察吸收的方法,而且还能用于生物膜的转运机制的研究。

【实验对象】

豚鼠(或大鼠或蟾蜍)。

【实验药品】

95 % O_2:5 % CO_2 混合气体,5 % 葡萄糖溶液,Krebs‐Ringer's溶液(见附录 Krebs‐Ringer's溶液的配制方法)及测定血糖的试剂等。

【仪器与器械】

哺乳动物手术器械一套,肠囊温育装置,恒温浴槽,氧气袋(含 95 % O_2:5 % CO_2 混合气体),1 mL 结核菌素注射器,长注射针头(尖端磨钝),塑料管(外径 4 mm,长 10~20 cm),培养皿,小烧杯以及测定血糖的仪器(参考生物化学实验书)等。

【方法与步骤】

1. 实验准备

(1)取豚鼠一只,实验前禁食 24 h,腹腔注射戊巴比妥钠(40~50 mg/kg体重)麻醉,背位固定。自剑突起,沿腹正中线切开皮肤、腹壁,找到胃、十二指肠、空肠和回肠。取后段空肠或回肠 8~10 cm(豚鼠的肠管每 6 cm 约可注射 1 mL 液体),将其两端结扎。剪去肠缘的肠系膜,截取肠段取出后,立即放入预先充有 95 % O_2:5 % CO_2 混合气体的 4 ℃ Krebs‐Ringer's溶液中,洗去附着于小肠上的血块,将洗干净的肠管放在干净的滤纸上,吸去肠表面的液体(这样保证在小肠外翻后,肠浆膜侧所附液体很少,从而能较精确地了解吸收后浆膜侧液体的容积和成分)。

(2)外翻小肠

用一根直径 4 mm,长 10~20 cm 的硬塑料管,一端剪成斜口,另一端加热压成光滑而外翻的圆口。将塑料管的斜口端从肠段的肛门端插入,直至肠段的肛门端刚刚盖住塑料管的圆口,用线扎紧(最好做双结扎)。用镊子夹住肠段的口端断缘,将肠段翻转,轻轻向下拉动,将整个肠段外翻后,扎紧肠段游离端。用通气的4 ℃ Krebs‐Ringer′s液洗去肠黏膜上的附着物,必要时应更换数次Krebs‐Ringer′s液。然后用1mL结核菌素注射器抽取1 mL Krebs‐Ringer′s液通过预先磨钝的注射针头(或细塑料管)插入小肠底部缓慢注入,注射完毕后,将肠囊连同塑料管固定。于肠囊温育装置中(温育液为Krebs‐Ringer′s液)立即通气,并将整个温育装置放入恒温水浴槽内,水浴温度保持在25 ℃左右(图8-16,图8-17)。

(3)将水浴温度逐渐调至36 ℃~37 ℃,待肠段在水浴中稳定一段时间后,进行实验。

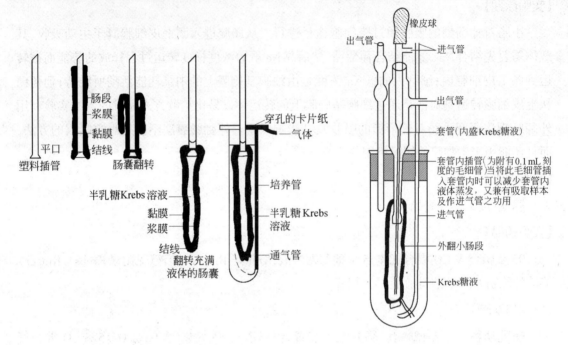

图8-16　外翻肠囊的结构示意图　　　图8-17　肠囊温育改进食管法示意图

2. 实验项目

(1)将5%葡萄糖溶液0.5 mL加入小肠囊黏膜侧的温育液中,温育0.5~1 h后用100 μL微量进样器隔一定时间吸取100 μL肠囊内溶液样品,作葡萄糖的定量测定(参见生物化学实验指导),再补充等量的Krebs‐Ringer′s溶液,以作肠囊吸收的动态研究。计算结果时,每次吸去的糖量的值应加入以后的糖量中,以计算吸收量。

黏膜面的温育液中的葡萄糖含量可配成不同的浓度,以研究吸收量-浓度梯度的关系。小肠的吸收率以μg/(cm·h)为单位表示。

(2)钠离子对葡萄糖吸收的影响　将Krebs‐Ringer′s溶液中的NaCl以5 % 葡萄糖溶液代替,其余成分中的钠盐以钾盐代替(如NaH_2PO_4用KH_2PO_4代替),肠囊温育1 h后,检测肠囊内葡萄糖的吸收量。可配不同Na^+浓度的溶液温育肠囊,以研究Na^+浓度与吸收量的关系。

(3)缺氧对葡萄糖吸收的影响　在不充混合气体的溶液中制备小肠囊,温育时也不充混合气体,其余条件与(1)同,然后测定小肠囊对葡萄糖的吸收量。

【注意事项】

(1)实验过程中,注意勿损伤小肠囊黏膜,如温育溶液中有絮状物存在,可能是脱落的黏膜。

(2)在实验过程中,混合气体的供给量应充足,1 min供给2～4 mL气体即可满足实验要求。

(3)小肠囊内静水压不能过高,否则会妨碍物质从黏膜侧向浆膜侧转运,一般认为,小肠囊内液面与黏膜侧液面齐平或略高即可。

(4)测定浆膜侧液体内葡萄糖时,可能液体中含有蛋白质,从而干扰葡萄糖的测定,故应使液体脱蛋白(如煮沸)。

(5)实验开始和结束时,应测定溶液的pH。

【分析与讨论】

(1)观察、记录小肠对各实验溶液的吸收情况,并作比较、分析。

(2)Na^+对葡萄糖的吸收有什么影响? 为什么?

(3)缺氧时,小肠囊对单糖的吸收有何变化?

(陈吉轩)

实验四十三　迷走神经对鱼胃运动的影响

【实验目的】

了解急性在体方法研究迷走神经对鱼胃运动的影响。

【实验原理】

鱼胃的机能受植物性神经的调节和支配,刺激迷走神经可以影响其机能的改变。

【实验对象】

乌鳢。

【实验药品】

鱼用生理溶液。

【仪器与器械】

探针,蛙板,手术器械,蛙心夹,玻璃分针,保护电极,计算机生物信号采集处理系统,张力换能器。

【方法与步骤】

1. 实验准备

左手握住乌鳢,右手持探针在颅骨稍下划断脊髓,腹面朝上将乌鳢固定在蛙板上,从肛门起沿腹中线剪开腹部,剪至与胸鳍成一直线。从肛门起右斜向,剪至胸鳍,剪去这块三角形的肌肉。分离迷走神经。迷走神经约在胸鳍底进入食道,走向胃,找出迷走神经,在其基部进行游离,用保护电极钩住神经干,电极与电刺激器的输出端相连(若不小心弄断一侧,可用对侧的迷走神经干)。将连有丝线的蛙心夹夹住胃的末端,蛙心夹的连线与张力换能器相连。调节好计算机生物信号采集处理系统,选择电刺激器的适宜参数,进行记录。

2. 实验项目

(1)用5 V单个阈上电刺激刺激迷走神经,能否引起胃收缩?

(2)刺激强度不变,频率为50 Hz,分别连续刺激2 s、5 s、10 s,收缩高度各有何变化?

(3)刺激强度不变,频率为10 Hz、30 Hz、50 Hz,分别连续刺激5 s迷走神经,比较胃收缩曲线的高度有何变化?

【注意事项】

(1)实验中要经常用鱼用生理溶液湿润神经和胃,用蒸馏水湿润鳃和身体。

(2)分离迷走神经时应减少金属器械对神经的刺激。

(3)每次刺激后,应间隔2 min再进行下一项实验。

【分析与讨论】

(1)用单个阈上电刺激刺激迷走神经,能否引起胃收缩?为什么?

(2)刺激强度和频率不变,改变刺激的作用时间,收缩高度各有何变化?为什么?

(3)刺激强度不变,改变刺激频率,胃收缩曲线的高度有何变化?为什么?

(伍莉)

实验四十四 鱼类离体肠管运动观察

【实验目的】

掌握鱼离体肠管运动的描记方法,了解鱼小肠平滑肌的生理特性。

【实验原理】

鱼的胃肠道主要由平滑肌构成,具有不规则的自动节律性,兴奋性低、收缩缓慢,对化学、温度、机械刺激敏感等生理特性。离体肠管在人工模拟的生理环境中,在一定时间内仍可保持其生理特性,并且对各种适宜的刺激产生反应。

【实验对象】

1500 g 左右的草鱼或鲢鱼。

【实验药品】

淡水鱼生理溶液(Burnstock 液),1 : 10000 肾上腺素,1 : 10000 乙酰胆碱,1 mol/L HCl 溶液,1 mol/L NaOH 溶液,1 % $CaCl_2$ 溶液。

【仪器与器械】

恒温平滑肌槽,计算机生物信号采集处理系统,张力换能器,铁架台,双凹夹,鱼钩,手术线,手术剪,温度计,眼科镊等。

【方法与步骤】

1. **实验准备**

用刀破坏鱼的延脑,用手术器械打开其腹腔,找到鱼的小肠,从十二指肠基部端开始,取 2~3 cm 长的一段小肠,用 25 ℃淡水鱼生理溶液漂洗干净。将小肠的一端与标本槽内标本固定钩固定,另一端用带有手术线的鱼钩固定,然后置于盛有 25 ℃淡水鱼生理溶液的标本槽内。将手术线的另一端与张力换能器相连,调节换能器的高度,使标本处于适度的松弛状态(图 8-18)。

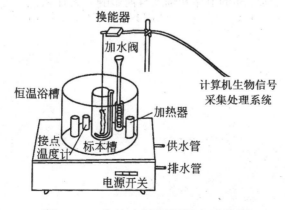

图 8-18 离体小肠平滑肌实验装置

2. 实验项目

（1）用计算机生物信号采集处理系统观察离体小肠正常运动情况。

（2）向标本槽内加 1～2 滴 1:10000 肾上腺素，观察小肠运动的变化，出现明显变化后，及时用新鲜的淡水鱼生理溶液进行洗涤（以下实验项目洗涤方法相同）。

（3）待肠段活动恢复正常后向标本槽内加 1～2 滴 1:10000 乙酰胆碱，出现明显变化后，及时进行洗涤。

（4）待肠段活动恢复正常后向标本槽内加 1～2 滴 1 mol/L HCl 溶液，观察小肠运动的变化，出现明显变化后，及时进行洗涤。

（5）待肠段活动恢复正常后向标本槽内加 1～2 滴 1 mol/L NaOH 溶液，观察小肠运动的变化，出现明显变化后，及时进行洗涤。

（6）待肠段活动恢复正常后向标本槽内加 1～2 滴 1% $CaCl_2$ 溶液，观察小肠运动的变化，出现明显变化后，及时进行洗涤。

（7）将标本槽里的温度缓慢升高到 35 ℃，观察肠管运动状况；再将温度缓慢降到 20 ℃，肠管运动又有何变化？

【注意事项】

（1）实验前标本要放在淡水鱼生理溶液中浸泡数分钟，待标本活性稳定后开始实验。

（2）每完成一次加样，实验现象明显后要及时更换新鲜的淡水鱼生理溶液，并用其洗涤肠管若干次。

（3）实验中要控制添加的药物量，防止一次性加药过量。

【分析与讨论】

（1）乙酰胆碱对小肠平滑肌收缩的节律和幅度有何影响？为什么？

（2）肾上腺素对小肠平滑肌收缩的节律和幅度有何影响？为什么？

（3）盐酸对小肠平滑肌收缩的节律和幅度有何影响？为什么？

（4）氢氧化钠对小肠平滑肌收缩的节律和幅度有何影响？为什么？

（5）氯化钙对小肠平滑肌收缩的节律和幅度有何影响？为什么？

（6）温度对小肠平滑肌收缩的节律和幅度有何影响？为什么？

（伍莉）

实验四十五　鱼类肠管对氨基酸的吸收

【实验目的】

了解鱼类对氨基酸的吸收过程以及影响氨基酸吸收的主要因素;掌握研究鱼类小肠对氨基酸吸收过程的基本操作方法。

【实验原理】

氨基酸是蛋白质消化分解的产物,为肠壁所吸收。氨基酸在肠壁的吸收过程和葡萄糖相似。在哺乳类已证明 Na^+ 和氨基酸吸收在机能上是偶联的,代谢毒物(如氰化物)抑制 Na^+ 的流出,同时也抑制肠壁对氨基酸的吸收。有些氨基酸的吸收途径已经了解清楚,例如中性氨基酸有相同的吸收途径,它们的输送是相互竞争的,并且和葡萄糖与半乳糖、单糖的吸收途径相同而相互竞争。碱性氨基酸(如赖氨酸和精氨酸)有另外的吸收途径;而二羧(酸)氨基酸(如天冬氨酸、谷氨酸)没有特别不同的吸收途径,但它们在黏膜细胞内通过转氨作用而产生丙氨酸。此外,有些动物对个别氨基酸的吸收与转运可能还有其他一些途径和特殊的机制。

本实验是选取鱼类一段短的肠"环",在含有 ^{14}C 标记的甘氨酸介质中孵育,然后测定肠"环"中累积的放射性活度,以确定对这种氨基酸主动吸收的特点。

【实验对象】

鲤鱼、鲫鱼。

【实验药品】

(1) ^{14}C-甘氨酸溶液:每个实验组需要使用 $3.7×10^4$ Bq[1 μCi(微居里)]^{14}C-甘氨酸。取 $3.7×10^4$ Bq[1 μCi]^{14}C-甘氨酸放入小试管内用20 mmol/L未标记的L-甘氨酸溶液稀释至1.2 mL。

(2)20 mmol/L未标记L-甘氨酸溶液:配制淡水鱼类生理盐水,再将0.224 g/L甘氨酸加入100 mL生理盐水内。

(3)Krebs-磷酸盐的贮备溶液:先配制下列Krebs-磷酸盐的溶液。

①9 g/L NaCl(0.154 mol/L);

②11.5 g/L KCl(0.154 mol/L);

③12.2 g/L $CaCl_2$(0.11 mol/L);

④38.2 g/L $MgSO_4·7H_2O$(0.154 mol/L);

⑤磷酸缓冲液,pH值7.4(0.11 mol/L):将17.8 g $Na_2HPO_4·7H_2O$溶解于500 mL蒸馏水中,加20 mL 1 mol/L HCl,最后用蒸馏水稀释到1 L。

临用前才配制Krebs-磷酸盐溶液:取①液100 mL、②液4 mL、③液3 mL(应最后才加入)、④液1 mL、⑤液20 mL配制而成。配制好的Krebs-磷酸盐溶液一般可使用1周。

(4)Krebs-磷酸盐-葡萄糖溶液(20 mmol/L):将3.6 g葡萄糖加入1 L Krebs-磷酸盐溶液中。

(5)Krebs-磷酸盐-氰化钠溶液(4×10⁻⁴ mol/L):将0.0296 g NaCN加入1 L Krebs-磷酸盐溶液中。

(6)Krebs-磷酸盐-蛋氨酸溶液(20 mmol/L):将2.98 g/L蛋氨酸加入1 L Krebs-磷酸盐溶液中。

(7)组织增溶剂(Tissue solubilizer):应和放射性化合物一起购买。

(8)液体闪烁液。

(9)MS-222或喹那啶。

【仪器与器械】

液体闪烁测定仪,同位素实验室的常规仪器和用具,分析天平,瓷盒,烧瓶,恒温水浴锅,解剖用具。

【方法与步骤】

1. 孵育溶液的制备

取5个50 mL烧瓶分别按下表加入下列溶液(瓶1和瓶2是一样的),每个烧瓶均用950 mL/L O_2+50 mL/L CO_2充气1 min,塞紧并置于室温下。

表8-1　孵育溶液的制备

烧瓶编号	溶　液
1	4 mL Krebs-磷酸盐溶液+0.2 mL¹⁴C-甘氨酸溶液
2	4 mL Krebs-磷酸盐溶液+0.2 mL¹⁴C-甘氨酸溶液
3	4 mL Krebs-磷酸盐-葡萄糖溶液+0.2 mL¹⁴C-甘氨酸溶液
4	4 mL Krebs-磷酸盐-氰化钠溶液+0.2 mL¹⁴C-甘氨酸溶液
5	4 mL Krebs-磷酸盐-蛋氨酸溶液+0.2 mL¹⁴C-甘氨酸溶液

2. 肠"环"制备

用MS-222或喹那啶将鱼麻醉,剖开腹腔,取出肠中段,清洗内含物,置于预先铺上滤纸并浸以生理盐水的瓷盆内,用剪刀剪成一系列长2～3 mm的肠"环"。每组实验至少需要15个肠"环"。

3. 孵育

在上述的5个烧瓶内分别放入3个肠"环",再用950 mL/L O_2+50 mL/L CO_2充气,塞紧;在室温孵育1 h,保持每分钟振动约80次。

4. 制备用于液体闪烁测定仪测定的肠"环"

孵育1 h后取出5个烧瓶依次放在一个大瓷盆内,下面用湿毛巾垫住。每个烧瓶的样品依次作如下处理:用镊子取肠"环"置于滤纸上将水分吸干,移到称量纸上,用分析天平仔细称每个肠"环"的质量(精确至mg)。将每个烧瓶的已称重的三个肠"环"放入含有1 mL组织增溶剂的闪烁管内,把盖拧紧并编号。

准备孵育溶液的测定管：从每个烧瓶用吸移器吸取 0.1 mL 的孵育溶液加入含有 1 mL 组织增溶剂的闪烁管内，把盖拧紧并编号。

总共制备 10 个闪烁管用于液体闪烁测定仪测定，其中 5 管含有肠"环"，5 管含有孵育介质。

在另一闪烁管内加入 1 mL 组织增溶剂和 0.1 mL 生理盐水以测定本底放射性活度。

将全部 11 支闪烁管在室温孵育过夜，管盖务必塞紧以防止蒸发。

5. 液体闪烁测定仪测定

经过一夜孵育后，每支闪烁管加入 10 mL 闪烁液，用液体闪烁测定仪测定 1 h，每管的放射性活度均减去本底的放射性活度。

6. 数据整理

每个烧瓶的肠"环"吸收 ^{14}C-甘氨酸的浓度为 a（Bq/μL）：

$$a = \frac{总的放射性活度（Bq/μL）}{肠"环"质量（mg）}$$

每个烧瓶孵育介质的 ^{14}C-甘氨酸的浓度为 b（Bq/μL）：

$$b = \frac{总的放射性活度（Bq/μL）}{100}$$

然后计算每个烧瓶的浓度比 $= \dfrac{a}{b}$

【注意事项】

(1) 用 MS-222 或喹那啶麻醉鱼时，一定注意麻醉剂对鱼的麻醉程度。

(2) 肠"环"制备是整个实验的关键步骤，一定注意肠"环"的活性。

(3) 肠"环"在室温下孵育时，应严格控制好孵育的时间和条件。

【分析与讨论】

(1) 分析蛋氨酸和甘氨酸在肠吸收过程中的关系。

(2) 分析葡萄糖对肠吸收甘氨酸的影响。

(3) 分析氰对肠吸收氨基酸的影响。

（伍莉）

第九章　能量代谢与体温调节生理

实验四十六　小鼠能量代谢的测定

【实验目的】

了解封闭式间接测定能量代谢的实验方法。

【实验原理】

能量代谢是指体内物质代谢过程中所伴随着的能量释放、转移、储存和利用的过程。机体内的能量代谢与耗氧量有特定的关系,可以通过测定一定时间内的耗氧量,间接地推算出能量代谢率。

【实验对象】

小白鼠。

【实验药品】

液体石蜡,碳酸钠钙(钠石灰)。

【仪器与器械】

广口瓶,橡皮塞,玻璃管,橡皮管,弹簧夹,水检压计,10 mL注射器,计时器。

【方法与步骤】

1. 连接实验装置

用打孔器在广口瓶塞上打两个孔,插入玻璃管,在玻璃管上连接橡皮管,再用橡皮管分别连接注射器和水检压计。用石蜡密封可能漏气的接口等处,使该装置连接严密而不漏气(在注射器内也应涂少量液体石蜡,以防止漏气)。检压计内的水柱染成红色。注射器内装10 mL空气(图9-1)。

2. 开始实验

将小白鼠放入广口瓶内,盖紧广口瓶瓶塞,打开A、B两夹。

3. 观察项目

(1)测定4 min的耗氧量

待小白鼠安静后,夹紧A、B两夹,记下时间。观察4 min内水检压计所示压力的变比。由于小白鼠代谢消耗O_2而所产生的CO_2又被钠石灰吸收,所以广口瓶内气体减少。因此可见广口瓶一侧的水柱升高。在4 min末打开B夹,立刻将注射器内空气注入,使水检压计两侧液面齐平为止,所注入空气量即是4 min内小白鼠的耗氧量。重复3次取平均值(V)。

(2)计算

假定小白鼠所食为混合食物,呼吸商为0.82,每消耗1 L氧所产生的热量为20.2 kJ（4.825 kcal）,则每天的产热量为:

$Q=(V\times24\times60\times20.2)/4(kJ)$

式中:

Q——每天的产热量(kJ);

V——小鼠4 min的耗氧量(L);

24——每天为24 h;

60——每小时为60 min;

4——耗氧量测定时间(min)。

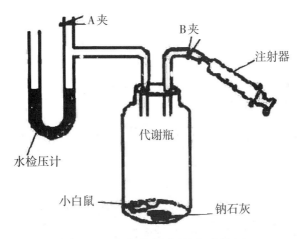

图9-1　小鼠能量代谢实验装置

【注意事项】

(1)钠石灰要新鲜干燥。

(2)在实验开始前要预先检查实验装置是否漏气。

(3)动物的能量代谢与测定时间有关,与实验室温度也有关系,应予以注意。

【分析与讨论】

(1)间接测热法的原理是什么?

(2)瓶中放钠石灰的作用是什么? 为什么一定要用新鲜干燥的钠石灰?

(帅学宏)

实验四十七　甲状腺素对代谢的影响

【实验目的】

观察甲状腺素对机体的作用。

【实验原理】

甲状腺素可显著提高动物的基础代谢,增加动物的耗氧量和对缺氧的敏感性,降低动物对缺氧的耐受性。将灌服甲状腺素制剂的动物置于密闭容器中,动物容易因缺氧窒息而死亡。

【实验对象】

小白鼠。

【实验药品】

甲状腺素制剂,生理盐水。

【仪器与器械】

鼠笼,鼠饮水器,注射器或灌胃管,1000 mL广口瓶,耗氧量测量装置。

【方法与步骤】

1. 实验准备

(1)将小白鼠按性别、体重(18～22 g)随机分为对照组与给药组,每组10只。

(2)给药组小白鼠采用灌胃法灌服甲状腺素制剂,每日5 mg,连续给药2周;对照组动物灌胃法灌服生理盐水。

2. 实验项目

将每只小白鼠分别放入1000 mL广口瓶中,瓶口密封后,立即计时,观察动物的活动,记录小白鼠的存活时间。最后汇总全组动物的实验结果,计算平均存活时间,并与对照组进行比较。

【注意事项】

(1)室温升高能增加动物对缺氧的敏感性,故实验室宜保持在25 ℃左右。

(2)应将动物进行编号。

(3)据报道,本实验选用雄性动物结果较稳定。

【分析与讨论】

(1)甲状腺素对机体代谢有何影响?

(2)影响代谢率的因素有哪些?

(帅学宏)

实验四十八　鱼类耗氧率的测定

【实验目的】

学习测定鱼类耗氧率的方法,观察温度对鱼类耗氧率的影响。

【实验原理】

鱼体通过生物氧化过程产生能量,所以机体的能量代谢与它们的耗氧成正比,耗氧率可以衡量鱼体能量代谢的强度。采用流水式装置,水以一定的速度流经呼吸室,由于鱼的呼吸消耗只涉及呼吸室的水中溶解氧,所以通过测定进、出呼吸室水口的溶解氧和水流量,可以计算出实验鱼的耗氧率。

鱼类为变温动物,水环境的温度直接影响鱼的体温,进而影响酶的活性以及由酶催化的生物氧化反应,所以温度对鱼类的耗氧率影响显著,在一定温度范围内,耗氧率随水温的升高而增强。

【实验对象】

鲫鱼,金鱼或罗非鱼。

【仪器与器械】

溶解氧测定仪,具塞水样瓶(150 mL),流动式测氧装置,恒温水槽,滤纸。

【方法与步骤】

1. 实验准备

(1)水样瓶容积的校准

水样瓶洗净烘干后,在室温下称重(精确到0.1 g),然后加满蒸馏水,记下水温,盖紧瓶盖(注意不应留有气泡),擦干外壁再称重,两次重量之差除以该温度下水的密度即为水样瓶的容积。

(2)流动式呼吸实验装置

容器A盛放去氯曝气的自来水作水源,容器B(10 L放水瓶)为呼吸前贮水瓶,C(直径5 cm)为实验鱼的呼吸管,B和C浸在恒温水槽中。打开实验动物玻璃管一端的橡皮塞,将一条大小适中的鱼放入玻璃管中,鱼头位于入水管的一端,套上橡皮塞。用螺旋止水夹调节水流速度(流速为100~200 mL/min)。实验前使鱼体保持安静状态约30 min以上(图9-2)。

2. 实验步骤

(1)测定水流速度

采水样前用100 mL量筒在采水管出水口测量水流速度,采水样后再复测一次,取平均值,得流速 V(mL/h)。

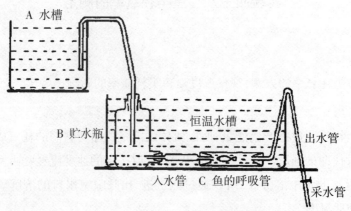

图9-2 流动式呼吸实验装置

（2）采水样

用预先编号的水样瓶在采水管出口处取两瓶水样，方法是将水管插到水样瓶底部，先注入少量水将瓶子冲洗两次，然后慢慢注入水，当水样装满到溢出水样瓶容积的1/3左右时，抽出采水管，加瓶塞，注意不应留有气泡，此为终点水样。用虹吸法从呼吸前贮水瓶中采取一瓶水样作对照，即为起始水样。

（3）用溶氧测定仪测定水样的溶解氧。

（4）调节恒温水槽的水温，从室内水温开始，每隔2 ℃由步骤（3）重复试验，直至实验鱼生活水温的上限。

（5）实验结束，用滤纸吸干实验鱼体表的水分，称湿体重（W）。

（6）计算耗氧率

两次终点水样溶解氧含量的平均值（$Q_{终}$）与起始水样溶解氧含量（$Q_{始}$）之差，乘以水流速度（V），再除以体重（W），即为实验鱼的耗氧率R [mL O_2/(g·h)]。

$$R=(Q_{始}-Q_{终}) \cdot V/W$$

（7）作出温度与耗氧率的关系曲线。

【注意事项】

（1）保持贮水瓶B水位的恒定，以保持水流速度的均匀。水的流速应适中，太快使结果不明显，太慢则影响鱼的呼吸。

（2）整个实验过程应使实验鱼保持安静状态，以免鱼的运动、紧张等因素影响实验结果。

【分析与讨论】

鱼类耗氧率测定在鱼类生理研究工作中有何作用和意义？

（伍莉）

第十章 泌尿与渗透压调节生理

实验四十九 影响尿生成的因素

【实验目的】

学习膀胱插管技术或输尿管插管技术,了解影响尿分泌的因素。

【实验原理】

尿是由血液经过肾单位时经过肾小球滤过作用,肾小管和集合管的重吸收和分泌作用而形成。能影响尿生成过程的因素如有效滤过压、肾小管上皮细胞的重吸收能力等都可影响尿的生成。

【实验对象】

家兔。

【实验药品】

麻醉剂,20％葡萄糖溶液,0.01％去甲肾上腺素,0.9％氯化钠溶液(生理盐水),垂体后叶素。

【仪器与器械】

兔手术台,手术器械,气管插管,恒温水浴箱,膀胱插管,塑料管,缝线,烧杯,注射器及针头等。

【方法与步骤】

1. 实验动物准备

(1)家兔在实验前应给予足够的菜叶和饮水。

(2)动物称重、麻醉后背位固定于手术台上,剪去下腹部的被毛。

(3)尿液的收集可选用膀胱插管法或输尿管插管法(图10-1)。

①膀胱插管法 自耻骨联合上缘向上沿正中线做4 cm长皮肤切口,再沿腹白线剪开腹壁及腹膜(勿伤及腹腔脏器),找到膀胱,将膀胱向尾侧翻至体外(勿使肠管外露,以免血压下降)。再于膀胱底部找出两侧输尿管,认清两侧输尿管在膀胱开口的部位。小心地从两侧输尿管下方穿一丝线,将膀胱上翻,结扎膀胱颈部。然后,在膀胱顶部血管较少处做一荷包缝合,再在其中央剪一小口,插入膀胱插管,收紧缝线、结扎、固定。膀胱插管的喇叭口应对着输尿管开口处并紧贴膀胱壁。手术完毕后,用温生理盐水纱布覆盖腹部切口。

②输尿管插管法 沿膀胱找到并分离两侧输尿管,在靠近膀胱处穿线将它结扎;再在此结扎前约2 cm的近肾端穿一根线,在管壁剪一斜向肾侧的小切口,插入充满生理盐水的细塑料导尿管,并用线扎住固定,此时可看到有尿滴滴出。手术完毕后,用温生理盐水纱布覆盖腹部切口。

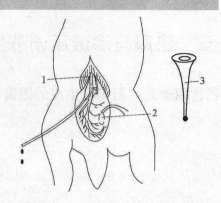

图10-1　兔输尿管及膀胱导尿法
1.输尿管;2.插膀胱导管部位;3.膀胱导管

2. 实验项目

(1)记录正常情况下每分钟尿分泌的滴数作为对照,可连续计数3～5 min。

(2)耳静脉快速注射38℃的生理盐水20 mL,观察尿量的变化。观察时间同上。

(3)耳静脉注射0.01%去甲肾上腺素0.3～0.5 mL,观察尿量的变化。观察时间同上。

(4)耳静脉注射38℃的20%葡萄糖溶液10 mL,观察尿量的变化。观察时间同上。

(5)耳静脉注射垂体后叶素1～2 U,观察尿量的变化。观察时间同上。

【注意事项】

(1)实验前给兔子多喂多汁青绿饲料,或用导尿管向兔胃灌入40～50 mL清水,以增加其基础尿量。

(2)实验中需多次进行耳缘静脉注射,注射时应从耳缘静脉远端开始,逐步移近耳根;手术创口不宜过大,防止动物的体温下降,影响实验结果。

(3)输尿管手术难度较大,注意导管不要被血凝块堵塞或被扭曲而阻断尿液的流通。

(4)实验环境温度较低时,注意对动物保温。

(5)在进行每一实验步骤时必须等尿量基本恢复或相对稳定以后才开始,而且在每项实验前后,要有对照记录。

【分析与讨论】

(1)静脉快速注射生理盐水对尿量有何影响,为什么?

(2)静脉注射去甲肾上腺素对尿量有何影响,为什么?

(3)静脉注射葡萄糖对尿量有何影响,为什么?

(4)静脉注射垂体后叶素后,对尿量有何影响,为什么?

(帅学宏)

实验五十 肾小球血流的观察

【实验目的】

了解肾小球的形态、结构及肾小球的血液循环情况。

【实验原理】

按重量单位计算,肾脏是机体内所有脏器供血量最多的器官,来自肾动脉的血液经入球小动脉先分支形成肾小球毛细血管网,汇合成出球小动脉后,又围绕肾小管和集合管形成第二套毛细血管网,这种特点适应于肾脏的泌尿过程。蛙或蟾蜍的肾脏边缘有一大血管通过,到肾脏的前端时开始分叉,所以在肾脏前端能很好地观察到肾小球血流的情况。

【实验对象】

蛙或蟾蜍。

【实验药品】

任氏液。

【仪器与器械】

显微镜(较强光源),有孔蛙板,蛙手术器械,棉球,蛙针,眼科镊,剪刀,大头针等。

【方法与步骤】

1. **标本制备**

(1)调好显微镜光源及焦距。

(2)用蛙针破坏蛙的脑和脊髓,使蛙处于完全瘫痪状态,然后将其仰置于有孔蛙板上。

(3)从左侧(或右侧)偏离腹中线1 cm剖开腹腔并作横切(前面达腋下,后面到腿部),然后再沿脊柱剪去一块长方形腹壁的皮肤和肌肉,以一棉球把内脏推向对侧。将蛙置于循环板的圆孔上,蛙体遮住孔的1/3~1/2,用眼科镊在腹壁细心地镊起与肾脏相连的薄膜(如果是雌蛙可将输卵管拉出,其内侧与肾脏相连)。

(4)用大头针将薄膜固定在圆孔上,周围用大头针以45°角插在圆孔边缘(以便放入接物镜);同时将蛙四肢也用大头针固定在有孔蛙板上,以防止移动;用药棉将蛙板底部擦净,再用镊子将肾脏底面的薄膜(壁层)去掉,然后将蛙板放于显微镜载物台上进行观察。

2. **观察项目**

(1)用低倍镜观察肾小球的形态,可见肾小球是圆形的毛细血管团,外面包有肾小囊。

(2)观察肾小球血流情况,可见血液经入球小动脉流入肾小球,最后经出球小动脉流出的循环情况。

【注意事项】

（1）与蛙或蟾蜍的肾脏相连的有两层膜,与肾脏相连的称脏层,其延续部折向腹壁叫壁层,应去除(如果是雌蛙,壁层则与输卵管相连,而后折向肾脏下面,所以应小心将其去掉,但应注意不能将脏层的膜弄破)。

（2）本实验以选择小蛙(或蟾蜍)及雄性蛙的效果较好。

（3）如果冬天天气较冷,在实验前可将蛙或蟾蜍置于温水中浸泡30 min,促进其血液循环后再进行实验。

【分析与讨论】

肾小球血流的特点及其生理意义是什么?

（帅学宏）

实验五十一　鱼类肾小管的主动运输

【实验目的】

了解鱼类肾小管主动运输的特点,掌握观察肾小管主动运输的方法。

【实验原理】

物质进入细胞或通过膜的方式之一是主动运输,使物质从低浓度部位向高浓度部位运动(即逆浓度梯度)。本实验采用染色剂,使肾小管的颜色比周围环境的颜色深,从而证明染色剂被肾小管细胞主动转运。脊椎动物肾小管只在近球小管能显示染色剂的主动运输。因此,最适宜选用海水鱼类,因为它们的肾小管主要由近球小管组成。金鱼的肾小管,其中约10%的长度为近球小管,能够运输酚红,实验鱼在使用前2~3 d不投喂,这样能较好地显示染色剂的主动运输。

【实验对象】

淡水的鲤、鲫鱼或海水的比目鱼类均可。

【实验药品】

(1)生理盐溶液:NaCl 5.8 g(淡水鱼)或7.8 g(海水鱼),KCl 0.19 g,$CaCl_2 \cdot 2 H_2O$ 0.22 g,$MgCl_2 \cdot 6 H_2O$ 0.20 g,$NaHCO_3$ 1.26 g,$NaH_2PO_4 \cdot H_2O$ 0.07 g,加蒸馏水稀释至1000 mL。

(2)基本吸收介质:在生理盐水中,每100 mL加入2.5 mg氯苯酚红。

(3)低浓度的吸收介质:在生理盐水中,每100 mL加入1.0 mg氯苯酚红。

(4)缺钙的介质:在基本吸收介质中不含$CaCl_2 \cdot 2H_2O$。

(5)缺钾的介质:在基本吸收介质中不含KCl。

【仪器与器械】

解剖剪,解剖刀,解剖针,解剖盘,显微镜,滴管,凹玻片,培养皿。

【方法与步骤】

1. 肾小管碎片的制备

切断脊椎将鱼致死,迅速取出肾脏,放在盛有生理盐水的培养皿或小瓷盆内。生理盐溶液需预先充气和预冷(放在冰箱内或放在冰块上)。用解剖剪将肾脏剪成小片,再用解剖针将肾脏小片撕成宽度小于1 mm的碎片。

2. 肾小管碎片的保持

将少量肾小管碎片(2~3片)放在凹玻片的凹穴内,上面用盖玻片压住。按同样方法做成5份。

3. 观察肾小管对染色剂的运输

取2~3滴下列溶液分别置于凹玻片的凹穴内,并在玻片上编号并记录加入溶液的时间。

(1)生理盐溶液；

(2)基本吸收介质；

(3)低浓度的吸收介质；

(4)缺钙的介质；

(5)缺钾的介质。

注意防止玻片上水分的蒸发,这样可维持肾小管碎片存活数小时。每隔5 min、10 min、20 min、30 min、45 min、60 min进行显微镜观察,检查肾小管碎片对染色剂的吸收情况。通常在5 min开始有染色剂积累,30~60 min到达吸收高峰。持续观察60 min后停止实验。

4.实验结果

表10-1　钙和钾对肾小管主动运输的影响

实验溶液	实验开始后的时间/(min)					
	5	10	20	30	45	60
生理盐溶液						
基本吸收介质						
低浓度吸收介质						
缺钙的介质						
缺钾的介质						

注:用"+"号的多少表示染色剂在肾小管细胞内积累的情况,"+"表示最少,"++++"表示最多。

【注意事项】

(1)选择适宜的鱼类进行实验,如海水的比目鱼或淡水的鲤鱼、鲫鱼。

(2)实验鱼在实验前2~3 d不投喂,通常能较好地显示染色剂的主动运输。

【分析与讨论】

测定鱼类肾小管的主动运输在鱼类生理研究工作中有何作用和意义?

(伍莉)

实验五十二 鱼类渗透压调节

【实验目的】

掌握用冰点测定法测定鱼类渗透压的原理和方法;了解在不同环境下鱼类渗透压的变化。

【实验原理】

鱼类的渗透压可用渗透压计直接测得,但更普遍的是用间接方法测定,冰点测定法是其中之一。当某种物质溶于其他溶剂时,溶液的特征发生了变化,其渗透压升高、气化压降低,因此沸点升高而冰点(Δ)下降。1 mol 的电解质能使 1 kg 的水冰点下降 1.86 ℃,所以摩尔渗透浓度 $C=\Delta/1.86$。对于理想溶液,渗透压 $\pi=CRT$,其中 T 为绝对温度;R 为气体常数,在这种情况下为 0.082。测定不同环境下鱼类血液和尿液渗透压的变化,可了解鱼类是如何进行渗透压调节的。

【实验对象】

驯养于不同水环境中的罗非鱼:淡水、25 % 海水、50 % 海水、75 % 海水、100 % 海水,驯养 24 h。

【实验药品】

间氨基苯甲酸乙酯甲磺酸盐(MS-222)。

【仪器与器械】

注射器、冰点测定器(图 10-2):在一个盛有碎冰和岩盐混合物(约 2∶1)的聚乙烯冷却器中插入套在一起的两个试管,内管可装待测样品,冰点温度计插在其中。另外还有两个搅拌器,样品中的搅拌器由不锈钢制成,冰盐混合液中的搅拌器是电镀的金属条或金属杆。温度计范围是 +1 ℃ ~ −5 ℃,也可用 5 ℃ 范围内的。

图 10-2 冰点测定装置

【方法与步骤】

(1)采血　用1:10000～1:45000的MS-222浸泡鱼体使之麻醉,从尾部静脉或心脏取出4～5 mL血液。

(2)收集尿液　用一支细的塑料管从泄殖孔插到膀胱内,把尿液抽到管中。

(3)校正温度计　将约5 mL蒸馏水放入内试管中(刚没过温度计的水银球即可),缓慢地摇动使温度低于所期望的冰点(如-1.5 ℃),然后插入先在干冰中冷却的搅拌器诱导结冰,用力搅拌20 s。记录稳定时的温度(如果没有干冰,则需用力搅拌或放入冰块诱导结冰)。再把样品融化,重复上述过程,直到两次结果相近,这个温度便是正确的零点。

(4)测定样品的冰点　按上述方法测定不同鱼的血液、尿液以及它们的水环境样品的冰点(为了节省时间,样品可事先放在冰中冷却)。

(5)计算

$$\pi=CRT=\Delta\times1.86^{-1}\times0.082\times T$$

其中:$T=273+t$,t为实验时样品的温度(℃)。

【注意事项】

驯养于不同水环境中的罗非鱼的时间保证24 h,以使鱼类适应不同的盐度。

【分析与讨论】

列表表示所得的实验数据,并讨论鱼类是如何进行渗透压调节的。

(伍莉)

第十一章 感觉生理

实验五十三 鱼类视网膜运动反应

【实验目的】

学习鱼类视网膜组织结构特点及视网膜运动反应的机制,了解鱼类的视觉特性。

【实验原理】

鱼类视网膜主要由感光的视锥细胞和视杆细胞组成,它与脉络膜相邻处有色素上皮,还有神经元胶质细胞。鱼类视网膜中的视锥细胞和视杆细胞以及色素上皮褐色素会随环境光强度变化而发生相对位置改变,这一现象称为鱼类视网膜运动反应。大多数硬骨鱼类能通过视网膜运动调节光强度。视网膜感光细胞层的最外侧是色素上皮,色素细胞的长突起向感光细胞延伸并和它们的外节交错对插。在黑暗中,色素细胞的黑色素颗粒集中收拢而远离感光细胞,视锥细胞因肌样体伸长而外段靠近色素上皮细胞体,视杆细胞暴露出来,这种适应状态下的视网膜形态特征是,黑色素层显得特别薄而视锥细胞层特别厚;而移到光亮中不久,色素颗粒转移到长突起中。研究不同种类鱼的视网膜运动反应特点,有助于阐明其视觉特性及其对生态环境的适应特点。

【实验对象】

鲤鱼幼鱼。

【实验药品】

波恩氏液(Bouin 氏液):苦味酸饱和水溶液 75 mL+甲醛 25 mL+冰醋酸 5 mL,乙醇(950 mL/L,1000 mL/L),二甲苯,石蜡,苏木精,曙红-Y,中性树胶。

【仪器与器械】

常规解剖器械,载玻片,盖玻片,切片机,展片台,烘箱,Olympus 显微镜(配自动拍摄系统)。

【方法与步骤】

1. **实验准备**

(1)将实验用鲤鱼幼鱼分为两组,一组在白天自然光下明适应 30 min,另一组在暗箱中暗适应 150 min 以上。

(2)迅速将鱼斩头,摘出眼球,投入波恩氏液中固定。暗适应视网膜在暗红光下处理。

(3)眼球经过 24~48 h 固定后,除去晶状体和角膜。

(4)视网膜经常规乙醇脱水、二甲苯透明,最后定位包埋于石蜡中(参照常规组织切片技术)。

(5)做 4~8 μm 连续切片。

(6)苏木精-曙红染色。

(7)显微镜下观察鲤鱼的视网膜结构以及在明适应和暗适应条件下的视网膜运动反应并摄影。

(8)计算色素指数(Pigment index,PI)。在视网膜上约等距离取五个点,分别测定明适应和暗适应下色素层厚度(I_p)和视细胞层厚度(I_c)。色素层厚度为测定点处视网膜色素上皮细胞外缘到细胞突起中黑色素所达到的最远位置之间的距离;视细胞层厚度为测定点处外界膜至最长视锥外段末端之间的距离。按下列公式分别计算视网膜指数(Retinal index,RI)和视锥指数(Cone index,CI):

视网膜指数(RI)=$I_p/(I_p+I_c)$

视锥指数(CI)=$I_c/(I_p+I_c)$

2. 实验实例分析

图11-1为鲱鱼(Clupea)视网膜适应于光亮和黑暗中的模式图。

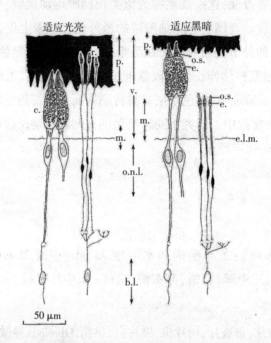

图11-1　鲱鱼视网膜运动反应模示图(引自 F.W.Munz)

b.l.两极神经细胞;c.视锥细胞;e.椭圆体;e.l.m.外界膜;m.视锥细胞肌样体长度;

o.n.l.外核层;o.s.外节;p.色素上皮;r.视杆细胞;v.视觉细胞层

【注意事项】

暗适应条件下的取样必须在暗红光下完成,注意避光。

【分析与讨论】

鱼类视网膜运动反应测定在鱼类生理研究工作中有何作用和意义?

(伍莉、刘亚东)

实验五十四　破坏动物一侧迷路的效应

【实验目的】

通过破坏迷路的实验方法,观察迷路在调节肌张力与维持机体姿势中的作用。

【实验原理】

内耳迷路中的前庭器官是感受头部空间位置和运动的感受器装置,其功能在于反射性地调节肌紧张,维持机体的姿势与平衡。如果损坏动物的一侧前庭器官,机体肌紧张的协调就会发生障碍,动物在静止或运动时将失去维持正常姿势与平衡的能力。

【实验对象】

蟾蜍、蛙、豚鼠或鸽。

【实验药品】

氯仿,乙醚。

【仪器与器械】

常规手术器械,探针,棉球,滴管,水盆,蛙板,纱布。

【方法与步骤】

1.破坏豚鼠的一侧迷路

取正常豚鼠一只,侧卧保定,使动物头部侧位不动,抓住耳郭轻轻上提暴露外耳道,用滴管向外耳道深处滴注2~3滴氯仿。氯仿通过渗透作用于半规管,破坏该侧迷路的机能。7~10 min后放开动物,观察动物头部位置、颈部和躯干及四肢的肌紧张度。

可见到动物头部偏向迷路功能破坏了的一侧,并出现眼球震颤症状。任其自由活动时,可见豚鼠向迷路功能破坏了的一侧做旋转运动或滚动。

2.破坏蛙的一侧迷路

选择游泳姿势正常的蛙一只,用乙醚将其麻醉。将蛙的腹面朝上,用镊子夹住蛙的下颌并向下翻转,使其口张开。用手术刀或剪刀沿颅底骨切开或剪除颅底黏膜,可看到"十"字形的副蝶骨。副蝶骨左右两侧的横突即迷路所在部位,将一侧横突骨质剥去一部分,可看到粟粒大小的小白丘,即迷路位置的所在部位(图11-2)。用探针刺入小白丘深约2 mm破坏迷路。7~10 min后,观察蛙静止和爬行的姿势及游泳的姿势。可观察到动物头部偏向迷路破坏一侧,游泳时亦偏向迷路破坏一侧。

3.破坏鸽子的一侧迷路

(1)首先观察鸽子的运动姿势,然后用乙醚轻度麻醉鸽子,切开头颅一侧的颞部皮肤,用手术刀削去颞部颅骨,用尖头镊清除骨片,可看到3个半规管。

(2)用镊子将半规管全部折断,然后缝合皮肤。

(3)待鸽子清醒后(约20 min)观察它的姿势有无变化。

（4）将鸽子放在高处令其飞下，观察其飞行姿势有无异常。

（5）将鸽子放在铁丝笼子内，旋转笼子，观察鸽子头部及全身的姿势反应，与正常鸽子相比较，有何不同。

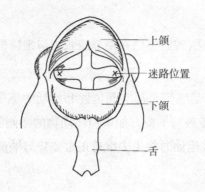

图11-2　蛙迷路的破坏（"×"处所示）

【注意事项】

（1）氯仿是一种高脂溶性的全身麻醉剂，其用量要适度，以防动物麻醉死亡。

（2）蛙的颅骨板很薄，损伤迷路时要准确了解解剖部位，用力适度，避免损伤脑组织。

【分析与讨论】

破坏动物的一侧迷路后，头及躯干状态有哪些改变？如何解释？

（伍莉、刘亚东）

实验五十五　鱼类味觉反应的测定方法

【实验目的】

了解鱼类味觉反应的生理特性,初步掌握应用电生理学方法记录鱼类的味觉反应。

【实验原理】

和高等脊椎动物一样,鱼类的味觉器官是味蕾。鱼类发达的味觉感受功能与其在水环境中寻觅与摄取饵料的行为有关。鱼类的味蕾分布于口腔、咽喉、鳃弓、鳃耙、触须、鳍等,有些鱼类(如鲶鱼)的味蕾分布于整个身体的表面,脑神经的第七对面神经、第九对舌咽神经和第十对迷走神经都发出神经分支分布于味蕾。

组织学的研究表明味蕾的传入神经纤维为面神经的分支,通过眼眶后下缘进入脑的延脑面叶。当水中刺激物溶液流经味蕾分布的部位,引起味觉反应时,从味蕾感受器的传入神经上可记录到感觉传入的神经冲动信号(复合神经动作电位),通过积分仪处理后,由生理记录仪描记,得到味觉反应的积分波形图;再用几何面积近似求函数积分值的方法,可将积分波形换算成数据,表示味觉反应的相对强度。

【实验对象】

胡子鲶,体重为 $100 \sim 200$ g,雌雄不限。

【实验药品】

(1)鱼类饵料浸提液:将可作鱼类饵料的动物组织或个体(如蚯蚓、虾皮、鱼粉、田螺、猪血粉等)烘干,磨碎,配成 10 g/L、1 g/L、0.1 g/L、0.01 g/L 等系列浓度的溶液,加热到 100 ℃,再放置 24 h 过滤。

(2)配制 1.0 mol/L、0.1 mol/L、0.01 mol/L 等系列摩尔浓度的氨基酸溶液,如 L-脯氨酸、L-色氨酸、L-酪氨酸、L-精氨酸、L-谷氨酸等。可先用蒸馏水配制成 1.0 mol/L 的母液,实验时用微量移液管移入与灌流实验鱼味觉器相同的清水中,稀释到实验所需的浓度。

【仪器与器械】

味觉反应的实验装置。

【方法与步骤】

1. 实验准备

刺激和记录胡子鲶触须味觉反应的实验装置如图 11-3 所示。用有机玻璃做成固定的支架以夹持实验鱼。在鱼口中插入橡皮管,通过灌流装置Ⅰ,流入不断充气的清水,以灌流鳃部。同时将鱼的上颌须套进小塑料管内,与灌流装置Ⅱ连接,使清水持续流经上颌须表面,并能加入刺激物溶液。用银丝电极作双极引导,上颌须产生的神经电活动通过电极引导出的脉冲信号由放大器放大后,送往示波器与积分仪进行监视和处理,然后由生理记录仪同步描记神经复合动作电位(神经放电)和经过积分仪处理后的波形图。

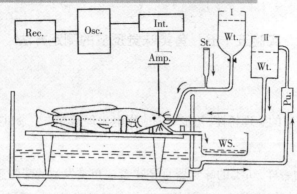

图 11-3 刺激和记录胡子鲶触须味觉反应的实验装置示意图(引自龙天澄等,1994)

Ⅰ.灌流上颌须 　　Ⅱ.灌流鱼鳃

Rec-记录仪;Osc-示波器;Int-积分仪;Amp-放大器;St-刺激液;Wt-清水;Ws-废液;Pu-水泵

(1)记录刺激反应引起的味觉传入神经冲动信号需对实验鱼进行手术和安置。先用长约 20 cm 的不锈钢探针,从鱼头部背方凹陷处刺入,破坏鱼脑和脊椎,然后将鱼夹持在固定的支架上,并通过灌流装置Ⅰ和Ⅱ分别灌流鳃部和上颌须。调整灌流上颌须表面的清水约为 40 mL/min。

(2)在灌流的上颌须同侧,用手术剪将眼球和眶前骨去除,仔细避开附近的血管,将通往上颌须的神经分枝与周围的结缔组织分离,使引导电极和神经分枝相接触,并在接触处放上一小块浸透石蜡油的棉球。这样处理后的实验鱼通常可存活 2~3 h。

(3)将配制好的刺激物溶液用 NaOH 或 HCl 将 pH 值调节为 6.55~7.00——与灌流用的清水 pH 值相同(通常用曝气 2~3 d 的自来水)。每次实验用刺激液注射器注入刺激液 10 mL。当刺激物溶液流经胡子鲶上颌须表面引起味觉反应时,从味蕾感受器的传入神经上可以记录到感觉传入的神经信号(复合神经动作电位),它通过积分仪处理后,由生理记录仪描记,得到味觉反应的积分波形图。再用几何面积近似求函数积分值的方法,可将积分波形换算成数据,表示味觉反应的相对强度。

2. 实验实例分析

将可作为鱼类饵料的动物组织或个体,如蚯蚓、颤蚓、虾皮、鱼粉、田螺、猪血粉等烘干与磨碎后配制成系列浓度的溶液,用来灌流胡子鲶上颌须表面,结果如下:

(1)电生理记录的结果表明,这 7 种动物组织制成的溶液都能引起上颌须味蕾的味觉反应。例如,蚯蚓组织制成的系列浓度溶液引起的味觉反应积分波形记录如图 11-4。

(2)以味觉反应相对强度的对数值为纵坐标,以刺激物溶液浓度的对数值为横坐标,作出剂量-反应特性曲线图(图 11-5)。它表示在一定范围内,随着刺激物浓度增加,味觉反应亦逐渐增强;但当溶液浓度增加到一定程度后,它引起的味觉反应强度增长变缓。

图 11-4 蚯蚓组织制成的系列浓度溶液引起的味觉反应积分波形记录图

A.刺激物为蚯蚓组织或个体浸提液;B.刺激物为 L-半胱氨酸溶液

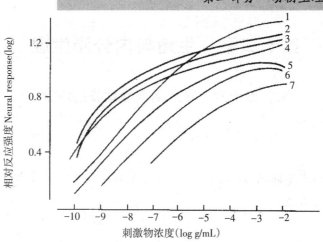

图 11-5　7种动物组织或个体浸提液的浓度与味觉反应特性曲线图
1.蚯蚓；2.颤蚓；3.鱼粉；4.虾皮；5.小鱼；6.田螺；7.猪血

（3）采用 Weber-Fechner 模式：$N=A\log^{S+B}$（N：感觉等级，S：刺激量）对 N 和 S 两者的关系进行回归分析，得出相对反应强度随刺激物浓度（S）的变化率（A）：表11-1列出7种动物组织制成溶液的感觉阈值（开始出现味觉反应的溶液浓度），变化率（A值）和在溶液浓度为 10^{-4} g/mL 时的相对反应强度。从表中可以看到胡子鲶上颌须对各种动物组织制成溶液有较高的味觉敏感性，其最低阈值为 10^{-11} g/mL。但各种物质的刺激效应有所不同，以蚯蚓和颤蚓的刺激作用最强。

表11-1　7种动物组织制成溶液对味觉的相对刺激效应

刺激物（10^{-4}g/mL）	阈值（g/mL）	变化率（A）	相对反应强度（Mean±S.D.）
蚯蚓	$10^{-11\pm0.7}$	0.163	17.1±6.0
颤蚓	$10^{-11\pm0.3}$	0.101	16.1±2.0
鱼粉	$10^{-10\pm0.4}$	0.101	15.0±2.0
虾皮	$10^{-11\pm0.3}$	0.096	13.0±5.1
小鱼	$10^{-10\pm0.4}$	0.098	11.5±1.1
田螺	$10^{-9\pm0.3}$	0.098	9.2±1.2
猪血	$10^{-7\pm0.8}$	0.112	6.2±1.2

*实验实例摘自龙天澄、黄溢明论文：革胡子鲶触须味蕾及其味觉反应的研究[J]，水生生物学报，1994,18(4):316-326.

【注意事项】

（1）实验中要将实验鱼的脑和脊髓完全捣毁后，很好地固定在支架上。

（2）用手术剪去除眼球和眶前骨时，应仔细避开附近的血管，分离上颌须的神经分枝。

【分析与讨论】

鱼类的味觉反应测定在鱼类生理研究工作中有何作用和意义？

（伍莉、刘亚东）

第十二章　生殖与内分泌生理

实验五十六　肾上腺摘除动物的观察

【实验目的】

本实验通过外科手术摘除肾上腺,观察实验动物在不同实验条件下的反应,并由此来分析肾上腺的某些生理机制。

【实验原理】

肾上腺位于肾的前(上)端,分为皮质部和髓质部。皮质分泌的糖皮质激素生理作用广泛,为维持机体生命和正常的物质代谢所必需,是"应激反应"的决定性激素。应激反应是机体在遭受伤害性刺激时(如缺氧、创伤、饥饿、疼痛、寒冷以及精神紧张和惊恐不安等),所发生的全身性适应性反应和抵抗性变化的总称。机体糖皮质激素降低或缺失,应激反应减弱,对有害刺激的抵抗力大大降低,甚至出现快速死亡,如及时补充糖皮质激素,则可生存较长时间。动物在摘除两侧肾上腺后皮质功能失调现象迅速出现,甚至危及生命。而髓质功能缺损在正常情况下不会危及生命。

【实验对象】

大白鼠或小白鼠。

【实验药品】

碘酊,酒精棉球,乙醚,生理盐水,可的松。

【仪器与器械】

常用手术器械,小动物解剖台,天平,滴管,秒表,大玻璃缸等。

【方法与步骤】

1. 实验准备

选取品种、性别相同,体重相近的大白鼠16只,随机分为4组,每组4只,第1组为对照组,第2、3、4组为实验组。将大白鼠扣于大烧杯中用浸有乙醚的棉球将其麻醉后(勿麻醉过深),俯卧位固定于解剖台上,于最后肋骨至骨盆区之间背部剪去被毛,消毒后,从最后胸椎处向后沿背部正中线切开皮肤1.0~2.0 cm(图12-1,图12-2),在一侧背最长肌外缘分离肌肉,剪开腹腔,扩创,略将肝脏前推,暴露脂肪囊,找到肾脏,在肾的前方即可找到由脂肪组织包埋的粉色绿豆大小的肾上腺,用小镊子轻轻摘除肾上腺(与肾脏之间的血管和组织可用镊子夹住片刻,不必结扎血管)。然后将皮肤切口向另一侧牵拉,用同样的方法摘除另一侧肾上腺。最后缝合肌层和皮肤,消毒。对照组的大白鼠也做同样的手术,但不摘除肾上腺。

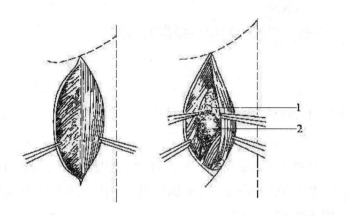

图12-1 大白鼠肾上腺摘除
1. 肾上腺;2. 肾脏

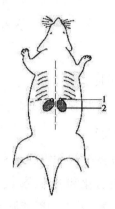

图12-2 小白鼠肾上腺摘除
1. 肾上腺;2. 肾脏

2. 实验项目

(1)给对照组和实验1组大白鼠只饮清水,给实验2组大白鼠只饮生理盐水,实验3组大白鼠除饮清水外每日用滴管灌服可的松两次(每次50 μg)。连续3 d,观察比较各组大白鼠体重、体温、进食情况、肌肉紧张度等变化。

(2)应激反应实验 手术3 d后全部均喂清水,禁食两天,然后将各组大白鼠投入盛有4 ℃水的大玻璃缸中游泳,观察记录各组动物溺水下沉的时间。对下沉大白鼠立即捞出,记录其活动恢复正常时间。分析比较各组大白鼠游泳能力和耐受力有何差异。

【注意事项】

实验动物的麻醉勿过深,正确掌握肾上腺的摘除手术。

【分析与讨论】

(1)手术摘除肾上腺后,各组动物体重、进食情况、肌肉紧张度等有何变化? 为什么?

(2)游泳时,各组动物下沉时间和恢复时间有何不同? 为什么?

(黄庆洲、王芝英)

实验五十七　甲状腺对蝌蚪变态的影响

【实验目的】

通过甲状腺素对蝌蚪变态作用的观察，了解甲状腺对动物机体发育的影响。

【实验原理】

甲状腺分泌的甲状腺素除维持机体的正常代谢作用外，还参与胚胎的发育过程，可以促进组织的分化和成熟(图12-3)。蝌蚪的变态明显受甲状腺素的影响，甲状腺素缺乏，蝌蚪就不能变成蛙，若增加甲状腺素，则加速蝌蚪变成小蛙。

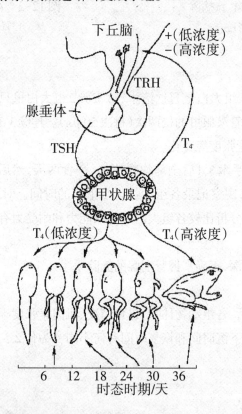

图12-3　甲状腺素在控制蛙变态中的作用(仿自Spratt,1971)

蝌蚪发育成蛙可分3个阶段：第一阶段约20 d，垂体的正中隆起尚未分化，TRH与TSH的分泌较低，甲状腺尚未成熟，只结合碘合成甲状腺素；第二阶段约20 d，正中隆起分化，甲状腺成熟，摄碘量和分泌甲状腺素量增加，产生缓慢的形态变化；最后阶段完成变态，成体形成。

【实验对象】

蝌蚪。

【实验药品】

甲状腺素片(或新鲜甲状腺),10％碘化钾。

【仪器与器械】

玻皿,尺子等。

【方法与步骤】

1. 实验准备

准备3只玻皿,每只盛300 mL池塘水,玻皿内放少许水草,并分别编号。第一只玻皿作对照组,池塘水中不加任何物质;第二只玻皿中滴加10％碘化钾溶液数滴;第三只玻皿中加6~12 μg甲状腺素。

取长度约10 mm的蝌蚪18只,分成3组,每组6只,放于上述3只玻皿内。各玻皿的水及所加物质隔日更换一次。

2. 实验项目

每次换水时测蝌蚪长度,并观察其变态情况,作好记录(蝌蚪长度的测量可用小勺将其舀出,放于小玻皿内,玻皿下方放上划有方格的白纸,这样可量出蝌蚪长度)。结果见图12-4。

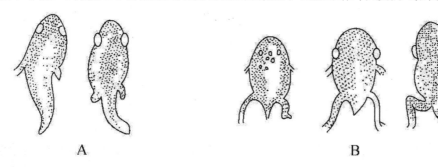

A   B

图12-4　甲状腺素对蝌蚪变态的影响
A.不喂甲状腺素;B.喂甲状腺素

【注意事项】

加入甲状腺素的量不能过多,否则很快会造成蝌蚪死亡。

【分析与讨论】

比较3组玻皿内蝌蚪长度的变化趋势,说明产生变化的原因。

(黄庆洲、王芝英)

实验五十八　胰岛素、肾上腺素对血糖的影响

【实验目的】

了解胰岛素、肾上腺素对血糖的影响。

【实验原理】

血糖含量主要受激素的调节。胰岛素通过促进组织对葡萄糖的摄取、贮存和利用,抑制糖异生,使血糖浓度降低;肾上腺素可通过促进肝糖原和肌糖原分解而使血糖浓度升高。通过对实验动物注射适量的胰岛素来观察低血糖症状的出现,然后注射适量肾上腺素,可见低血糖症状消失,从而了解胰岛素和肾上腺素对血糖的影响。

【实验对象】

家兔或小白鼠。

【实验药品】

胰岛素,0.1%肾上腺素,20%葡萄糖溶液,生理盐水。

【仪器与器械】

注射器,针头,恒温水浴锅等。

【方法与步骤】

1. **实验准备**

取禁食24~36 h的家兔4只,称重后分别编号,1只作对照兔,3只作实验兔。

2. **实验项目**

(1)给3只实验兔分别从耳缘静脉按30~40 U/kg(体重)的剂量注射胰岛素,对照兔则从耳缘静脉注射等量的生理盐水。经1~2 h后,观察并记录各兔有无不安、呼吸急促、痉挛、甚至休克等低血糖反应。

(2)待实验兔出现低血糖症状后,立即给实验兔1静脉注射温热的20%葡萄糖溶液20 mL;实验兔2静脉注射0.1%肾上腺素0.4 mL/kg;实验兔3静注等量温热生理盐水,仔细观察并记录结果。

若实验对象采用小白鼠时,选4只体重相近的小白鼠,按兔的实验方法分组。给3只实验鼠每只皮下注射1~2 U的胰岛素,对照鼠同法注入等量生理盐水。等实验鼠出现低血糖症状后,1只腹腔(或尾静脉)注射20%葡萄糖溶液1 mL,1只皮下(或尾静脉)注射0.1%肾上腺素0.1 mL,1只腹腔(或尾静脉)注射1 mL生理盐水作对照,观察并详细记录实验结果。

【注意事项】

实验动物在实验前需禁食24~36 h。

【分析与讨论】

(1)实验兔注射胰岛素1~2 h后,有何反应?为什么?

(2)低血糖症状明显出现时,实验兔分别注射肾上腺素、葡萄糖溶液、生理盐水后,有何反应?为什么?

(黄庆洲、王芝英)

实验五十九 甲状旁腺切除与骨骼肌痉挛的关系

【实验目的】

了解甲状旁腺的生理机能。

【实验原理】

甲状旁腺分泌甲状旁腺素,其主要功能是调节体内钙磷代谢,可使血钙浓度升高,而血磷浓度下降。它和甲状腺C细胞分泌的降钙素共同调节细胞外液中的钙浓度,以维持神经、肌肉的正常机能。如切除甲状旁腺,则血钙低于正常生理水平,可引起神经、肌肉的兴奋性升高,使动物产生阵发性的痉挛现象,最终可因喉头肌和膈肌痉挛导致动物窒息死亡。肉食动物较草食动物易于发病。

由于甲状旁腺小而分散,有的还埋于甲状腺内,完全单独切除甲状旁腺比较困难,但甲状旁腺素缺乏症较甲状腺素缺乏症出现要早(甲状旁腺素缺乏症一般在术后2~4 d可出现),因此实验中一般同时切除甲状腺和甲状旁腺。

【实验对象】

幼犬。

【实验药品】

碘酊,75 % 乙醇,速眠新,10 % $CaCl_2$溶液(或10 % 葡萄糖酸钙溶液)。

【仪器与器械】

注射器,手术台,常用消毒外科手术器械,消毒过的手术创布,衣帽。

【方法与步骤】

1. 实验准备

选一健康幼犬,用速眠新(0.1~0.2 mL/kg皮下注射)麻醉后仰卧位固定于手术台上,剪去颈部被毛,用碘酒消毒后盖上创布,在咽喉下方沿正中线切开皮肤6~9 cm(切口略高于甲状软骨下缘),钝性分离左右侧胸骨舌骨肌,在甲状软骨下方的气管两侧分离出甲状腺及甲状旁腺(犬的甲状旁腺左右各两个,如小米粒大小,位于甲状腺囊内和腺体表面,如图12-5。将分布到甲状腺上的血管分离结扎,摘除甲状腺,则散布于其上的甲状旁腺也被切除。然后缝合,消毒,包扎好伤口。

2. 实验项目

(1)观察幼犬开始出现骨骼肌痉挛反应的时间,作详细记录。

术后应喂无钙饲料,禁喂肉类,随时观察动物反应(一般术后1~2 d就可出现肌肉轻度僵直,行动不稳,继而出现痉挛性收缩,呼吸加快症状。若继续发展,可致窒息死亡)。

(2)症状出现后,静注10 % $CaCl_2$溶液(1 g/kg),观察结果,并记录。

(3)继续观察,直到动物死亡,记录其间动物反应情况。

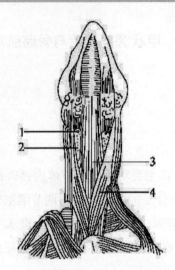

图12-5　犬甲状腺和甲状旁腺的位置

1.甲状旁腺；2.甲状腺；3.胸骨舌骨肌；4.胸头肌

【注意事项】

(1)术后应饲喂无钙饲料，禁喂肉类。

(2)静注氯化钙溶液时剂量不能过大。

【分析与讨论】

(1)术后1~2 d后,动物运动、呼吸有何变化? 为什么?

(2)术后动物出现典型的肌肉痉挛性收缩症状时,静注10 % $CaCl_2$溶液后,动物有何反应? 为什么?

(黄庆洲、王芝英)

实验六十　精子氧耗强度和活力的测定

【实验目的】

掌握精子氧耗强度和活力测定的方法,并以此判定精子的代谢情况和质量。

【实验原理】

精子的代谢情况和活力是反映精子品质的重要指标。精子在呼吸耗氧过程中,其脱氢酶脱去糖原上的氢原子,在无氧条件下,氢原子与蓝色的美蓝(亚甲蓝)结合变成无色的甲烯白,即使美蓝还原褪色。因此,美蓝的褪色时间可以反映精子的呼吸强度,二者呈反比。精子呼吸时的耗氧率按 10^9 个精子在 37 ℃1 h 内的耗氧量计算。

哺乳动物的精子生成后本身并不具有运动能力,需要靠曲细精管外周肌样细胞的收缩和宫腔液的移动运送到附睾,在附睾内进一步发育成熟,并获得运动能力。但是由于附睾液内含数种抑制精子运动的蛋白,所以只有在射精之后,精子接触到雌性动物的卵巢液后才真正具有运动能力。

精子的运动包括直线前进运动、旋转运动和振摆运动。精子的活力主要是指精子的运动情况,评定精子活力的指标是指直线运动的精子占精子总数的百分数。

鱼类的精子生成后在精液中已具有运动能力,但也不能运动,只有当精子与水接触时才能被激活,产生运动,称为精子的活化。在鱼类中,可将精子的活力划分为5级:

①激烈运动:精子呈现"漩涡"状运动,无法看清具体运动路线。

②快速运动:基本可以看清运动路线,但速度很快。

③慢速运动:70 % 以上精子的运动速度明显变慢,可以很清晰地看清精子形态和运动路线。

④摇摆运动:70 % 以上精子在原位旋转或颤抖。

⑤死亡:90 % 以上精子停止运动。

也可以根据激烈和快速运动时间(统称剧烈运动时间)的长短、总运动时间(精子寿命)和激活率(遇水活化的精子占总数的比例)等指标来评价鱼类的精子活力。

【实验对象】

各种家畜或鱼类的新鲜精液。

【实验药品】

美蓝(取美蓝 100 mg,溶解在 100 mL 1 % NaCl 溶液中,置于容量瓶内保存 3 d 后,再用 1 % NaCl 溶液稀释 10 倍),0.9 % NaCl 和 0.75 % NaCl 溶液等。

【仪器与器材】

毛细玻璃管,载玻片,盖玻片,水浴锅,烧杯,刻度试管,吸管,计时器,试管架,平皿,显微镜,保温箱,玻璃棒,尖头针等。

【方法与步骤】

1. 精子氧耗强度的测定

取美蓝溶液与精液各一滴于载玻片上。混匀后,同时吸入三段毛细玻璃管中,1.5～2.0 cm,下衬白纸放入平皿,置于18 ℃～25 ℃室温或37 ℃～40 ℃水浴条件下,记录美蓝褪色所需时间。

2. 哺乳动物精子活力测定

(1)用玻璃棒蘸取新鲜精液或用0.9 % NaCl 稀释的精液,滴在载玻片上,加上盖玻片,中间不要有气泡,用暗视野进行观察,统计精子三种运动的情况。

(2)计算直线前进运动精子与精子总数的比值。

3. 鱼类精子活力测定

(1)用胶头吸管在载玻片上滴0.1 mL左右的0.75 % NaCl溶液。

(2)用尖头针蘸精液涂在载玻片的液滴中,立即在100倍的显微镜下观察精子的运动情况。

(3)观察记录精子剧烈运动时间(指从精液与激活液混合开始,到约70 %运动精子转入缓慢运动为止的时间)、总运动时间(指从精液与激活液混合开始,到视野中约90 %的精子停止活动为止的时间)和激活率(以显微镜下同一视野中的活动精子百分比表示)。

(4)每份精子样品重复实验3次。

【注意事项】

(1)精子采集后必须在22 ℃～26 ℃的实验室内进行,哺乳动物的精子最好是在37 ℃的保温箱内进行。盖玻片与载玻片之间不能有气泡,显微镜的载物台不能倾斜。

(2)鱼类精子采集后到实验前,要避免与水接触。

(3)镜检时,在暗视野中进行观察;加到载玻片上的精子不能太多,否则会因为密度太大,反而影响精子的运动。

【分析与讨论】

(1)统计美蓝褪色时间,计算哺乳动物中直线前进运动的精子占精子总数的百分率。分析讨论结果。

(2)统计鱼类精子激活率、剧烈运动和运动总时间,评价精子的质量。

(3)统计全班不同组间精子活力的平均数,从操作方法上分析结果与全班平均数差异的原因。

(黄庆洲、王芝英)

实验六十一　鱼类的应激反应

【实验目的】

通过用放射免疫法测定受刺激金鱼血浆中皮质醇含量,观察血浆皮质醇含量变化与应激反应的关系;学习了解激素放射免疫测定法(RIA)的基本原理和方法。

【实验原理】

皮质醇是肾上腺皮质释放的主要激素,在应激反应中起重要作用。动物如果没有皮质醇,就会失去应激反应的能力,以至死亡。血液中皮质醇的水平可作为一项反映应激状态下内分泌活动的重要指标。

若将放射性同位素标记的皮质醇(标记抗原*Ag)和未标记的皮质醇(未标记抗原Ag)放在一起,与一定量的皮质醇抗体(Ab)发生竞争性结合,结果产生的*Ag-Ab的量与Ag的量之间存在着一定的函数关系。未标记抗原(Ag)的量愈大,标记抗原(*Ag)与抗体结合生成的结合物(*Ag-Ab)的量就愈少。使用免疫分离剂分离游离的标记抗原*Ag,离心将*Ag-Ab结合物沉淀,测定沉淀物的放射强度(CMP),可计算被检样品中的抗原-抗体结合率($B/Bo\%$,见下文)。以结合率为纵坐标,标准皮质醇量为横坐标绘制标准曲线,根据样品结合率从标准曲线上查出相应的皮质醇含量。

【实验对象】

个体较大的金鱼、鲫鱼或其他鲤科鱼类,实验鱼至少要在水族箱中驯化10 d以上。

【实验药品】

(1)皮质醇免疫测定试剂盒

皮质醇标准品,^{125}I标记的皮质醇示踪液、缓冲液,皮质醇抗体,免疫分离剂。

①用重蒸水将皮质醇标准品配制成质量浓度为0 ng/mL、10 ng/mL、25 ng/mL、50 ng/mL、100 ng/mL、200 ng/mL、500 ng/mL的溶液并贮存于冰箱中。

②^{125}I标记的皮质醇倒入500 mL的容量瓶中,用缓冲液把小瓶中残留的示踪液洗净,也倒入容量瓶中,定容到500 mL,混匀,贮存在冰箱中。

(2)间氨基苯甲酸乙酯甲磺酸盐(MS-222)。

(3)肝素。

【仪器与器械】

注射器,采血管,微量移液器,7 mL放免试管,抽滤装置,振荡器,离心机,γ计数器等。

【方法与步骤】

1. 实验分组

设计一个正常组和一个应激组。正常组的鱼类驯养于水族箱中,不受惊扰;应激组的鱼类在实验时进行惊扰,使其处于应激状态。每组放养15尾鱼。

2. 取正常金鱼血样

从正常组中取出5尾鱼,直接放入0.1 % MS-222溶液中。此过程要快,尽量不惊动水族箱中剩下的鱼。当鱼鳃盖停止运动时,即可采血。采血前,用1 mL一次性无菌注射器吸取

1%肝素抗凝剂少量使针头和管壁润湿,同时给每个准备待用的15 mL离心管中加入10 μL相同浓度的肝素抗凝剂并做好标记。用准备好的注射器按尾部血管采血法抽取血液,每尾鱼抽血1 mL。抽血后,拔下针头,将血液注入准备好的离心管中。缓缓晃动离心管以防止血液凝固,以3500 r/min离心10 min,澄清透明的上清液即血浆,之后用移液器将血浆转入离心管,血浆保存于4 ℃备用。

3. 使鱼类处于应激状态,并采集血样

实验时,用捞网驱赶水族箱中的鱼类,使其逃逸运动10 min;或用网捞起,又放回去,重复多次。在刺激后5 min、30 min、60 min后分别取5尾鱼的血样,按上述相同的方法麻醉、取血、离心收集血浆,贮存于4 ℃备用。

4. 放射免疫测定

测定前所有试剂、标准品、测定管和血浆样都需回升到室温。

按下列顺序进行操作,每一个样品都有两个平行管。

(1)按顺序在对应的管号中加入50 μL标准样品或血浆样品。

(2)在每一测定管中依次准确加入100 μL ^{125}I-皮质醇和100 μL抗体,振荡混匀。

(3)室温下孵育45 min。

(4)依次加入免疫分离剂500 μL,充分混匀,室温放置15 min。

(5)任取两管测定总放射性强度(CPM),然后3500 r/min离心15 min,立即吸净上清液。

(6)在γ计数器中测定零标准品(B_0)、标准样品和血浆样品(B)的放射性强度(CPM),每管测1 min。

5. 计算皮质醇浓度

(1)计算平行管CPM的平均值。

(2)结合率

$$\frac{B}{B_0} = \frac{标准品或样品CPM}{零标准品CPM} \times 100\%$$

(3)以结合率为纵坐标,标准皮质醇含量为横坐标绘标准曲线,然后根据样品的B/B_0(%)值从标准曲线上查出皮质醇含量。

6. 统计分析

实验数据通过统计软件进行处理分析,利用方差分析(One-Way ANOVA)进行显著性检验,确定实验组和正常组之间的差异性。

【注意事项】

(1)注意放免试剂药盒内具有放射性药品,在使用时应该注意防护。

(2)测定的准确性很大程度上取决于加样是否准确,所以实验前必须熟练掌握加样器的操作方法。

(3)放射性强度测定前,一定要完全吸干净各个放免管中的上清液,否则读数会出现很大的误差,影响实验结果。

(4)正常组鱼类的采血时间应该控制在20～30 s内,以防止操作带来应激反应。

【分析与讨论】

比较分析不同应激状态下,金鱼皮质醇分泌量有何差异? 探讨皮质醇与应激反应的关系。

(伍莉、陈鹏飞)

实验六十二　雄激素对鸡冠发育的作用

【实验目的】

通过探索雄激素对鸡冠发育的作用,了解雄激素对动物第二性征的影响。

【实验原理】

雄激素由睾丸生成,主要影响动物的第二性征和新陈代谢。

【实验对象】

20～30日龄同等大小,性别、品种相同的雏鸡。

【实验药品】

丙酸睾丸酮,消毒药品。

【仪器与器材】

消毒器材,卡尺,1 mL注射器,雏鸡舍。

【方法及步骤】

1. **动物准备**

选择4～6只雏鸡分为实验组和对照组,记录鸡冠的长、高、厚,描述鸡冠色泽。隔离饲养。

2. **实验项目**

(1)实验组每2 d皮下或肌肉注射丙酸睾丸酮一次,每次2.5～5 mg,7～10 d测量鸡冠的长、宽、高,记录鸡冠色泽。

(2)与实验组同步测量对照组鸡冠的长、宽、高,记录鸡冠色泽。

(3)对比实验组与对照组的数据记录,总结实验结果。

【注意事项】

(1)测量时卡尺松紧要适度,最好同一人操作。

(2)因鸡冠是不规则形,测定长、宽、高时所取的部分一定要有统一标准。

【分析与讨论】

实验组鸡冠的长、宽、高都大于对照组的长、宽、高,颜色更红,为什么?

(黄庆洲)

实验六十三　　性激素对蛙(或蟾蜍)的排精作用

【实验目的】

了解促黄体素释放激素类似物(LHRH-A)和绒毛膜促性腺激素(HCG)引起蛙(或蟾蜍)排精的方法及其机理。

【实验原理】

LHRH-A和HCG经体内注射后都可引起蛙(或蟾蜍)排精,但两者的作用机理不同,HCG能作用于精巢引起排精反应,而LHRH-A的作用途径是通过垂体释放促性激素(GTH),从而间接引起排精反应。

【实验对象】

成体雄蛙。

【实验药品】

LHRH-A,HCG,0.65%生理盐水或任氏液。

【仪器与器材】

2 mL注射器,细玻璃滴管,小烧杯,手术剪,眼科镊子,显微镜,载玻片。

【方法与步骤】

(1)每组选择4只颜色深浅相似的成体雄蛙,用滴管分别插入泄殖腔,管口先向下,再稍向上,即可插入,深度0.5~1 cm,然后轻轻前后移动吸取尿液,滴一滴于载玻片上,用低倍镜检查是否有精子存在,尿液中无精子的雄蛙方可用于本实验,并编好号(如泄殖腔中无尿液,可先用滴管注入少量生理盐水或任氏液后再吸)。

(2)取2只经预检正常的蛙,1只从背部皮下注射HCG 200~300国际单位(IU),另一只注射LHRH-A 10~20 μg。注射后的蛙,置于室温下1.5~2 h后,用预检相同的方法吸出尿液在低倍镜下检查,是否发现精子? 蛙精子头部呈棒状,头尖,有一鞭毛状细尾。初吸出的精子会前进运动或左右摆动,稍过些时间即不活动。

(3)另取2只经预检后正常的蛙,先进行口腔手术摘除垂体。左手打开蛙口腔,右手用剪刀(或解剖刀)沿中线剪(切)开上颚黏膜,剪开(切口)部位在眼球稍下方的左、右耳咽管孔连线的中央处,并将黏膜向两侧拉开,暴露头骨。可见副蝶骨形如短剑状,剑尖指向蛙前方,剑柄在后方。小心地用剪刀尖和镊子将副蝶骨除去直径约3 mm,垂体就埋藏在副蝶骨的剑尖与剑柄交界处。通过缺口,可看到位于视交叉下一粉红色扁圆形即为垂体,其一部分被漏斗所掩盖。用针挑开硬膜,用小镊子将垂体夹出,由于脑内压较高,有时垂体被自动挤出。伤口不必缝合,若有出血,则应止血。将摘除垂体的蛙,1只注射HCG,另1只注射LHRH-A,剂量同前。1.5~2 h后,取蛙尿液镜检,与前面不摘除垂体的实验结果作以下两点比较:是否有精子出现,注意观察皮肤颜色有何变化。

【注意事项】

(1)判定成体雄蛙和雌蛙,其在外形上最明显的差异有以下三点:雄蛙体小,雌蛙体较大;雄蛙下颌外两侧有外鸣囊,其颜色较暗,雌蛙无外鸣囊,不会叫;雄蛙在生殖季节,前肢拇指基部内侧有婚瘤,雌蛙无婚瘤。

(2)取尿液用的滴管管口应光滑,以免损伤组织。

(3)泄殖腔内有原生动物,观察时应与精子区别。

【分析与讨论】

(1)雄蛙皮下注射 HCG 及 LHRH-A 1.5～2 h 后,尿液中是否发现精子? 为什么?

(2)摘除垂体的蛙注射 HCG 及 LHRH-A 1.5～2 h 后,尿液中是否有精子出现? 为什么?

（黄庆洲）

实验六十四　鱼类的体色反应

【实验目的】

了解鱼类体色变化的原理,掌握区别五个等级的色素细胞指数,初步了解各种激素和药物对鱼类体色的影响及其研究方法。

【实验原理】

鱼类和其他脊椎动物一样,体色的生理变化是由于色素细胞内色素颗粒的运动而造成阴暗和着色的不同。如果色素颗粒移到细胞周围,鱼体体色变深;如果色素颗粒集中,体色变淡(白)。色素的移动受神经和激素的调节。交感神经末梢和肾上腺髓质分泌的去甲肾上腺素能使黑色素浓集;而副交感神经末梢分泌的乙酰胆碱和垂体分泌的促黑激素使色素散布;松果体分泌的褪黑激素使黑色素聚集。眼和松果体是光感受器,能把外界环境的信息传送到神经或内分泌系统,以调控鱼体的变化(图12-6)。

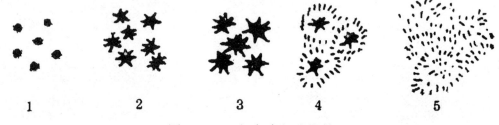

图12-6　五级色素细胞指数

【实验对象】

金鱼、斗鱼、鲫鱼、鲤鱼、蟾蜍(或青蛙)。

【实验药品】

0.1%肾上腺素,0.1%去甲肾上腺素,0.1%乙酰胆碱,垂体后叶素,0.1 g/L MS-222溶液,2%乙醚溶液,鲤鱼脑垂体匀浆液(1粒/mL),鱼类生理盐水。

【仪器与器械】

双目解剖镜,显微镜,载玻片,盖玻片,标本瓶,广口瓶,鱼缸,解剖针,镊子,蛙类解剖器械一套,蛙板,蛙钉,大烧杯,注射器,针头,直尺,黑纸,电灯。

【方法与步骤】

1. 不同光强度下鱼体色的变化

(1)把体色相近的2条金鱼、斗鱼或鲫鱼分别放在白色和黑色背景中,并给以灯光照射20~30 min后,再把原在黑色背景中的鱼转入白色背景中,比较2条鱼的体色深浅有何变化?

(2)用0.1 g/L的MS-222溶液轻度麻醉鱼,用小镊子取出一鳞片置于载玻片上,加上一滴生理盐水,在双目解剖镜下观察色素细胞,记录色素颗粒的分布情况。

2. 环视觉对鱼体色变化的观察

取2条体色相近的金色、斗鱼或鲫鱼,用解剖针刺破其中一条鱼的两只眼球,另一只作对照。把2条鱼转入黑色背景中,并给以灯光照射20~30 min后,除去黑色背景,观察2条鱼的体色深浅。

3. 激素对色素细胞内色素颗粒移动的影响

(1)取6条鲫鱼或鲤鱼,随机分为3组,第1组肌注0.1%肾上腺素0.5~1 mL;第2组肌注制备好的鲤鱼脑垂体匀浆液(1粒/mL)0.1 mL;第3组肌注鱼类生理盐水0.5~1 mL。每隔10 min观察鱼体颜色的变化情况,并取一鳞片在解剖镜下观察色素细胞的变化,记录20个以上色素细胞指数。

(2)取第3组鱼的鳞片,制备三片载有同样鳞片的玻片分别置于0.1%去甲肾上腺素溶液中和0.1%乙酰胆碱溶液中15 min,另一片为对照。记录20个黑色素细胞以上的指数值,计算其平均值。

表12-1　色素细胞指数记录表

组　　别	色素细胞指数(1~5)
对　　照	平均值=
去甲肾上腺素	平均值=
乙酰胆碱	平均值=

【注意事项】

(1)为保证实验的准确进行,白色背景和黑色背景一定要注意光线。

(2)在双目解剖镜下正确观察色素细胞并记录色素颗粒的变化情况。

【分析与讨论】

(1)分析比较实验结果。

(2)鱼类的体色反应测定在鱼类生理研究工作中有何作用和意义?

(伍莉、陈鹏飞)

第十三章　综合性实验

综合实验主要是指一些涉及多个组织、器官、系统的综合性实验,其内容有的在理论课上已经讲过,有的可能没讲过,拟通过实验观察、综合比较,进一步理解各研究对象的生命活动有何特征和相互制约的机能关系;利用不同学科的实验方法来研究生理学上的一个问题,以达到相互佐证,得出较为全面、正确的结论;多个学科中方法相似、理论相关的实验有机地结合,从正、反不同角度解释机体的机能性活动。拟在培养和提高学生观察、分析、综合、独立思考和解决问题的科学逻辑思维方法和能力。

实验六十五　神经干动作电位、肌电及骨骼肌收缩曲线的综合观察

【实验目的】

通过同步记录神经干、肌膜动作电位和骨骼肌收缩,学习多信号记录技术;观察神经-肌肉接头兴奋传递和骨骼肌兴奋的电变化与收缩之间的时间关系及其各自的特点;观察滴加高钾试剂后对神经干、肌膜动作电位和骨骼肌收缩的影响。

【实验原理】

一个阈上刺激作用于神经-肌肉标本的神经至引起肌肉收缩是一个复杂、有序的生理过程。首先是神经兴奋形成动作电位(AP),AP传导至神经-肌肉接头,使接头前膜释放神经递质乙酰胆碱(Ach),Ach与接头后膜 N_2 受体结合使后膜去极化,后膜去极化至阈电位水平使骨骼肌肌膜爆发动作电位,进而引起肌肉的收缩。上述过程中,骨骼肌兴奋产生的AP与收缩是两种不同性质的生理过程,但又密切相关。当肌膜产生AP后,可沿肌膜迅速传播,并经由横管进入肌细胞内到达三联体部位。AP形成的刺激使终末池上的钙通道开放,储存在终末池内的钙离子顺浓度差以异化扩散的方式经钙通道进入肌浆到达肌丝区域,使钙离子与细肌丝的肌钙蛋白结合,引发肌丝滑动过程,其结果是引起肌细胞的收缩。

【实验对象】

蟾蜍。

【实验药品】

任氏液,3%KCl溶液。

【仪器和器械】

手术剪,探针,玻璃分针,蛙钉,蛙板,滴管,棉线,神经屏蔽盒,针形引导电极,张力换能器,计算机生物信号采集处理系统。

【方法和步骤】

1. 离体蟾蜍坐骨神经-腓肠肌标本制备

参照实验一方法进行。

2. 实验装置与仪器连接

(1)将离体坐骨神经-腓肠肌标本固定在神经屏蔽盒中,腓肠肌的跟腱结扎线固定在张力换能器的悬梁臂上,调节丝线的松紧,并与桌面垂直。

(2)将神经置于神经屏蔽盒的刺激电极和引导电极上,保持神经与电极接触良好,用任氏液保持标本湿润。

(3)针形引导电极插入腓肠肌并固定。

(4)张力换能器输入计算机生物信号采集处理系统CH1,肌膜AP引导电极信号输入CH2,神经干AP引导电极信号输入CH3。

(5)启动计算机生物信号采集处理系统。

3. 实验项目

(1)用单个阈上刺激刺激坐骨神经,观察神经干动作电位、肌膜动作电位、腓肠肌的收缩曲线和刺激标记四者之间的时间关系。

(2)改变单个阈上刺激强度,观察上述各项记录指标的变化。

(3)固定阈上刺激强度,改变刺激频率,观察肌肉的单收缩、不完全强直收缩和完全强直收缩时,神经干动作电位、肌膜动作电位、腓肠肌的收缩曲线的变化。

(4)滴加3%KCl溶液在神经干上,等待3 min,用单个阈上刺激刺激坐骨神经,观察神经干动作电位、肌膜动作电位波形和腓肠肌的收缩曲线和刺激标记四者之间的时间关系。

【注意事项】

(1)标本制备时要防止损伤神经和肌肉组织,实验中要经常湿润标本,以维持其兴奋性。

(2)要求整个实验装置良好接地,防止干扰。

【分析与讨论】

(1)用单个阈上刺激刺激坐骨神经,观察神经干动作电位、肌膜动作电位、腓肠肌的收缩曲线和刺激标记四者之间的先后时间关系,为什么?

(2)观察改变单个阈上刺激强度后上述各项记录指标的变化趋势,为什么?

(3)观察不同刺激频率,神经干动作电位、肌膜动作电位、腓肠肌的收缩曲线的变化趋势,为什么?

(4)3%KCl溶液处理神经干后,单个阈上刺激刺激坐骨神经,神经干动作电位、肌膜动作电位和腓肠肌收缩是否发生变化,为什么?

(黄庆洲)

实验六十六　不同强度和频率的刺激对蛙骨骼肌和心肌收缩的影响

【实验目的】

通过对比观察,了解骨骼肌和心肌收缩的特点,刺激对其收缩的影响。

【实验原理】

不同组织兴奋性的高低不同,同一组织的不同单位的兴奋性也不同。一块骨骼肌由若干个兴奋性不同的运动单位组成,强度低于阈强度的刺激不能引起肌肉收缩,阈上刺激则随着刺激强度的增加肌肉收缩的幅度和收缩张力也增加,当所有运动单位都被兴奋时,肌肉收缩幅度和张力达到最大。心肌则不同,由于心室肌细胞具有分支,且细胞间有闰盘结构,兴奋容易传导至整个心室,是一个机能合胞体,因此心室的收缩具有"全或无"特性。骨骼肌的动作电位持续时间短(短于肌肉收缩的潜伏期),因此当有效刺激频率提高到一定程度时,可引起肌肉的不完全强直收缩和完全强直收缩。心肌不同,其动作电位的复极化过程中有一个平台期,导致其兴奋后的有效不应期特别长,占据了心肌收缩期和舒张早期,因此心肌不能产生强直收缩。

【实验对象】

蛙或蟾蜍。

【实验药品】

任氏液。

【仪器与器械】

小动物手术器械一套,培养皿、滴管、废物缸、计算机生物信号采集处理系统、张力换能器、细线、支架等。

【方法与步骤】

1. 标本的制备

(1)取一只蟾蜍,制备坐骨神经–腓肠肌标本。参照实验一方法进行。

(2)蟾蜍暴露心脏:另取一只蟾蜍,暴露心脏,并在心房和心室交界处进行结扎。参照实验十七方法进行。

2. 仪器及标本的连接

(1)将腓肠肌标本的股骨固定在蛙平板肌槽的固定小孔内,腓肠肌跟腱上的连线连于张力换能器的应变片上,用固定夹将刺激电极轻轻搭在腓肠肌上,注意不要压迫腓肠肌。

(2)用蛙心夹夹住心室尖端约1 mm,蛙心夹的连线连到计算机生物信号采集处理系统的另一个通道输入孔中,再将另一对电极轻轻搭在心室肌上。

3. 实验项目

(1)刺激强度对腓肠肌和心肌收缩的影响

打开计算机,启动计算机生物信号采集处理系统,进入"刺激强度对骨骼肌收缩的影响模拟"实验菜单(双通道显示,第一通道记录腓肠肌收缩活动变化,第二通道记录心肌收缩活动变化),刺激方式选择单刺激,波宽调至并固定在 1 ms 或 2 ms,刺激强度从零开始逐渐增大,先找到引起腓肠肌收缩的阈刺激,再逐渐增大刺激强度,测出骨骼肌收缩的最大刺激强度,观察腓肠肌和心肌收缩强度的变化趋势。

(2)刺激频率对腓肠肌和心肌收缩的影响

打开计算机,启动计算机生物信号采集处理系统,进入"刺激频率对骨骼肌收缩的影响模拟"实验菜单,固定某一阈上刺激强度,观察不同刺激频率引起腓肠肌和心肌收缩强度及收缩形式的变化趋势。

【注意事项】

(1)制作好的肌肉标本,应在任氏液中浸泡一段时间,实验中经常给标本滴加任氏液,保持标本良好的兴奋性。

(2)每次刺激的时间不宜过长,每次刺激之后应让肌肉松弛一段时间,再进行下一次刺激。

(3)电极要与肌肉密切接触。

【分析与探讨】

(1)在阈刺激与最大刺激强度之间,随着刺激强度的逐渐增大,腓肠肌和心肌收缩强度的变化趋势怎样? 为什么?

(2)不同刺激频率引起腓肠肌和心肌收缩强度及收缩形式的变化趋势怎样? 为什么?

(黄庆洲)

实验六十七　循环、呼吸、泌尿综合实验

【实验目的】

通过观察动物在整体情况下，各种理化刺激引起循环、呼吸、泌尿等功能的适应性改变，加深对机体在整体状态下的整合机制的认识。

【实验原理】

动物机体总是以整体的形式存在，不仅以整体的形式与外环境保持密切的联系，而且可通过神经–体液调节机制不断改变和协调各器官系统（如循环、呼吸和泌尿等系统）的活动，以适应内环境的变化，维持新陈代谢正常进行。

【实验对象]

健康成年家兔。

【实验药品】

速眠新，0.5％肝素生理盐水，38 ℃生理盐水，1∶10000去甲肾上腺素，1∶10000乙酰胆碱，呋塞米（速尿），垂体后叶素，20％葡萄糖溶液，3％乳酸，5％ $NaHCO_3$，CO_2气体，钠石灰。

【仪器与器械】

手术器械一套、兔手术台、动脉夹、注射器（1 mL、5 mL、50 mL）、计算机生物信号采集处理系统、刺激电极、压力换能器、张力换能器、气管插管、橡皮管、球囊、动脉插管、输尿管插管（或膀胱套管）、刻度试管、金属钩、铁支架、丝线。

【方法及步骤】

1. 实验的准备

（1）麻醉固定：动物称重后，皮下注射速眠新0.1～0.2 mL/kg，麻醉后仰卧位固定于兔手术台。

（2）颈部手术：①行常规气管插管术；②行右侧颈总动脉插管术并连接压力换能器，记录血压。

（3）上腹部手术：上腹部剪毛，切开胸骨剑突部位的皮肤，沿腹白线切开长约2 cm的切口，小心分离、暴露剑突软骨及胸骨柄，用系有细丝线的金属钩钩于剑突中间部位，线的另一端连张力换能器，记录呼吸。

（4）下腹部手术：下腹部剪毛，沿耻骨上缘正中线切开皮肤约4 cm，剪开腹壁（不要伤及腹腔内器官），在腹腔底部找出两侧输尿管，实施输尿管插管术（也可作膀胱插管，暴露膀胱行膀胱漏斗结扎术），观察单位时间内尿液的滴数。

2. 连接实验装置

分别将压力换能器、张力换能器和记滴器与计算机生物信号采集处理系统相连，选定各信号输入的通道，调整好波宽、刺激强度、时间常数等实验参数，调整动脉血压波形、呼吸波形，以便获得良好的观察效果。

3. 实验项目

(1)记录一段正常的动脉血压曲线、呼吸曲线和尿量。

(2)吸入CO_2气体:将装有CO_2的气囊(可用呼出气体)的管口对准气管插管,观察血压、呼吸及尿量的变化。

(3)改变血液的酸碱度。

①由耳缘静脉较快地注入3%乳酸2 mL,观察H^+增多时对血压、呼吸及尿量的影响。

②由耳缘静脉较快地注入5% $NaHCO_3$ 6 mL,观察血压、呼吸及尿量的变化。

(4)夹闭颈总动脉:待血压稳定后,用动脉夹夹住左侧颈总动脉,观察血压、呼吸及尿量的变化。出现明显变化后去除夹闭。

(5)电刺激迷走神经:将保护电极与刺激输出线连接,待血压恢复后,分别将右侧迷走神经轻轻搭在保护电极上,选择刺激强度3 V,刺激频率40～50次/s,刺激15～20 s,观察血压、呼吸及尿量的变化。

(6)注射生理盐水:耳缘静脉快速注射38 ℃生理盐水30 mL,观察血压、呼吸及尿量的变化。

(7)注射垂体后叶素:耳缘静脉缓慢注射垂体后叶素2 U,观察血压、呼吸及尿量的变化。

【注意事项】

(1)要确保麻醉效果,如实验中途动物出现镇痛不全、躁动不安时,按要求追加麻醉药。

(2)做输尿管或膀胱插管时,一定要保证整个装置畅通。

(3)术后要用湿纱布覆盖手术切口,以防水分流失。

(4)在前一项实验的作用基本消失后,再做下一步实验。

【分析与讨论】

(1)吸入CO_2气体后,动物血压、呼吸及尿量有何变化,为什么?

(2)改变血液的酸碱度后,动物血压、呼吸及尿量有何变化,为什么?

(3)夹住左侧颈总动脉后,动物血压、呼吸及尿量有何变化,为什么?

(4)电刺激迷走神经后,动物血压、呼吸及尿量有何变化,为什么?

(5)静脉注射生理盐水后,动物血压、呼吸及尿量有何变化,为什么?

(6)静脉注射垂体后叶素后,动物血压、呼吸及尿量有何变化,为什么?

(黄庆洲)

第四部分 附录

附录一　实验动物的生理指标

一、常用实验动物的一般生理常数参考值

附表1-1　常用实验动物的一般生理常数参考值

动物种类	体温(直肠)/℃	呼吸频率/(次/min)	潮气量/(mL)	心率/(次/min)	平均动脉压/(kPa)	总血量/(%)
家兔	38.5～39.5	10～15	19.0～24.5	123～304	13.3～17.3	5.6
狗	37.0～39.0	10～30	250～430	100～130	16.1～18.6	7.8
猫	38.0～39.5	10～25	20～42	110～140	16.0～20.0	7.2
豚鼠	37.8～39.5	66～114	1.0～4.0	260～400	10.0～16.1	5.8
大白鼠	38.5～39.5	100～150	1.5	261～600	13.3～16.1	6.0
小白鼠	37.0～39.0	136～230	0.1～0.23	328～780	12.6～16.6	7.8
鸡	40.6～43.0	22～25	–	178～458	16.0～20.0	–
蟾蜍	–	不定	–	36～70	–	5.0
青蛙	–	不定	–	36～70	–	5.0
鲤鱼	–	–	–	10～30	–	–

二、常用实验动物血液学主要生理常数

附表1-2　常用实验动物血液学主要生理常数

动物种类	红细胞数/(10^{12}/L)	白细胞数/(10^9/L)	血小板/(10^{10}/L)	血红蛋白/(g/L)	红细胞比容/(%)
家兔	6.9	7.0～11.3	38～52	123(80～150)	33～50
狗	8.0(6.5～9.5)	11.5(6～17.5)	10～60	112(70～155)	38～53
猫	7.5(5.0～10.0)	12.5(5.5～19.5)	10～50	120(80～150)	28～52
豚鼠	9.3(8.2～10.4)	5.5～17.5	68～87	144(110～165)	37～47
大白鼠	9.5(8.0～11.0)	6.0～15.0	50～100	105	40～42
小白鼠	7.5(5.8～9.3)	10.0～15.0	50～100	110	39～53
鸡	3.8	19.8	–	80～120	–
蟾蜍	0.38	24.0	0.3～0.5	102	–
青蛙	0.53	14.7～21.9	–	95	–
鲤鱼	0.8(0.6～1.3)	4.0	–	105(94～124)	–

三、常用实验动物白细胞分类计数参考值

附表1-3　常用实验动物白细胞分类计数参考值(单位:%)

动物种类	中性粒细胞	嗜酸性粒细胞	嗜碱性粒细胞	淋巴细胞	单核细胞
家兔	32.0	1.3	2.4	60.2	4.1
狗	66.8	2.6	0.2	27.7	2.7
猫	59	6.9	0.2	31.0	2.9
豚鼠	38.0	4.0	0.3	55.0	2.7
大白鼠	25.4	4.1	0.3	67.4	2.8
小白鼠	20.0	0.9	—	78.9	0.2
蟾蜍	7.0	27.0	7.0	51.0	8.0
鸡	13.3 ~ 25.8	1.4 ~ 2.5	2.4	64.0 ~ 76.1	5.7 ~ 6.4
鸽	23.0	2.2	2.6	65.6	6.6
鲤鱼	55.4	0.2	—	36.3	8.1

(陈吉轩、伍茵)

附录二　常用生理溶液、试剂、药物的配制与使用

一、常用生理溶液的成分及配制

附表2-1　配制生理代用液所需的基础溶液及所加量

原液成分及质量浓度	任氏溶液（Ringer液）	乐氏溶液（Locke液）	台氏溶液（Tyrode液）
（20%）NaCl/mL	32.5	45.6	40.0
（10%）KCl/mL	1.4	4.2	2.0
（10%）$CaCl_2$/mL	1.2	2.4	2.0
（1%）NaH_2PO_4/mL	1.0	－	5.0
（5%）$MgCl_2$/mL	－	－	2.0
（5%）$NaHCO_3$/mL	4.0	2.0	20.0
葡萄糖/g	2.0(可不加)	1.0~2.5	1.0
蒸馏水加至/mL	1000	1000	1000

附表2-2　几种生理代用液的固体成分

成　分	任氏溶液（Ringer液）	乐氏溶液（Locke液）	台氏溶液（Tyrode液）	生理盐水	
	用于两栖类	用于哺乳类	用于哺乳类小肠	两栖类	哺乳类
NaCl/g	6.5	9.0	8.0	6.5	9.0
KCl/g	0.14	0.42	0.2	－	－
$CaCl_2$/g	0.12	0.24	0.2	－	－
$NaHCO_3$/g	0.2	0.1~0.3	1.0	－	－
NaH_2PO_4/g	0.01	－	0.05	－	－
$MgCl_2$/g	－	－	0.1	－	－
葡萄糖/g	2.0(可不加)	1.0~2.5	1.0	－	－
蒸馏水加至/mL	1000	1000	1000	1000	1000
pH	7.2	7.3~7.4	7.3~7.4	－	－

二、常用血液抗凝剂的配制及用法

(一)肝素

肝素的抗凝血作用很强,常用来作为全身抗凝剂,特别是在进行微循环方面动物实验时,肝素应用更有其重要意义。

纯的肝素每10 mg能抗凝100 mL血液(按1 mg等于100个国际单位,10个国际单位能抗凝1 mL血液计)。如果肝素的纯度不高,或过期,所用的剂量应增大2~3倍。用于试管内抗凝时,一般可配成1%肝素生理盐水溶液,取0.1 mL加入试管内,加热至80 ℃烘干,每管能使5~10 mL血液不凝固。

作全身抗凝剂时,一般剂量为:大鼠2.5~3 mg/200~300 g体重,兔或猫10 mg/kg,狗5~10 mg/kg。如果肝素的纯度不高,或过期,所用的剂量应增大2~3倍。

(二)草酸盐合剂

配方:草酸铵1.2 g,草酸钾0.8 g,福尔马林1.0 mL,加蒸馏水至100 mL。

配成2%溶液,每1 mL血加草酸盐2 mg(相当于草酸铵1.2 mg,草酸钾0.8 mg)。用前根据取血量将计算好的量加入玻璃容器内烤干备用。如取0.5 mL于试管中,烘干后每管可使5 mL血不凝固。此抗凝剂量适于作红细胞比容测定,能使血凝过程中所必需的钙离子沉淀达到抗凝的目的。

(三)枸橼酸钠

常配成3%~8%水溶液,也可直接用粉剂。

枸橼酸钠可使钙失去活性,故能防止血凝。但其抗凝作用较差,碱性较强,不适宜作化学检验之用。一般按1:9(即1份溶液,9份血)用于红细胞沉降和动物急性血压实验(用于连接血压计时的抗凝)。不同动物,其浓度也不同:狗为5%~6%,猫为2%枸橼酸钠溶液+25%硫酸钠,兔为5%。

(四)草酸钾

每1 mL血需加1~2 mg草酸钾。如配制10%水溶液,每管加0.1 mL则可使5~10 mL血液不凝固。

三、常用脱毛剂的配制

(1)硫化钠3份,肥皂粉1份,淀粉7份,加水混合,调成糊状软膏。

(2)硫化钠8 g,淀粉7 g,糖4 g,甘油5 g,硼砂1 g,水75 g,调成稀糊状。

(3)硫化钠8 g,溶于100 mL水内,配成8%硫化钠水溶液。

(4)硫化钡50 g,氧化锌25 g,淀粉25 g,加水调成糊状。或硫化钡35 g,面粉或玉米粉3 g,滑石粉35 g,加水调成糊状。

(5)生石灰6份,雄黄1份,加水调成黄色糊状。

(6)硫化碱10 g(染土布用),生石灰(普通)15 g,加水至100 mL,溶解后即可使用。

上述(1)~(3)配方,对家兔、大白鼠、小白鼠等小动物脱毛效果较佳。脱一块15 cm×12 cm的被毛,只需5~7 mL脱毛剂,2~3 min后即可用温水洗净脱去的被毛。第(6)种配方对狗的脱毛效果较佳。

四、常用消毒药品和洗液的配制方法及用途

(一)常用消毒药品的配制方法及用途

附表2-3 常用消毒药品的配制方法及用途

消毒药品名称	常配浓度及方法	用途
新洁而灭	1:1000	洗手,消毒手术器械
来苏尔(煤酚皂溶液)	3%~5% 1%~2%	器械消毒,实验室地面、动物笼架、实验台消毒 洗手,皮肤洗涤
石炭酸(酚)	5% 1%	器械消毒,实验室消毒 洗手,手术部位皮肤洗涤
漂白粉	10% 0.5%	消毒动物排泄物、分泌物、严重污染区域 实验室喷雾消毒
生石灰	10%~20%	污染的地面和墙壁的消毒
福尔马林	36%甲醛溶液 10%甲醛溶液	实验室蒸汽消毒 器械消毒
乳酸	4~8 mL/m³	实验室蒸汽消毒
碘酒	碘3.0~5.0 g,碘化钾3.0~5.0 g, 75%乙醇加至100 mL	皮肤消毒,待干后用75%乙醇脱碘
高锰酸钾	高锰酸钾10 g,蒸馏水100 mL	皮肤消毒洗涤
硼酸消毒液	硼酸2 g,蒸馏水100 mL	洗涤直肠、鼻腔、口腔、眼结膜等
呋喃西林消毒液	雷佛奴尔1 g,蒸馏水100 mL	各种黏膜消毒,创伤洗涤

(二)常用洗液的配制方法及用途

1. 肥皂和水

为乳化剂,能除污垢,是常用的洗液,但需注意肥皂质量,以不含砂质为佳。

2. 重铬酸钾硫酸洗液

通常称为洗洁液或洗液,其成分主要为重铬酸钾与硫酸,是强氧化剂。

$$K_2Cr_2O_7 + 4H_2SO_4 \rightarrow K_2SO_4 + Cr_2(SO_4)_3 + 3[O] + 4H_2O$$

因其有很强的氧化力,一般有机物如血、尿、油脂等类污渍可被氧化而除净。事先将溶液稍微加热,则效力更强。新鲜铬酸洗液为棕红色,若使用的次数过多,重铬酸钾就被还原为绿色的铬酸盐,效力减小,此时可加热浓缩或补加重铬酸钾,仍可继续使用。

（1）稀洗液：重铬酸钾 10 g，粗浓硫酸 100 mL，水 100 mL。

（2）浓洗液：重铬酸钾 20 g，粗浓硫酸 360 mL，水 40 mL。

浓洗液配法：先取粗制重铬酸钾 20 g，放于大烧杯内，加普通水 40 mL 使重铬酸钾溶解（必要时可加热溶解）。再将粗制浓硫酸（360 mL）缓缓沿边缘加入上述重铬酸钾溶液中即成。加浓硫酸时需用玻璃棒不断搅拌，并注意防止液体外溢。若用瓷桶大量配制，注意瓷桶内面必须没有掉瓷，以免强酸烧坏瓷桶。配时切记，不能把水加入硫酸内（将因硫酸遇水瞬间产生大量的热量使水沸腾，体积膨胀而发生爆溅）。

使用时先将玻皿用肥皂水洗刷 1～2 次，再用清水冲净沥干，然后放入洗液中浸泡约 2 h，有时还需加热，提高清洁效率。经洗液浸泡的玻皿，可先用自来水冲洗多次，然后再用蒸馏水冲洗 1～2 次即可。

附有蛋白质类或血液较多的玻皿，切勿用洗液，因易使其凝固，更不可对有乙醇、乙醚等的容器用洗液洗涤。

洗液对皮肤、衣物等均有腐蚀作用，故应妥善保存。使用时戴保护手套。为防止吸收空气中的水分而变质，洗液贮存时应加盖。

五、特殊试剂的保存方法

（一）氯化乙酰胆碱

本试剂在一般水溶液中易水解失效，但在 pH=4 的溶液中则比较稳定。如以 5 %（4.2 mol/L）的 NaH_2PO_4 溶液配成 0.1 %（6.1 mol/L）左右的氯化乙酰胆碱溶液贮存，用瓶子分装，密封后存放在冰箱中，可保持药效约 1 年。临用前用生理盐水稀释至所需浓度。

（二）盐酸肾上腺素

肾上腺素为白色或类白色结晶性粉末，具有强烈的还原性，尤其在碱性液体中，极易氧化失效，只能以生理盐水稀释，不能以任氏液或台氏液稀释。盐酸肾上腺素的稀溶液一般只能存放数小时。如在溶液中添加微量（10 mmol/L）抗坏血酸，则其稳定性可显著提高。肾上腺素与空气接触或受日光照射，易氧化变质，应贮藏在遮光、阴凉、减压环境中。

（三）磷酸组胺

本品为无色长菱形的结晶，在日光下易变质，在酸性溶液中较稳定。可以仿照氯化乙酰胆碱的贮存方法贮存，临用前以生理盐水稀释至所需浓度。

（四）催产素及垂体后叶激素

它们在水溶液中易变质失效，但如以 0.25 %（0.4 mol/L）的醋（盐）酸溶液配制成每 1 mL 含催产素或垂体后叶激素 1 U 的贮存液，用小瓶分装，灌封后置冰箱中保存（4 ℃ 左右，不宜冰冻），约可保持药效 3 个月。临用前用生理盐水稀释至适当浓度。如发现催产素或垂体后叶激素的溶液中出现沉淀，则不可使用。

（五）胰岛素

本品在 pH=3 时较稳定，如需稀释，亦可用 0.4 mol/L 盐酸溶液作稀释液。

六、常用麻醉药物的参考剂量

附表2-4 常用麻醉药的给药参考剂量(单位:mg/kg体重)

药物名称	给药途径	狗	猫	家兔	豚鼠	大白鼠	小白鼠	鸟类
戊巴比妥钠	静脉	25~35	25~35	25~40	25~30	25~35	25~70	–
	腹腔	25~35	25~40	35~40	15~30	30~40	40~70	–
	肌肉	30~40	–	–	–	–	–	50~100
苯巴比妥钠	静脉	80~100	80~100	100~160	–	–	–	–
	腹腔	80~100	80~100	150~200	–	–	–	–
硫喷妥钠	静脉	20~30	20~30	30~40	20	20~50	25~35	–
	腹腔	–	50~60	60~80	–	–	–	–
氯醛糖	静脉	100	50~70	60~80	–	50	50	–
	腹腔	100	60~90	80~100	–	60	60	–
氨基甲酸乙酯(乌拉坦)	静脉	100~2000	2000	1000	1500	–	–	–
	腹腔	100~2000	2000	1000	1500	1250	1250	–
	肌肉	–	–	–	–	–	–	1250
氨基甲酸乙酯+氯醛糖	静脉	–	–	400~550	–	–	–	–
	腹腔	–	–	–	–	100+10	100+10	–
水合氯醛	静脉	100~150	100~150	50–70(慢)	–	–	–	–
	腹腔	–	–	–	400	400	400	–

七、给药量

附表2-5 几种动物不同注射途径的最大注射剂量

给药途径	小鼠/(mL/10 g)	大鼠/(mL/100 g)	每只豚鼠/(mL)	家兔/(mL/kg)	狗/(mL/kg)
皮下	0.1~0.2	0.3~0.5	0.5~2.0	0.5~1.0	3~10
肌内	0.05~0.1	0.1~0.2	0.2~0.5	0.1~0.3	2~5
腹腔	0.1~0.2	0.5~1.0	2~5	2~3	5~15
静脉	0.1~0.2	0.3~0.5	1~5	2~3	5~15

附表2-6 不同体重实验动物的一次最大灌胃量

实验动物	体重/(g)	一次最大灌胃量/(mL)	实验动物	体重/(g)	一次最大灌胃量/(mL)
小鼠	20~24	0.8	家兔	2000~2400	100.0
	25~30	0.9		2500~3500	150.0
	30以上	1.0		3500以上	200.0
大鼠	100~199	3.0	狗	10000~15000	200.0~500.0
	200~245	4.0~5.0	豚鼠	250–300	4.0~5.0
	250~300	6.0			
	300以上	8.0		300以	6.0

(陈吉轩、伍茵)

附录三 鱼类的麻醉

对鱼类进行标志、注射、埋植、取样、手术或运输时都需要进行适度麻醉,使它们保持镇静,降低感觉和活动能力。理想的鱼类麻醉剂应该是:诱导麻醉的时间短(3 min 以内),恢复的时间亦短(5 min 以内);对鱼体和人体都无毒性;是生物降解性的,能从鱼体组织完全消除掉并且对鱼的生理和行为没有影响;容易溶解于水中(淡水和海水),并在实验室条件下(如光、热等)保持稳定性;在水中不会产生泡沫,以免影响能见度以及水和空气的气体交换;来源方便且价格便宜等。

鱼类麻醉状态通常可分为三个阶段:①失去身体平衡;②失去身体活动能力,但鳃盖仍继续活动;③鳃盖停止活动,这时呼吸停止,鳃的气体交换减少,血液中 O_2 分压降低而 CO_2 分压升高,血液中肾上腺素浓度增高,出现酸中毒现象。这种深度麻醉状态不能持续太久,如不及时处理(如用新鲜流水直接注入口腔和鳃部,人工帮助口部和鳃盖进行呼吸动作),鱼就会死亡。

鱼类麻醉后恢复亦可分为三个阶段:①鱼体尚未活动但鳃盖开始活动;②鳃盖活动恢复正常,鱼体开始活动;③鱼体恢复平衡并保持麻醉前状态。

下面介绍一些常用的鱼类麻醉剂,以及它们的特性、生理作用和适宜剂量等。

一、MS-222

MS-222 是间氨基苯甲酸乙酯甲磺酸盐(Tricaine methanesulfonate),是白色结晶粉末,易溶于水。在 20 ℃的水中溶解度是 1.25 mg/mL。用手操作安全,但应避免与眼睛和黏膜接触。其致死剂量依鱼的种类、个体大小、密度以及水温和水硬度而不同。长期处于 $5×10^{-5}$ 或较高浓度会使鱼致死。

MS-222 是实验室最常用的鱼类麻醉剂,亦是美国食物和药品管理局(FDA)注册的唯一可用于食用鱼类的麻醉剂。

二、对氨苯甲酸乙酯盐酸盐

对氨苯甲酸乙酯盐酸盐(Benzocaine hydrochloride)又名 Anesthesin, Anesthone, Americaine 等。有两种类型:一种是结晶盐,水溶解度为 0.4 g/L,另一种为自由基型,必须先溶解于乙醇(0.2 g/L)。对人体无害。麻醉效果和鱼的大小有关,并受水温影响;小鱼只需很低剂量。

三、利多卡因

利多卡因(Lidocaine)又名赛罗卡因(Xylocaine)。其自由基类型不溶于水,只溶于丙酮或乙醇。通常使用盐酸利多卡因类型,能溶于水。它和碳酸氢钠(1 g/L)一起用来麻醉鲤鱼、鲶鱼、罗非鱼等,能提高麻醉效果。各种鱼类的有效麻醉剂量不同,如罗非鱼需相当高的剂量(见附表3-1)。

四、苄咪甲酯

苄咪甲酯(Metomidate)即1-(α-甲苄基)-咪唑-5-羧酸甲酯,水溶性粉末,具有催眠作用,不使鱼类过度兴奋。它是加拿大兽医药品、健康和福利局注册的唯一可用于鱼类的麻醉剂。

五、甲苄咪酯

甲苄咪酯(Etomidate)即1-(α-甲苄基)-咪唑-5-羧酸乙酯,是无色无味的苄咪甲酯和苯咪丙酯的类似物,曾用作人的催眠药。在水中的溶解度是45 μg/L(25 ℃时)。其麻醉效果受pH值影响,在碱性水中的作用较强。

六、苄咪丙酯

苯咪丙酯(Propoxate)化学结构和苄咪甲酯、甲苄咪酯相似,为结晶状粉末,易溶于淡水和海水,水溶液能保持长时间的稳定性,其水溶解度比MS-222大100倍,而麻醉效果亦是MS-222的10倍;有效剂量为0.5~10 mg/L;0.25 mg/L的剂量能使鱼安全麻醉达16 h。

七、氯胺酮盐酸盐

氯胺酮盐酸盐(Ketamine hydrochloride)即2-(O-氯苯)-2-(甲基-氨基)环己烯酮盐酸盐,为白色结晶粉末,水溶解度为200 g/L(20 ℃时)。为注射用麻醉剂,通常溶于生理盐水中进行血管注射。在麻醉初期,鱼还会出现挣扎动作,但麻醉过程不会抑制鱼呼吸节律,因而适用于没有持续水流灌注鱼鳃而又需较长时间的麻醉。

八、喹那啶硫酸盐

喹那啶硫酸盐(Quinaldine sulfate)为淡黄色结晶粉末,水溶解度为1.041 g/L。有效剂量依鱼种类、鱼体大小和温度不同有很大差别。在一定剂量下大的鱼常麻醉程度较深,而在较高温度下恢复时间较长。它不能阻抑不随意肌的运动,因而不适于给鱼做手术或标志时麻醉,且发现长时间麻醉会产生毒性,因而只适用于短时麻醉。

九、2-苄氧乙醇

2-苯氧乙醇(2-phenoxcyethanol)为无色、油状、芳香味液体,水溶解度为27 g/L(20 ℃时)。通常用作局部麻醉剂;具有轻微毒性(损害肝脏和肾脏);能刺激人体皮肤,特别要避免接触眼睛。麻醉效果依鱼体大小和水温而不同,不能阻抑不随意肌肉的反射动作。

十、甲戊炔醇

甲戊炔醇(Methyl pentynol)为有毒气味的液体,水溶解度为128 g/L(25 ℃时),起镇静与催眠作用。麻醉效果依鱼种类、鱼体大小和水温不同而不同。

十一、乌拉坦

乌拉坦(Urethane)又名尿烷,为结晶粉末,水溶解度为2 g/mL。曾广泛用作鱼类麻醉剂,对鱼类未发现有害作用,但现已证明它是人体的致癌物。

十二、普尔安

普尔安(Propanidid)即3-甲氧-4-二乙氨甲酰甲氧基苯乙酸丙酯,为淡黄色液体,不溶于水,但溶于乙醇。对鱼的麻醉效果较好,但恢复后出现呼吸和代谢的酸中毒现象。

十三、降温

用冰或冷水降低水温亦能使鱼处于麻醉状态,特别是驯养在10 ℃以上的鱼类。对于驯养在10 ℃以下的鱼类,用冰或冷水加上适量化学麻醉剂亦有良好的麻醉效果。降温麻醉使鱼的神经敏感性降低,失去活动能力,适用于鱼的运输,但麻醉的深度还不足以进行任何类型的长时间手术。通常只在没有化学麻醉剂的情况下才使用这种方法。

附表3-1　各种常用鱼麻醉剂的适宜剂量、致死剂量、诱导麻醉时间和恢复时间

麻醉剂	适宜剂量/(mg/L)	致死剂量/(mg/L)	诱导麻醉时间/min	恢复时间/min	试验鱼类
MS-222	25 60 40 75 50 ~ 100 80 ~ 100 80 ~ 100	80	< 3 2.4 1.9 ~ 13.5 很快 1 ~ 3 2.6 ~ 6.8 1.8 ~ 4.9	< 10 6.5 2.7 3.7 ~ 7 3 ~ 15 1.2 ~ 2.5 2.2 ~ 2.4	鲑鳟鱼类 虹鳟 鳟鱼、鲤鱼 鳕鱼 各种鱼类 罗非鱼 鲤鱼
对氨苯甲酸 乙酯盐酸盐	41 55 ~ 80 50 ~ 100 40	> 110 > 60	3 3 1.2 ~ 6.5 3.9 ~ 10.8	4.5 ~ 6.6 < 10 2.2 ~ 3.1 —	鲑鳟鱼类 鲈鱼 鲤鱼、罗非鱼 鳕鱼
利多卡因 +1 g/L NaHCO₃	350 250 350	545 492 2549	< 53 1.5 1.5	13 12.6 10.2	鲤鱼 鲶鱼 罗非鱼
苄咪甲酯	5 ~ 20 5		很快 2.7	8.2 ~ 19.2 18	鳕鱼 虹鳟
甲咪甲酯	13.5 ~ 2.2 0.5 ~ 1.5 1.0 1.0	2.65 2.49 — 1.5	3 ~ 4 5 3 5	5 ~ 20 3 ~ 5 13.8 —	鲶鱼 金体美鳊 虹鳟 条纹鲈
苯咪丙酯	4 1		0.5 ~ 1 5 ~ 9		各种鱼类 各种鱼类
氯胺酮盐酸盐	30		10 s ~ 5 min	1 ~ 2 h	鲑鳟鱼类
喹那啶硫酸盐	15 ~ 16 30 ~ 70 10 ~ 30 15 ~ 70 10 ~ 30	60	2 2 2 2	6 ~ 60 1 ~ 24 2 ~ 60 1 ~ 60	鲑鳟鱼类 鲶鱼 黄鳃太阳鱼 大口鲈 各种鱼类
2-苯氧乙醇	250 ~ 500 μL/L 100 ~ 500 μL/L 100 ~ 500 μL/L	> 500 μL/L 2500 μL/L	> 13 3 10 ~ 30	2 ~ 14 2.5 ~ 6.2 5 ~ 20	鲑鳟鱼类 鳕鱼 各种鱼类
甲戊炔醇	1.5 ~ 8	—	2 ~ 30	4 ~ 57	鳟鱼
乌拉坦	5 ~ 40		2 ~ 3	10 ~ 15	各种鱼类
普尔安	1.5 ~ 3	31	1 ~ 4	4 ~ 10	鲑鳟鱼类

(引自 Iwarna 等,1994)

选用鱼类麻醉剂通常取决于使用的目的和特点。例如,如果要求在实验过程保持鱼鳃的呼吸活动,最好是选用氯胺酮盐酸盐,但它是注射给药的,因而又需要另一种麻醉剂,如MS-222做预先麻醉。一般来说,许多麻醉剂都可以通过剂量来控制它对鱼的麻醉程度,例如,使用适宜的MS-222能使鱼轻度麻醉而不阻抑鳃的呼吸活动,因而适用于鱼的运输和进行生理实验。最重要的是不论选用何种麻醉剂,在采用文献上推荐的剂量之前都应用少量的鱼进行试验,因为任何麻醉剂的麻醉效果都和当地的水状况以及鱼的种类、大小、生理状态密切相关。

　　鱼移入含麻醉剂的水中后活动性减弱、身体失去平衡,鳃盖活动减弱以致消失,对外界刺激无反应。应根据实验目的而决定鱼的麻醉程度。如进行注射药物或抽取血样,只需要轻度麻醉,降低鱼的活动性就可以;如需进行时间较长的手术(如血管导管,切除脑垂体,腹部胃瘘管手术等),则应进行深度麻醉,并用稀释的麻醉液不断灌注鱼鳃部,使鱼持续保持麻醉状态。

　　鱼经麻醉液处理后移入清水中,通常会在1~2 min苏醒,鳃盖开始运动以恢复呼吸动作。如果移入清水中数分钟后仍未苏醒或未恢复呼吸动作,就要进行人工帮助,用新鲜流水直接注入口腔和鳃部,并用手帮助鱼的口部进行呼吸动作。

（伍莉、陈鹏飞）

附录四　鱼的取血样方法

许多鱼类生理学的实验都需要抽取血样进行分析测定。取血样的方法主要如下：

一、尾部血管取血

虽然可以从心脏直接取血，但这种方法会使心脏受到损伤而不适宜于连续的和多次取血样。因此，通常采用尾部血管取血。小鱼用6号针头，体重600 g以上的鱼用18号或20号针头。注射器可预先加入抗凝剂（如肝素）以防止凝血，但亦可不加抗凝剂而用干净的注射器取血。鱼经麻醉后，保持鳃部有水流或者用湿毛巾包埋头部，把注射针头从尾柄腹方正中部略为倾斜地插入，并小心推进而进入血管棘之间，轻轻刺破流经血管弧的动脉或静脉，这时轻拉注射柄使注射器出现负压，如有血液注入注射器就表明已刺破尾部血管而得到血样。血液徐徐注入注射器达到适合的量后就将针头拉出，用手指压住取血部位，经1 min左右，直到不滴血为止。

二、血管导管取血

体重在600 g以上的鱼可在尾部血管安置导管以供取血样或注射药物用，方法如附图4-1所示。用18号针头，内穿过口径适宜的细塑料管。塑料管长20～30 cm，一端做尖锐的切口，另一端连接注射器和针头，管内充满含肝素的生理盐水。鱼经麻醉后用湿毛巾包住前半部，一手握住尾柄，另一手将内含细塑料管的针头从尾柄腹方插入体壁而到达血管弧。用连接细塑料管的注射器抽取少量血液进入管内，即可证明细塑料管前端已插入尾部血管内。此时，可仔细把细塑料管推进到血管内数厘米，然后小心把注射针从入针部位拉出并脱离细塑料管。最后，用细线把细塑料管（即导管）固定在尾鳍基部，使细塑料管充满含肝素的生理盐水后，将注射器取出，用大头针将导管末端塞紧并避免出现气泡。这时可把鱼放回水族箱内，待它完全恢复正常后就可以进行实验。

取血样时，可用注射器先将导管内的含肝素的生理盐水及少量血液取出弃去，然后换上另一支注射器吸取血样。取完血样后应用注射器从导管注入一些含肝素的生理盐水，并用大头针将导管末端塞紧，以备第二次取血样。

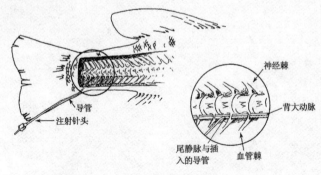

附图4-1　在鱼类尾部取血样示意图

（伍莉、陈鹏飞）

附录五 鱼的生理盐水和组织培养液与缓冲液

一、鱼类的生理特点

鱼类的生理特点和哺乳类动物有所不同。下列几点是配制鱼实验用的生理溶液与缓冲液时必须注意的是：

(1)鱼类组织的碳酸氢盐浓度和CO_2分压通常都较哺乳类低,例如,HCO_3^-低于10 mmol/L和P_{CO}在266.6 Pa的压力以下。因此,不应使用CO_2高含量的混合气体,可使用空气、纯氧或CO_2含量不超过1%的混合气体。鱼类的器官与组织亦不宜使用碳酸氢盐/碳酸盐系统进行缓冲,例如不宜使用95% O_2/5% CO_2,亦不宜提高pH值,这样会出现鱼体不能承受的高浓度碳酸氢盐。

(2)鱼类血浆中的氢离子浓度比哺乳类血浆低2~5倍。因此,需在适宜的温度下将溶液按鱼类血浆的pH值进行调整。例如,对温带鱼类,可在室温下将溶液pH值调整为7.6。选用和鱼类血浆相似的缓冲液系统,最好是Hepes及有关化合物和Imidazole型缓冲液。不宜用Tris和磷酸盐溶液作为主要的缓冲液。

(3)鱼类组织和血浆中的谷氨酰胺含量通常比哺乳类低,而谷氨酰胺酶的高活性可能导致过高的氨含量。因此,不宜使用哺乳类谷氨酰胺浓度的溶液。可先确定试验鱼的血浆谷氨酰胺含量,然后在缓冲液中将此含量升高2倍左右。

(4)鱼类血浆的葡萄糖浓度不超过10 mmol/L,有些鱼组织(如白肌、肾脏等)很少利用葡萄糖。因此,溶液中的葡萄糖含量不宜高,亦可用其他基质(如乳酸盐、丙酮酸、丙氨酸等)取代葡萄糖。

二、最常用的几种淡水鱼类生理盐水配方

附表5-1 最常用的几种淡水鱼生理盐水溶液的配方(单位:g/L)

成 分	Burnstock(1958)	Wolf(1963)	Jaeger(1965)※
NaCl	5.9	7.2	6.0
KCl	0.25	0.38	0.12
$CaCl_2$	0.28	0.162	0.14
$MgSO_4 \cdot 7H_2O$	0.29	0.23	–
$NaHCO_3$	2.1	1.0	0.2
KH_2PO_4	1.6	–	–
$NaH_2PO_4 \cdot 2H_2O$	–	0.41	0.01
葡萄糖	–	1.0	2.0
加蒸馏水至(mL)	1000	1000	1000

※特别适合于鱼类心脏灌流。

配制生理盐水时应先将上述各种成分先分别溶解后,再逐一混合,CaCl₂(或NaHCO₃)最后加入混合,然后再加蒸馏水至1000 mL。最好能新鲜配制使用或在低温中保存,配制生理盐水的蒸馏水最好能预先充气。

　　还可采用下列简易的配制方法:以最常用的Burnstock淡水鱼类生理盐水为例,先配制3种贮备液各500 mL:

　　A液:NaCl(g)　　　　　　29.5
　　　　KCl(g)　　　　　　　1.25
　　　　MgSO₄·7H₂O(g)　　　1.45
　　　　KH₂PO₄(g)　　　　　8.00
　　　　加蒸馏水至(mL)　　　500
　　B液:CaCl₂(g)　　　　　　1.4
　　　　加蒸馏水至(mL)　　　500
　　C液:NaHCO₃(g)　　　　 10.5
　　　　加蒸馏水至(mL)　　　500

　　使用时,A、B、C液各取10 mL加入70 mL蒸馏水中。

三、鱼类的生理盐水和缓冲液

附表5-2　改进的Cortland生理盐水※

成分(分子量)	加入量(g/L)	最后浓度(mmol/L)
NaCl(58.44)	7.25	124.10
KCl(74.55)	0.38	5.10
MgSO₄·7H₂O(246.5)	0.23	1.90
NaH₂PO₄·H₂O(137.99)	0.41	2.90
NaHCO₃(84.01)	1.00	11.90
CaCl₂(111)	0.162	1.4
Glucose(180)	1.0	5.6
必要时加入: Polyvinylpyrrolidone	40.00	40 g/L

　　※在室温下保持pH值7.8。可采用不同的葡萄糖浓度,除1.0 g葡萄糖外,可用360 mg α-D-葡萄糖(2 mmol/L)、900 mg葡萄糖(5 mmol/L)或1.89 g葡萄糖(10 mmol/L)。进行组织灌注时可加入聚乙烯吡咯烷酮(Polyvinylpyrrolidone)作为胶质渗透压填料。

附表5-3 补充底物的Cortland缓冲生理盐水※

贮存液配方:成分(分子量)	加入量(g/L)	最后浓度(mmol/L)
NaCl(58.44)	8.24	141
KCl(74.55)	0.26	3.5
MgSO₄·7H₂O(246.5)	0.25	1.0
NaH₂PO₄·H₂O(137.99)	0.43	3.0
NaHCO₃(84.01)	0.38	4.5
CaCl₂(111)	0.11	1.0
使用时,每升贮存液中加入:		
HEPES(free acid,238.3)	2.383 g	10.0
Pyruvate-Na salt(110)	0.220 g	2.0
μ-D-Glucose(180)	0.540 g	3.0
脱脂牛血清白蛋白(BSA) 室温下调整pH为7.4~7.8	3.00 g	3 g/L

※适用于鱼类血细胞孵育。pH为7.4时渗透压约为0.305 mOsm/g。

附表5-4 改进的Hanks'生理盐水

成分(分子量)	最后浓度(mmol/L)	应稀释5倍的贮存液(g/L)
NaCl(58.44)	137.9	40.0
KCl(74.55)	5.5	2.0
MgSO₄·7H₂O(246.5)预先溶解	0.81	1.0
KH₂PO₄(136)	0.44	0.30
Na₂HPO₄(142)	0.33	0.24
HEPES(free acid,238.3)	10	11.915
使用时将1份贮存液加入4份蒸馏水,然后加入: NaHCO₃(84.01)	5.0	420 mg/L
必要时加入: CaCl₂(111)	1.5	166.5 mg/L

在室温下用NaOH调整pH值为7.63,如果加入牛血清白蛋白,必须再检测pH值。

附表5-5　磷酸盐缓冲生理盐水（PBS）

成分（分子量）	加入量（g/L）	最后浓度（mmol/L）
溶液A：		
NaCl（58.44）	9.0	154
Na$_2$HPO$_4$（142）	7.1	50
溶液B：		
NaCl（58.44）	9.0	154
NaH$_2$PO$_4$（120）	6.0	60

将溶液B加入溶液A直到pH值降低为7.4。

先配制1500 mL溶液A和500 mL溶液B。贮存液和PBS在4 ℃中可长期保持稳定。

（伍莉、陈鹏飞）